Python
编程入门与实践
（微视频版）

席　亮　毕津滔　马　俊　主编

清华大学出版社

北　京

内 容 简 介

本书以通俗易懂的语言、翔实生动的案例全面介绍使用 Python 编程的方法和技巧。本书共分 11 章，内容涵盖了 Python 编程基础，Python 语法基础，Python 控制语句，Python 函数与模块，Python 文件操作，面向对象程序设计，Python GUI 编程，Python 多线程编程技术，Python 访问数据库，Python 图像处理和 Python 网络编程等。在每章的最后都提供了大量经典的编程案例，力求为读者带来良好的学习体验。

与书中内容同步的案例操作教学视频可供读者随时扫码学习(可扫描前言中的二维码在线观看)。本书具有很强的实用性和可操作性，可以作为 Python 初学者的自学用书，也可作为 Python 开发技术人员的首选参考书，还可作为高等院校相关专业的授课教材。

本书对应的电子课件、完整代码文档和实例源文件可以到 http://www.tupwk.com.cn/downpage 网站下载，也可以通过扫描前言中的二维码获取。

图书在版编目（CIP）数据

Python编程入门与实践：微视频版 / 席亮, 毕津滔,

马俊主编. -- 北京：清华大学出版社, 2025. 7.

ISBN 978-7-302-69558-5

Ⅰ. TP312.8

中国国家版本馆CIP数据核字第2025L9466R号

责任编辑：胡辰浩
封面设计：高娟妮
版式设计：妙思品位
责任校对：成凤进
责任印制：宋　林

出版发行：清华大学出版社

网　　　址：https://www.tup.com.cn，https://www.wqxuetang.com

地　　　址：北京清华大学学研大厦A座　　　　　　邮　　编：100084

社 总 机：010-83470000　　　　　　　　　　　邮　　购：010-62786544

投稿与读者服务：010-62776969，c-service@tup.tsinghua.edu.cn

质 量 反 馈：010-62772015，zhiliang@tup.tsinghua.edu.cn

印 装 者：三河市铭诚印务有限公司

经　　销：全国新华书店

开　　本：185mm×260mm　　印　张：20.75　　　　　字　数：479千字

版　　次：2025年8月第1版　　印　次：2025年8月第1次印刷

定　　价：89.80元

产品编号：110748-01

前 言
-preface-

Python是一种简单易学且功能强大的编程语言，具备高效的高级数据结构，能够简洁而有效地实现面向对象编程。Python的简洁语法，加之其解释型语言的特性，使其成为许多平台上理想的脚本语言，尤其适用于快速开发应用程序。

Python的应用领域广泛，包括数据分析、组件集成、网络服务、图像处理、数值计算和科学计算等。目前，众多大中型互联网企业均在使用Python，如豆瓣、知乎、百度、腾讯、美团等。这些互联网公司普遍使用Python进行自动化运维、自动化测试、大数据分析、网络爬虫和 Web 开发等。

Python 的学习和掌握相对容易，且拥有大量内置函数和丰富的扩展库，可以快速实现众多复杂功能。在学习Python语言的过程中，仍需通过不断的练习来熟悉其编程模式，建议避免将其他语言的编程风格应用于Python，而应从自然和简洁的角度出发，以免设计出冗长且低效的Python程序。

一、本书内容特点

(1) 本书专为计算机相关专业的高校学生及程序设计爱好者编写，详细介绍了Python语言的各种规则和规范，帮助读者全面掌握这门编程语言，从而设计出优秀的程序。

(2) Python程序设计涉及的范围非常广泛，本书内容的编排并不求全、求深，而是考虑零基础读者的接受能力，其中语法的介绍以够用、实用为原则，本书选择Python中实用的知识进行讲解，强化对程序思维能力的培养。

(3) 书中实例均提供了详细的设计思路、关键技术分析以及具体的解决方案。每个知识点均配有示例代码，辅以相关说明和运行结果，某些章节还深入探讨经典的程序设计问题。读者可通过参考源程序进行实践，加深理解。

需要说明的是，学习编程是一个实践的过程，除了需要看书、查阅资料，亲自动手编写、调试程序才是至关重要的。通过实际的编程和积极的思考，读者可以很快掌握许多宝贵的编程经验，这些编程经验对开发者而言是不可或缺的。

二、本书内容简介

本书可作为Python程序设计课程的教材，也可为具备一定Python编程基础的读者提供学习参考。此外，它还可作为Python应用开发人员的首选参考书。对于那些希望利用业余时间学习一门有趣的编程语言的读者，本书同样适用。

本书共分11章，内容涵盖了Python编程基础、Python语法基础、Python控制语句、Python函数与模块、Python文件操作、面向对象程序设计、Python GUI编程、Python多线程编程技术、Python访问数据库、Python图像处理、Python网络编程等，各章内容简介如下。

章节	内容说明
第1章	介绍Python编程基础，包括语言特点、环境配置、IDLE、基本输入输出、代码规范和获取帮助
第2章	讲解Python语法基础，包括数据类型、变量、运算符和序列数据结构，为编程实践奠定基础
第3章	讲解分支和循环控制语句，包括if、while和for循环等语句，并通过示例阐述常用算法以提高程序设计能力
第4章	介绍函数与模块的基本概念，包括函数定义、参数传递、闭包、递归及模块管理技巧
第5章	探讨文件与文件夹操作，包括打开/关闭文件、使用不同模式进行数据读写等
第6章	深入面向对象设计，重点讲解封装、继承和多态，以及类与对象的定义与管理
第7章	剖析Python图形用户界面(GUI)编程，重点使用Tkinter库创建交互界面，涵盖组件使用和事件处理
第8章	探讨多线程与多进程编程，讲解threading模块与multiprocessing模块的使用方法
第9章	讲解Python数据库访问，重点介绍SQL的基本概念及SQLite3模块的使用
第10章	介绍Pillow库核心模块，包括图像操作、文本与图形添加、滤镜应用及生成水印和二维码
第11章	深入探讨Python网络编程，涵盖计算机网络基础、TCP/UDP编程、网络安全工具及网络爬虫技术

三、本书配套资源及服务

与书中内容同步的案例操作教学资源可供读者随时扫码学习。此外本书免费提供电子课件、完整代码文档和实例源文件，读者可以扫描下方的二维码获取，也可以进入本书信息支持网站(http://www.tupwk.com.cn/downpage)下载。扫描下方的视频二维码可以观看教学视频。

扫一扫，看视频　　　　扫码推送配套资源到邮箱

本书由哈尔滨理工大学的席亮、黄山学院的毕津滔和黑龙江东方学院的马俊合作编写，其中席亮编写了第1、2、7、10章，毕津滔编写了第3、4、5、6章，马俊编写了第8、9、11章。由于作者水平所限，本书难免有不足之处，欢迎广大读者批评指正。我们的邮箱是992116@qq.com，电话是010-62796045。

编　者

2025年3月

目　录

-contents-

第1章

Python 编程基础

Python是一门跨平台、开源的解释型高级动态类型编程语言。Python尤其适合初学编程者，因为它能够让初学者将注意力集中在编程的对象和思维方法上，而不必过于担心语法和类型等外部因素。Python易于学习，并拥有丰富的库，使得开发各种应用程序变得高效。本章将介绍Python语言的优缺点、安装方法，以及Python开发环境IDLE的使用。

1.1　Python语言简介

Python的创始人吉多·范罗苏姆(Guido van Rossum)于1989年底发明了Python语言，其被广泛应用于系统管理任务和科学计算，是最受欢迎的编程语言之一。自2004年以来，Python的使用率持续增长，在2017年TIOBE编程语言指数排行榜中位列第四名(前3名为Java、C和C++)。2017年7月，根据IEEE Spectrum发布的编程语言排行榜显示Python已成为全球最受欢迎的编程语言。2024年，Python无论在数据分析、机器学习，还是Web开发领域，都展现出了强大的适应性，受到广大程序员的青睐，再次突破历史记录，稳居编程语言排行榜的前列。

Python支持命令式编程、函数式编程，完全支持面向对象编程，语法简洁清晰，且拥有大量成熟的扩展库，几乎覆盖所有领域的应用开发。许多开源的专业领域工具库都提供了Python的调用接口，例如著名的计算机视觉库OpenCV、三维可视化库VTK和医学图像处理库ITK。此外，Python专用的科学计算扩展库也非常丰富，经典的有NumPy、SciPy和Matplotlib，它们分别为Python提供了快速数组处理、数值运算和绘图功能。因此，Python及其众多扩展库为工程技术和科研人员处理实验数据、制作图表，甚至开发科学计算应用程序提供了理想的开发环境。

Python为开发者提供了一个全面的标准库，涵盖了网络、文件、GUI、数据库、文本等众多领域。使用Python开发时，许多功能可以直接利用现成的库，而无须从头编写。此外，除内置库外，Python还有大量的第三方库可供使用，开发者也可以将自己封装好的代码作为第三方库分享给他人。Python就像胶水一样，可以将用不同编程语言编写的程序无缝结合，充分发挥各种语言和工具的优势，以满足不同应用领域的需求。因此，Python程序通常简单易懂，初学者不仅能够轻松入门，未来深入学习后也能编写复杂的程序。

此外，Python还支持伪编译，可以将源程序转换为字节码，以优化程序性能并提高运行速度，这使得在没有安装Python解释器和相关依赖包的平台上也能运行Python程序。

许多大型网站都是用Python开发的，例如YouTube、Instagram，以及国内的豆瓣等。许多大公司，包括Google、Yahoo、NASA也在大量使用Python。

任何编程语言都有其缺点，Python的主要缺点包括以下几点。

(1) 运行速度慢。与C语言相比，Python的运行速度较慢，因为Python是一种解释型语言。在执行过程中，Python代码会逐行翻译成CPU能够理解的机器码，这一翻译过程非常耗时。而C语言则是在运行前直接编译成机器码，因此运行速度更快。

(2) 代码无法加密。发布Python程序时，实际上就是在发布源代码。这与C语言不同，C语言可以只发布编译后的机器码(例如在Windows上常见的.exe文件)，而无须公开源代码。由于从机器码反推出C语言代码几乎是不可能的，编译型语言在这方面具有一定的安全性。而解释型语言则必须公开源代码。

(3) 缩进带来的困惑。Python使用缩进来区分语句之间的关系，这对于许多初学者来说可能造成困惑。即使是经验丰富的Python程序员，有时也会因为缩进错误而陷入困境。

最常见的问题是混用制表符(tab)和空格，可能导致代码无法正常运行。

这些缺点在一定程度上限制了Python的应用，但它的优点和灵活性仍然使其在许多领域中广受欢迎。

1.2 安装与配置Python环境

因为Python是跨平台的，它可以在Windows、macOS以及各种Linux/UNIX系统上运行。用户在Windows上编写的Python程序，能够直接在Linux上运行。

学习Python编程的第一步是将Python安装到计算机上。安装完成后，将获得Python解释器(负责执行Python程序)、一个命令行交互环境，以及一个简单的集成开发环境(IDE)。

Python至今已有多个版本。但截至目前，主流版本仍为Python 2.x和Python 3.x，这两个版本并不兼容。Python 2.x版本已于2020年1月1日停止更新，Python 2.7被确定为最后一个Python 2.x版本。因此，如果用户正在使用Python 2.x，建议考虑升级到Python 3.x。

1.2.1 安装Python

1. 在 Mac 上安装 Python

若用户使用的是Mac系统，版本在OSX 10.8到10.10之间，那么系统自带的Python版本是2.x。要安装最新的Python 3.x，可以使用以下两种方法。

○ 方法一：从Python官方网站(https://www.python.org)下载Python 3.x的安装程序，双击运行并进行安装。
○ 方法二：如果已经安装了Homebrew，可以通过命令行直接执行brew install python@3 来完成安装。

2. 在 Linux 上安装 Python

若用户使用的是Linux，并具备一定的系统管理经验，可以参考以下步骤安装Python 3.x。

(1) 下载Python安装包，例如Python-3.5.0b4.tgz。

(2) 使用解压命令解压下载的文件：

```
tar -zxvf Python-3.5.0b4.tgz
```

(3) 切换到解压后的安装目录：

```
cd Python-3.5.0
```

(4) 执行配置命令：

```
./configure
```

(5) 编译安装：

```
make
make install
```

至此，Python的安装已完成。用户可以通过输入以下命令来验证安装是否成功：

```
python
```

如果安装成功，将看到类似以下的提示信息：

```
Python 3.5.0 (#1, Aug 06 2015, 14:04:52)
[GCC 4.1.1 20061130 (Red Hat 4.1.1-43)] on linux2
```

这里需要注意的是，输出内容可能会因安装版本和编译环境的不同而有所变化。

3. 在 Windows 上安装 Python

首先，根据Windows系统版本(64位或32位)从Python官方网站下载相应的Python 3.x安装程序。下载完成后，运行该安装包，打开图1-1所示的安装界面。

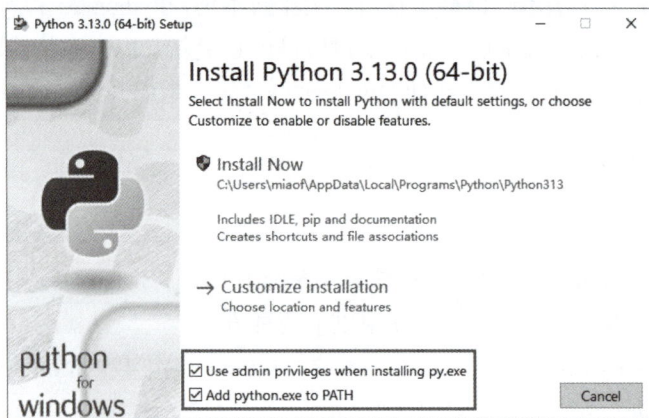

图 1-1　在 Windows 系统中安装 Python

在安装过程中，应在选中Add python.exe to PATH复选框后单击Install Now以完成安装。

1.2.2　运行Python

Python安装成功后，在Windows系统中打开命令提示符(cmd)，执行python命令后，将打开图1-2所示的命令提示符窗口。在该窗口中，如果显示Python的版本信息，说明Python已成功安装。

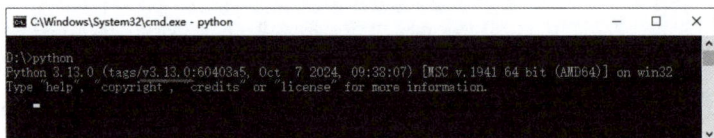

图 1-2　命令提示符窗口

图1-2所示的提示符>>>表示已进入Python交互式环境。在这里，用户可以输入任何Python代码并按回车键，系统会立即返回执行结果。要退出Python交互式环境，可以输入exit()并按回车键，或者直接关闭命令行窗口。

这里需要注意的是，如果出现错误提示："python不是内部或外部命令，也不是可运行的程序或批处理文件"，这通常是因为Windows按照Path环境变量中设定的路径寻找

python.exe，如果未找到则会报错。如果在安装Python时未在图1-1所示的界面中选中Add python.exe to PATH复选框，用户需要手动将 python.exe 的路径添加到Path环境变量中。如果用户不确定如何修改环境变量，建议重新运行Python安装程序，并确保选中Add python.exe to PATH复选框。

1.3 Python开发环境IDLE

IDLE是Python自带的集成开发环境，提供了一个简单的界面用于编写、调试和运行Python代码。

1.3.1 启动IDLE

在Windows系统中成功安装Python后，可以通过单击系统桌面上的"开始"按钮，在弹出的菜单中选择IDLE(Python 3.x 64-bit)命令来启动IDLE，打开图1-3所示的初始窗口。

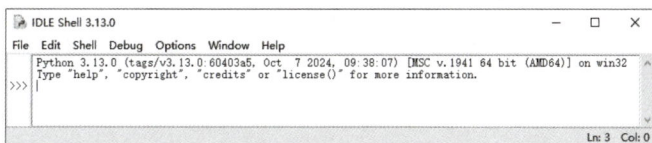

图 1-3 IDLE 的交互式编程模式 (Python Shell)

在图1-3所示的IDLE窗口中，用户可以在其中使用交互式编程模式执行Python命令。使用交互式编程模式时，只需在IDLE提示符>>>后输入相应的命令并按回车键即可执行。如果命令执行成功，将立即看到结果；如果出现问题，则会抛出异常。

例如，查看已安装的Python版本(在IDLE界面的标题栏中也可以直接看到)：

```
>>> import sys
>>> sys.version
```

返回结果可能类似于：'3.13.0 (default, Oct 1 2023, 12:00:00) [MSC v.1926 64 bit (AMD64)]'

此外，还可以进行简单的计算：

```
>>> 3 + 4
```

返回结果为7。

如果尝试执行一个错误的操作，例如：

```
>>> 5/0
```

则会抛出如下异常：

```
Traceback (most recent call last):
    File "<pyshell#1>", line 1, in <module>
        5/0
ZeroDivisionError: division by zero
```

除了交互式编程模式，IDLE还配备了一个编辑器，用于编写和编辑Python程序(或脚本)文件，并提供调试功能来调试Python脚本。接下来，我们将从IDLE的编辑器开始介绍。

在IDLE界面中，用户通过选择File | New File命令启动编辑器，如图1-4所示。在编辑器中，可以创建一个程序文件，输入代码并将其保存为文件(确保文件扩展名为.py)。

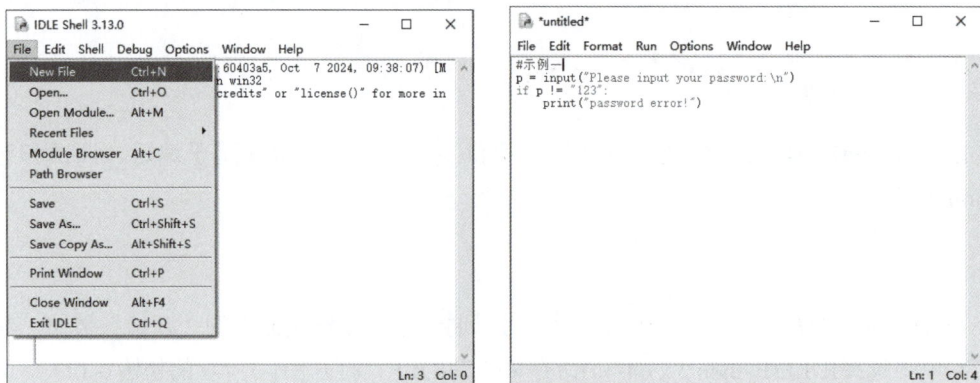

图 1-4　启动 IDLE 的编辑器

1.3.2　使用IDLE创建Python程序

IDLE为开发人员提供了许多实用的特性，如自动缩进、语法高亮显示、单词自动完成和命令历史等。这些功能可以有效提高开发效率。下面通过一个实例来逐一介绍这些特性。示例程序的源代码如下：

```
#示例一
p = input("Please input your password:\n")
if p != "123":
    print("password error!")
```

从图1-4可以看到，不同部分的代码采用了不同的颜色，这就是语法高亮显示。语法高亮显示通过为代码中的不同元素使用不同的颜色，使代码更易于阅读。默认情况下，关键字显示为橙红色，注释为红色，字符串为绿色，解释器的输出为蓝色。在输入代码时，这些颜色会自动应用，语法高亮显示的好处在于可以更容易地区分不同的语法元素，从而提高代码的可读性。此外，语法高亮显示还可以减少出错的可能性。

例如，如果输入的变量名显示为橙红色，说明该名称与保留的关键字冲突，用户需要更改变量名。

单词自动完成的功能允许用户在输入单词的一部分后，从Edit菜单选择Expand Word命令，或直接按下Alt + /组合键来完成该单词。

当在if关键字所在行的冒号后按回车键时，IDLE会自动进行缩进。一般情况下，IDLE将代码缩进一个级别(即4个空格)。如果用户想修改这个默认的缩进量，可以在Format菜单中选择New Indent Width命令进行调整。对于初学者而言，尽管自动缩进功能非常便利，但仍需注意，有时它可能无法完全符合需求，因此建议仔细检查代码的缩进。

创建好程序后，可以在File菜单中选择Save命令来保存程序。如果是新文件，会打开

"另存为"对话框，用户可以在其中指定文件名和保存位置。保存文件后，文件名将自动显示在屏幕顶部的蓝色标题栏中。如果文件中存在未保存的内容，标题栏的文件名前后会出现星号(*)，以提醒用户。

1.3.3　IDLE的常用编辑功能

下面将介绍编写Python程序时常用的IDLE命令，供初学者参考(按菜单分类)。

Edit菜单中常用的命令及其说明如表1-1所示。

表1-1　Edit菜单中的命令及其说明

命　令	说　明
Undo	撤销上一次的修改
Redo	重复上一次的修改
Cut	将所选文本剪切到剪贴板
Copy	将所选文本复制到剪贴板
Paste	将剪贴板中的文本粘贴到光标所在位置
Find	在窗口中查找特定单词或模式
Find in Files	在指定文件中查找特定单词或模式
Replace	替换特定单词或模式
Go to Line	将光标定位到指定的行首

Format菜单中常用的命令及其说明如表1-2所示。

表1-2　Format菜单中的命令及其说明

命　令	说　明
Indent Region	将所选内容右移一级，即增加缩进
Dedent Region	将所选内容左移一级，即减少缩进
Comment Out Region	将所选内容注释掉
Uncomment Region	去除所选内容每行前面的注释符
New Indent Width	重新设定缩进宽度，范围为2～16，宽度为2相当于1个空格
Expand Word	单词自动完成
Toggle Tabs	打开或关闭制表位

1.3.4　在IDLE中运行和调试Python程序

1. 运行 Python 程序

要在IDLE中执行Python程序，可以在Run菜单中选择Run Module命令(或直接按 F5 键)。此命令的功能是执行当前打开的文件。例如，在执行示例程序时，用户输入的密码为88，但由于输入错误，输出结果为"password error！"，如图1-5所示。

2. 使用 IDLE 调试器

在软件开发过程中，难免会遇到各种错误，包括语法错误和逻辑错误。对于语法错误，Python 解释器能够轻松检测，并会停止程序运行，而且会给出相应的错误提示。然而，对于逻辑错误，解释器则无能为力，程序可能会继续执行，但运行结果却是错误的。因此，调试程序通常是必要的，以确保代码的正确性和可靠性。

最简单的调试方法是直接显示程序的数据。例如，可以在关键位置使用print语句来输出变量的值，从而确定是否存在错误。然而，这种方法相对烦琐，因为开发人员必须在所有可疑的地方插入打印语句，并且在调试完成后，还需要手动删除这些打印语句。

除使用print语句外，还可以利用调试器进行更有效的调试。调试器可以帮助分析被调试程序的数据，并监视程序的执行流程。其功能包括暂停程序执行、检查和修改变量、调用方法而不更改程序代码等。IDLE 也提供了一个调试器，帮助开发人员查找逻辑错误。以下是 IDLE 调试器的简单使用方法。

在IDLE Shell窗口中，选择Debug菜单中的Debugger命令，即可启动IDLE的交互式调试器。这时，IDLE 会打开如图 1-6 所示的Debug Control窗口，并在窗口中输出[DEBUG ON]，后面显示>>>提示符。

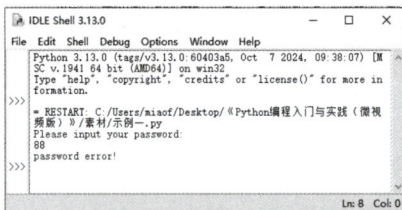

图 1-5　程序运行界面

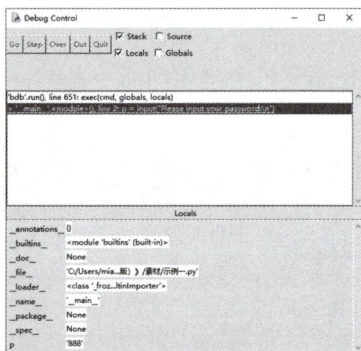

图 1-6　Debug Control 调试窗口

此时，用户可以像平常一样使用 IDLE Shell 窗口，只不过现在输入的任何命令都是在调试器下执行的。

1.4　Python基本输入/输出

Python的基本输入通过input()函数获取用户输入，而输出则使用print()函数将信息显示在控制台。

1.4.1 Python基本输入

在 Python中进行程序设计时，输入是通过input()函数实现的。input()函数的一般格式为：

```
x = input("输入一个值：")
```

该函数返回用户输入的对象，可以输入数字、字符串和其他任意类型的对象。不过，Python 2.7 和 Python 3.x的input()函数虽然形式相同，但在解释上略有不同。

在 Python 2.7 中，返回结果的类型由输入值时所使用的界定符决定。例如，以下是 Python 2.7 的示例代码：

```
x = input("Please input:")
```

如果输入为：

```
Please input: 3
```

由于没有使用界定符，结果会被解释为整数：

```
>>> print type(x)
<type 'int'>
```

如果输入为：

```
Please input: '3'
```

由于使用了单引号，结果将被解释为字符串：

```
>>> print type(x)
<type 'str'>
```

在 Python 3.x中，input()函数始终返回字符串类型，因此不再区分输入值的类型。

在 Python 2.7中，还有一个内置函数raw_input()，用于接收用户输入的值。与 input() 函数不同，raw_input()函数始终返回字符串类型，无论用户使用什么界定符。

在Python 3.x中，不再提供raw_input()函数，取而代之的是使用input()函数来接收用户的键盘输入。在Python 3.x中，input()函数的返回结果也始终是字符串，不论用户输入的数据使用何种界定符。因此，用户需要将输入的字符串转换为相应的类型进行处理，这与Python 2.7 中的raw_input()函数相似。

以下是Python 3.x的示例代码：

```
x = input('Please input:')
```

如果输入为：

```
Please input: 3
```

则输出结果为：

```
>>> print(type(x))
<class 'str'>
```

如果输入为：

```
Please input: '1'
```

输出结果同样为：

```
>>> print(type(x))
<class 'str'>
```

如果输入为：

```
Please input: [1, 2, 3]
```

输出结果仍然是：

```
>>> print(type(x))
<class 'str'>
```

因此，在 Python 3.x 中，所有用户输入的内容都将以字符串形式返回。

1.4.2 Python基本输出

Python 2.7和Python 3.x的输出方法并不完全一致。在Python 2.7中，使用print语句进行输出，而在Python 3.x中，则使用print()函数。此外，一个重要的区别是，在Python 2.7中，如果在print语句后加上逗号(,)，则表示输出内容后不换行。例如：

```
for i in range(10):
    print i,
```

输出结果是：0123456789。

在 Python 3.x 中，为了实现类似的功能，可以使用以下方法：

```
for i in range(10, 20):
    print(i, end=' ')
```

输出结果是：10 11 12 13 14 15 16 17 18 19。

1.5 Python代码规范

Python 代码规范(PEP 8)强调代码的可读性，包括使用4个空格进行缩进、适当命名、保持行长度不超过 79 个字符，以及在逻辑块之间添加空行等。

(1) 缩进。Python 程序通过代码块的缩进来体现逻辑关系，缩进的结束标志着一个代码块的结束。类定义、函数定义、选择结构和循环结构等都以行尾的冒号表示缩进的开始。同一层级的代码块必须保持一致的缩进量。例如：

```
for i in range(10):                              # 循环输出0~9的数字
    print(i, end=', ')
```

一般而言，建议使用4个空格作为基本缩进单位，避免使用制表符(tab)。在 IDLE 开发

环境中，可以通过以下操作来进行代码块的缩进和反缩进：选择 Format | Indent Region(或 Dedent Region)命令。

(2) 注释。一个好的、可读性强的程序通常包含超过 20% 的注释。常用的注释方式主要有以下两种。

○　方法一：使用#开始，表示本行#之后的内容为注释。例如：

```
# 循环输出0～9的数字
for i in range(10):
    print(i, end=' ')
```

○　方法二：用三重引号"""或'''包围的内容，如果不属于任何语句，则被解释器视为注释。例如：

```
"""循环输出0～9的数字，可以包含多行文字"""
for i in range(10):
    print(i, end=' ')
```

在 IDLE 开发环境中，可以通过以下操作快速注释或解除注释一段代码：选择 Format | Comment Out Region(或Uncomment Region)命令。

(3) 每个import语句应该只导入一个模块，而不应该一次导入多个模块。例如：

```
>>> import math                         # 导入math数学模块
>>> math.sin(0.5)                       # 求0.5的正弦
>>> import random                       # 导入random随机模块
>>> x = random.random()                 # 获得[0, 1)内的随机小数
>>> y = random.random()
>>> n = random.randint(1, 100)          # 获得[1, 100]范围内的随机整数
```

虽然可以一次导入多个模块，但不提倡这样做。导入的顺序应为：首先导入Python内置模块，其次导入第三方模块，最后导入自己开发的项目中的其他模块。避免使用from module import *，除非是导入常量定义模块或其他确保不会出现命名冲突的模块。

(4) 如果一行语句过长，可以在行尾添加反斜杠"\"来换行，但更推荐使用圆括号将多行内容包含起来。例如：

```
x = '这是一个非常长非常长非常长非常长\
    非常长非常长非常长非常长非常长的字符串'        # 使用反斜杠"\"换行
x = ('这是一个非常长非常长非常长非常长'
    '非常长非常长非常长非常长非常长的字符串')      # 圆括号中的行会连接起来
```

另一个示例：

```
if (width == 0 and height == 0 and
        color == 'red' and emphasis == 'strong'):    # 圆括号中的行会连接起来
    y = '正确'
else:
    y = '错误'
```

(5) 必要的空格与空行。建议在运算符两侧、函数参数之间及逗号两侧使用空格分隔。此外，不同功能的代码块之间、不同的函数定义之间应该增加一个空行，以提高可读性。

(6) 常量命名。常量名应全部用大写字母，并用下画线连接各个单词。类名的首字母应大写。例如：

```
CONSTANT_VALUE = 0
THIS_IS_A_CONSTANT = 1
```

1.6 Python帮助信息

使用Python的帮助功能对于学习和开发都是非常重要的。在Python中，可以使用help()方法来获取帮助信息。其使用格式如下：

```
help(对象)
```

以下将分为三种情况进行说明。

1.6.1 查看内置函数和类型的帮助信息

在IDLE环境中输入以下命令，可以查看内置 max 函数的帮助信息(如图1-7所示)：

```
>>> help(max)
>>> help(list)                          # 可以获取list列表类型的成员方法
>>> help(tuple)                         # 可以获取tuple元组类型的成员方法
```

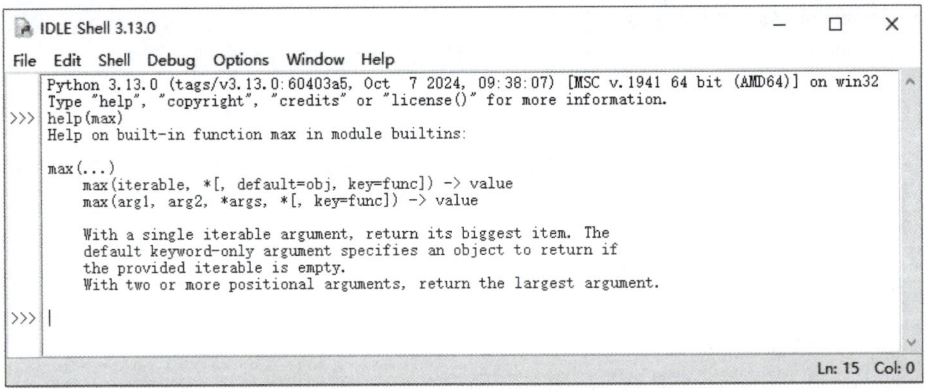

图1-7 查看内置 max 函数的帮助信息

1.6.2 查看模块中的成员函数信息

要查看某个模块中的成员函数信息，可以使用以下命令：

```
>>> import os
>>> help(os.fdopen)
```

上述例子查看os模块中的**fdopen**成员函数的信息，得到如图1-8所示的提示信息：

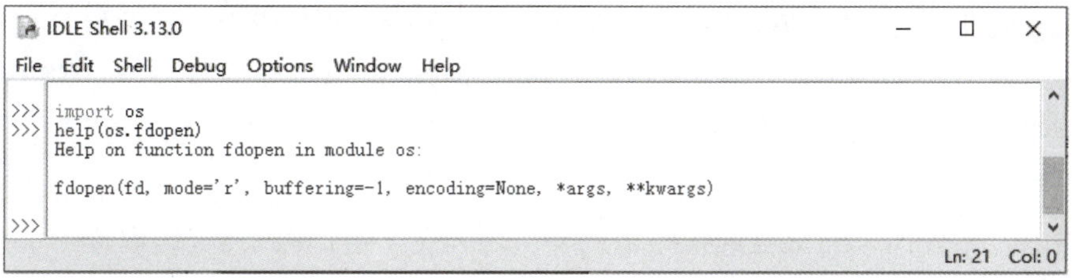

图 1-8　查看 os 模块中的 fdopen 成员函数信息

1.6.3　查看整个模块的信息

使用help(模块名)可以查看整个模块的帮助信息。这里需要注意的是，首先需要使用import导入该模块。例如，要查看math模块的方法：

```
>>> import math
>>> help(math)
```

帮助信息如图 1-9所示。

要查看 Python 中所有的模块，可以使用以下命令：

```
help("modules")
```

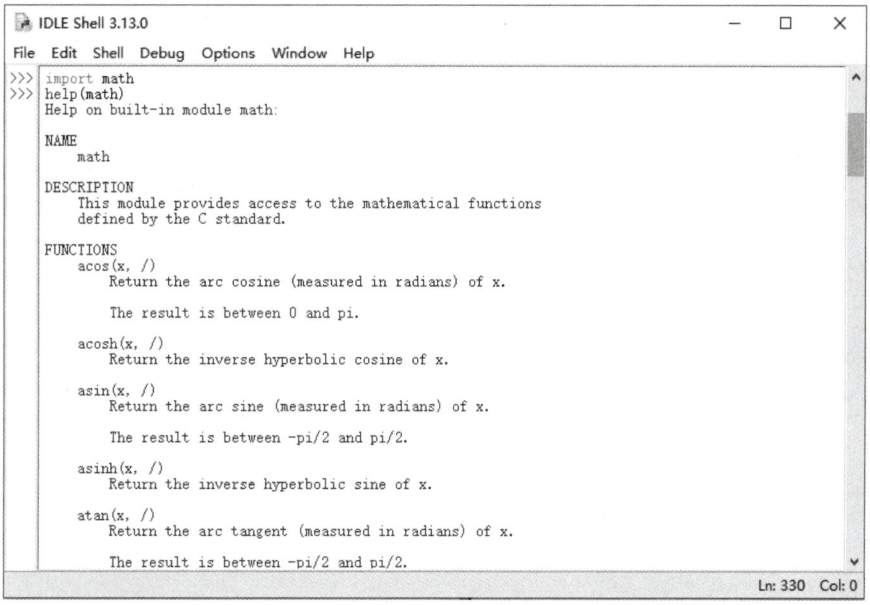

图 1-9　查看 math 模块的帮助信息

1.7　课后实践

本章主要介绍了Python编程的基础知识，包括Python语言的特点与应用、环境的安装与配置、IDLE开发环境的使用、基本输入输出操作、代码规范以及获取帮助信息的方式。首先，简要概述了Python的易读性和强大的库支持，使其成为初学者和专业开发者的理想选择。接着，详细说明了在macOS、Linux和Windows等操作系统上安装Python的步骤，以及如何运行Python程序。随后，介绍了IDLE作为集成开发环境的使用方法，包括创建、编辑和调试程序的基本操作。接下来，讲解了如何使用input()和print()函数进行基本的输入输出，实现简单的交互式程序。此外，还强调了遵循PEP 8代码规范的重要性，以提高代码的可读性和可维护性。最后，本章提供了获取Python帮助信息的途径，帮助读者在编程过程中解决问题。

本章为用户进一步学习Python奠定了扎实的基础。在下面的课后实践部分，用户可以通过动手实现几个简单的编程实例并完成课后的思考练习，加深对Python的了解。

一、应用实例

【例1-1】熟悉IDLE开发环境。

本例将使用标准的IDLE作为开发环境，帮助用户熟悉Python的强大功能。有时，我们可能需要同时安装多个不同版本的Python，并根据不同的开发需求在这多个版本之间切换。多个版本并存不会影响在IDLE环境中直接运行程序，只需启动相应版本的IDLE即可。

熟练掌握开发环境提供的一些快捷键可以显著提升开发效率。在IDLE环境中，除了常用的撤销(Ctrl+Z)、全选(Ctrl+A)、复制(Ctrl+C)、粘贴(Ctrl+V)和剪切(Ctrl+X)等快捷键，还有一些其他快捷键，如表1-3所示。

表1-3　IDLE中的常用快捷键

快 捷 键	说　　明
Tab	补全单词，列出所有可选单词供选择
Alt + P	浏览历史命令(上一条)
Alt + N	浏览历史命令(下一条)
Ctrl + F6	重启Shell，之前定义的对象和导入的模块全部失效
F1	打开Python帮助文档
Alt+/	自动补全之前出现过的单词，若有多个单词具有相同前缀，则在多个单词间循环切换
Ctrl+]	代码块缩进
Ctrl+\	取消代码块缩进
Alt+3	注释代码块
Alt+4	取消代码块注释

(1) 进入IDLE开发环境，直接在Python提示符>>>后输入以下命令并按Enter键执行。执行成功后，会立即显示结果；如果出现错误，则会提示错误信息并抛出异常。

```
>>>2+1
3
>>>import math                          # 导入Python标准库math
>>>math.sqrt(25)                        # 使用标准库函数sqrt计算平方根
5.0
>>>3**2                                 # 使用**计算幂运算
9
>>> 3 * (1 + 9)
30
>>>2/0                                  # 除以0错误，会抛出异常
Traceback (most recent call last):
File "<pyshell#5>", line 1, in <module>
2/0
ZeroDivisionError: division by zero
>>>x = 'hello                           # 语法错误，字符串的末尾缺少一个单引号
SyntaxError: EOL while scanning string literal
```

从以上代码可以看出，交互模式一般用于实现简单的业务逻辑或验证某些功能。复杂的业务逻辑通常通过编写Python程序来实现，这样可以更方便地不断完善和复用代码。

(2) 在IDLE界面中选择File | New File 命令创建一个程序文件，输入代码并保存为文件(确保扩展名为.py；如果是GUI程序，扩展名为.pyw)。

```
def main():
    print("this is a test program")

main()
```

(3) 使用Run | Run Module菜单命令运行程序，程序的运行结果将直接显示在IDLE的交互界面中。例如，以上程序输出结果如下：

```
==== RESTART: C:/Users/miaof/AppData/Local/Programs/Python/Python313/test.py ===
this is a test program
```

【例1-2】熟悉pip工具。

Python语言中有三类库：内置库、标准库和扩展库。其中，内置库和标准库在成功安装Python后即随之安装。内置库可以直接使用，无须通过import命令导入；而标准库和扩展库则需要先导入才能使用。扩展库主要通过pip工具进行管理。

在使用pip工具之前，需要确认其是否可用。可以按下Ctrl+R键，在打开的"运行"对话框的"打开"文本框中输入cmd后单击"确定"按钮(如图1-10所示)，进入命令窗口，输入pip命令，如图1-11所示(如果pip工具无法使用，可以检查Python的安装目录，找到安装目录中的pip.exe文件，并将其添加到系统环境变量Path中。完成后，重启命令提示符并重试)。

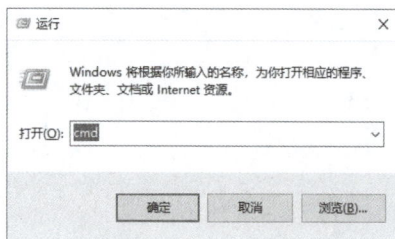

图1-10 "运行"对话框

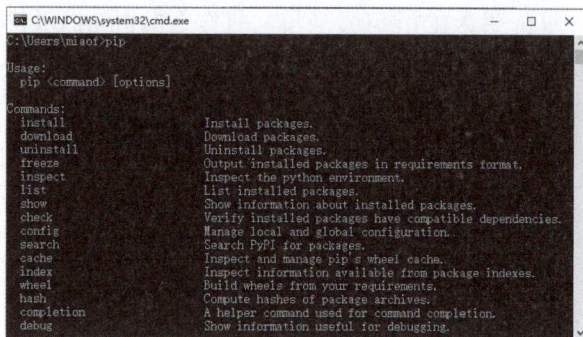

图1-11 检查pip工具

常用的pip命令如下。

- ⭕ pip list：查看已安装的扩展库。
- ⭕ pip install package_name：安装名为package_name的扩展库。
- ⭕ pip uninstall package_name：卸载名为package_name的扩展库。

例如，执行以下命令安装pandas库：

```
pip install pandas
```

【例1-3】编写程序，求解30°的正弦函数值

分析：我们知道正弦函数用sin表示，但不确定在Python中是否有特殊的要求，因此可以在IDLE环境中先使用帮助命令help进行查询。

```
>>> import math
>>> help(math.sin)
Help on built-in function sin in module math:

sin(x, /)
    Return the sine of x (measured in radians).
```

通过帮助信息，我们了解到sin函数的参数x是以弧度(radians)为单位的。接下来，可以查看math模块中是否有将角度转换为弧度的函数。

```
>>>help(math)
Help on built-in module math:

NAME
    math

DESCRIPTION
    This module provides access to the mathematical functions
    defined by the C standard.

FUNCTIONS
    acos(x, /)
```

Return the arc cosine (measured in radians) of x.

The result is between 0 and pi.

acosh(x, /)
Return the inverse hyperbolic cosine of x.

......

radians(x, /)
Convert angle x from degrees to radians.

remainder(x, y, /)
Difference between x and the closest integer multiple of y.

......

DATA
e = 2.718281828459045
inf = inf
nan = nan
pi = 3.141592653589793
tau = 6.283185307179586

FILE
(built-in)

其中，radians函数的功能是将角度转换为弧度，而degrees函数则用于将弧度转换为角度。下面运用三种模块的导入方法来求解30°的正弦函数值。

(1) 使用Windows系统自带的记事本工具编写程序。

程序代码1：

```
import math
x = math.sin(math.radians(30))
print(x)
```

程序代码2：

```
from math import *
x = sin(radians(30))
print(x)
```

程序代码3：

```
from math import sin, radians
x = sin(radians(30))
print(x)
```

(2) 将以上代码分别保存为python_1.py、python_2.py和python_3.py。

（3）在保存.py文件的文件夹地址栏中输入cmd，按下Enter键，打开命令行窗口，然后在命令行中输入以下命令运行python_1.py：

```
python python_1.py
```

输出结果：

```
0.49999999999999994
```

使用同样的方法，在命令行中运行python_2.py和python_3.py，输出结果同上。

二、思考练习

1. 简要说明如何选择适合的Python版本。

2. Python语言有哪些优点和缺点？

3. Python的基本输入/输出函数是什么？

4. 如何在IDLE中运行和调试Python程序？

5. 为什么在程序中加入注释是重要的？如何在程序中添加注释？

6. 编写程序，让用户输入一个三位以上的整数，并输出其百位以上的数字。例如，用户输入1234，则程序输出12(提示：使用整除运算)。

第2章

Python 语法基础

数据类型是程序中最基本的概念,确定数据类型后,才能明确变量的存储方式及其操作。表达式则是用于表示计算求值的式子。数据类型和表达式是程序员编写程序的基础。因此,本章介绍的内容构成了进行Python 程序设计的基本框架。

2.1 Python数据类型

计算机程序能够处理各种数值类型，但不仅限于数值。计算机还可以处理文本、图形、音频、视频、网页等多种数据，因此需要定义不同的数据类型。

2.1.1 数值类型

Python 中的数值类型用于存储数值。Python 支持4种不同的数值类型，如表2-1所示。

表2-1 Python支持的数值类型

数 值 类 型	说　　明
整型(int)	通常称为整数，表示正整数、负整数或零，不带小数点
长整型(long)	表示无限大小的整数，通常在整数末尾加上大写或小写字母L。在Python 3.x中，仅存在一种整数类型int，不再有Python 2.x中的long类型
浮点型(float)	浮点型由整数部分和小数部分组成，也可以使用科学记数法表示(例如，2.78e2 表示$2.78 \times 10^2 = 278$)
复数(complex)	复数由实数部分和虚数部分构成，可以用a + bj或complex(a, b)表示，其中虚部用字母j表示。例如，2 + 3j

需要注意的是，数值类型是不可变的，这意味着如果要改变数值数据类型的值，将会重新分配内存空间。

2.1.2 字符串

字符串是Python中最常用的数据类型。可以使用引号来创建字符串。Python不支持单独的字符类型，单个字符在Python中也作为字符串处理。Python使用单引号和双引号表示字符串是等效的。

1. 创建和访问字符串

创建字符串非常简单，只需为变量分配一个值即可。例如：

```
var1 = 'Hello World!'
var2 = "Python Programming"
```

在Python中，可以使用方括号访问子字符串。例如：

```
var1 = "Hello, World!"
var2 = "Python Programming"
print("var1[0]:", var1[0])              # 获取索引为0的字符，注意索引从0开始
print("var2[1:5]:", var2[1:5])          # 切片操作
```

上述代码的执行结果为：

var1[0]: H
var2[1:5]: ytho

切片是对字符串(或其他序列)的一种操作，格式为字符串后跟方括号，方括号中包含一对可选的数字，用冒号分隔，例如 [1:5]。切片操作中的第一个数字(冒号之前)表示切片的起始位置，第二个数字(冒号之后)表示切片的结束位置。

- 如果不指定起始位置，Python 将默认从字符串的开头开始切片。
- 如果不指定结束位置，Python 将默认切片到字符串的末尾。

需要注意的是，切片返回的内容从起始位置开始，正好在结束位置之前结束。例如，[1:5] 表示获取从第二个字符到第六个字符之前(即第5个字符)的部分。

2. Python 转义字符

在Python中，当需要在字符串中使用特殊字符时，可以使用反斜杠"\"进行转义。表 2-1 所示为常用的转义字符。

表2-2 转义字符

转 义 字 符	说 明	转 义 字 符	说 明
\(在行尾时)	续行符	\r	回车
\\	反斜杠	\a	响铃
\n	换行	\f	换页
\t	横向制表符	\b	退格(Backspace)
\v	纵向制表符	\000	空
\'	单引号	\xyy	十六进制数，yy代表的字符
\"	双引号	\oyy	八进制数，yy代表的字符

3. Python 字符串运算符

Python中的字符串运算符如表2-3所示。在以下示例中，变量a的值为字符串 "Hello"，变量b的值为字符串"Python"。

表2-3 Python字符串运算符

运 算 符	说 明	示 例
+	字符串连接	a＋b输出结果：HelloPython
*	重复输出字符串	a * 2输出结果：HelloHello

（续表）

运 算 符	说 明	示 例
[ ]	通过索引获取字符串中的字符	a[1]输出结果：e
[:]	截取字符串中的一部分	a[1:4]输出结果：ell
in	成员运算符，如果字符串中包含给定的字符返回True	'H' in a输出结果：True
not in	成员运算符。用于判断字符串中是否不包含给定的字符。如果字符串中不包含该字符，则返回True	'M' not in a输出结果：True

4. 字符串格式化

Python支持格式化字符串的输出。虽然格式化字符串可能涉及复杂的表达式，但最基本的用法是将一个值插入到包含字符串格式化符的模板中。在Python中，字符串格式化使用与C语言中printf函数相同的语法。例如：

```
print("我的名字是 %s，年龄是 %d" % ('dsm', 45))
```

在这个例子中，Python使用一个元组将多个值传递给模板，每个值对应一个字符串格式化符。上述代码将'dsm'插入到%s处，将45插入到%d处。因此输出结果为：

```
我的名字是 dsm，年龄是 45
```

Python中的字符串格式化符如表2-4所示。

表2-4　Python字符串格式化符

符 号	说 明	符 号	说 明
%c	格式化字符	%u	格式化无符号整型
%f	格式化浮点数字，可指定小数点后的精度	%g	%f和%e的简写
%s	格式化字符串	%G	%f和%E的简写
%e	用科学记数法格式化浮点数	%o	格式化八进制数
%d	格式化十进制整数	%x	格式化十六进制数
%E	与%e相同，用科学记数法格式化浮点数	%X	格式化十六进制数(大写)

字符串格式化示例：

```
charA = 65
charB = 66
print("ASCII 码 65 代表：%c" % charA)
```

```
print("ASCII 码 66 代表：%c" % charB)
Num1 = 0xFE
Num2 = 0xAB03
print('转换成十进制分别为：%d和%d' % (Num1, Num2))
Num3 = 1200000
print('转换成科学记数法为：%e' % Num3)
Num4 = 65
print('转换成字符为：%c' % Num4)
```

输出结果：

```
ASCII 码 65 代表：A
ASCII 码 66 代表：B
转换成十进制分别为：255和43779
转换成科学记数法为：1.200000e+06
转换成字符为：A
```

2.1.3　布尔类型

Python 支持布尔类型的数据，布尔类型只有两个值：True和False。布尔类型支持以下几种运算。

○　and(与运算)：只有当两个布尔值都为True时，计算结果才为True。

```
True and True                    # 结果是True
True and False                   # 结果是False
False and True                   # 结果是False
False and False                  # 结果是False
```

○　or(或运算)：只要有一个布尔值为True，计算结果就是True。

```
True or True                     # 结果是True
True or False                    # 结果是True
False or True                    # 结果是True
False or False                   # 结果是False
```

○　not(非运算)：将True变为False，或者将False变为True。

```
not True                         # 结果是False
not False                        # 结果是True
```

布尔运算在计算机中用于条件判断，根据计算结果为True或False，计算机可以自动执行不同的后续代码。

在Python中，布尔类型还可以与其他数据类型进行and、or 和not运算。在这些运算中，以下几种情况被认为是 False：

○　为0的数字(包括0和0.0)；

○　空字符串("")；

- 表示空值的None；
- 空集合、空元组( )、空列表[ ]、空字典{ }。

其他的值都被视为True。例如：

```
a = 'python'
print(a and True)                    # 结果是True
b = ''
print(b or False)                    # 结果是False
```

2.1.4　空值

空值是Python中一个特殊的值，用None表示。它不支持任何运算，也没有任何内置函数方法。None与任何其他数据类型进行比较时，永远返回False。在Python中，未指定返回值的函数会自动返回None。

2.1.5　Python数据类型转换

Python提供了多种数据类型转换函数，如表2-5所示。

表2-5　数据类型转换函数

数据类型转换函数	说　明
int(x[, base])	将x转换为一个整数
long(x[, base])	将x转换为一个长整数(Python 3.x中已移除)
float(x)	将x转换为一个浮点数
complex(real[, imag])	创建一个复数
str(x)	将对象x转换为字符串
repr(x)	将对象x转换为表达式字符串
eval(str)	计算字符串中的有效Python表达式，并返回一个对象
tuple(s)	将序列s转换为一个元组
list(s)	将序列s转换为一个列表
chr(x)	将一个整数(ASCII或Unicode编码)转换为一个字符
ord(x)	将一个字符转换为它的ASCII整数值(汉字为Unicode编码)
bin(x)	将整数x转换为二进制字符串，例如 bin(24)结果是'0b11000'
oct(x)	将一个数字转换为八进制，例如oct(24)结果是'0o30'
hex(x)	将整数x转换为十六进制字符串，例如hex(24)结果是'0x18'
chr(i)	返回整数i对应的ASCII字符，例如chr(65)结果是'A'

示例：

```
x = 20                              #十进制为20
y = 345.6
print(oct(x))                       # 打印结果是'0o24'
print(int(y))                       # 打印结果是345
print(float(x))                     # 打印结果是20.0
print(chr(65))                      # 'A'对应的ASCII为65，打印结果是'A'
print(ord('B'))                     # 'B'的ASCII为66，打印结果是66
print(ord('中'))                    # '中'的Unicode为20013，打印结果是20013
print(chr(20018))                   # '串'的Unicode为20018，打印结果是'串'
```

2.2　变量和常量

Python 的变量是程序中对数据的命名引用，用于存储和操作数据，其值可以在程序运行时改变，而常量则是指在程序中其值不可改变的固定数据。

2.2.1　变量

变量的概念基本上与初中代数中的方程变量相似，但在计算机程序中，变量不仅可以表示数字，还可以表示任意数据类型。在程序中，变量通过一个变量名来表示，变量名必须由大小写字母、数字和下画线的组合构成，并且不能以数字开头。例如：

```
a = 1                               # 变量a是一个整数
t_007 = "T007"                      # 变量t_007是一个字符串
Answer = True                       # 变量Answer是一个布尔值True
```

在Python中，等号"="用于赋值，可以将任意数据类型赋值给变量，同一个变量可以反复赋值，并且可以赋值不同类型的数据。例如：

```
a = 123                             #a是整数
a = 'ABC'                           #a变为字符串
```

这种变量类型不固定的语言称为动态语言，与之对应的是静态语言。静态语言在定义变量时必须指定变量类型，如果赋值时类型不匹配，则会报错。例如，C 语言是静态语言，赋值语句如下(//表示注释)：

```
int a = 123;                        // a是整数类型变量
a = "ABC";                          // 错误，不能将字符串赋值给整型变量
```

与静态语言相比，动态语言更灵活，正是这个原因。

需要注意的是，赋值语句中的等号与数学中的等号并不相同。例如，在以下代码中：

```
x = 10
x = x + 2
```

如果从数学角度理解x = x + 2，这显然是不成立的。但在程序中，赋值语句会先计算右侧的表达式x + 2，得到结果12，然后将其赋值给变量x。由于x之前的值是10，重新赋值后，x的值变为12。

理解变量在计算机内存中的表示也非常重要。当执行以下代码时：

```
a = 'ABC'
```

Python 解释器会进行以下两件事情：

在内存中创建了一个字符串'ABC'。

在内存中创建了一个名为a的变量，并将其指向字符串'ABC'。

也可以将一个变量a的值赋给另一个变量b，这个操作实际上是让变量b指向变量 a 所指向的数据。例如，下面的代码：

```
a = 'ABC'
b = a
a = 'XYZ'
print(b)                        # 输出'ABC'
```

最后一行打印出变量b的内容到底是'ABC'还是'XYZ'呢？如果从数学的角度理解，可能会错误地认为b和a是相同的，因此也应该是'XYZ'。但实际上，b的值是'ABC'。下面逐行执行代码，看看到底发生了什么：

(1) 执行a = 'ABC'，Python解释器创建了字符串'ABC'和变量a，并让a指向这个字符串。

(2) 执行b = a，解释器创建了变量b，并让b指向a所指向的字符串'ABC'。

(3) 执行a = 'XYZ'，解释器创建了字符串'XYZ'，并将a的指向更改为'XYZ'，但b的指向未受影响。

因此，最后打印变量b的结果自然是 'ABC'。

当变量不再需要时，Python会自动回收其占用的内存空间。此外，也可以使用del语句手动删除某些变量。del语句的语法如下：

```
del var1[, var2[, var3[..., varN]]]
```

可以通过del语句删除单个或多个变量对象，例如：

```
del a                           # 删除单个变量对象
del a, b                        # 删除多个变量对象
```

2.2.2 常量

常量是指不可更改的变量，例如常用的数学常数 π 就是一个常量。在Python中，常量通常使用全大写的变量名表示，例如：

```
PI = 3.1415926535
```

然而，实际上PI仍然是一个变量，Python并没有任何机制来保证PI的值不会被改变。

因此，虽然使用全大写的变量名来表示常量是一种约定，但在实际操作中，PI的值是可以被修改的。

2.3　运算符与表达式

在程序中，表达式用于计算和求值，它由运算符(操作符)和运算数(操作数)组成。运算符是表示进行某种运算的符号，而运算数则可以是常量、变量和函数等。例如，在表达式4＋5中，4和5被称为操作数，＋则是运算符。

2.3.1　运算符

Python支持多种类型的运算符，包括：算术运算符、比较(关系)运算符、逻辑运算符、赋值运算符、位运算符、成员运算符和标识运算符。

1. 算术运算符

算术运算符用于执行数学运算，Python中的算术运算符如表2-6所示。假设变量a = 10和变量 b = 20。

表2-6　Python中的算术运算符

运　算　符	说　　明	示　　例
＋	加法	a＋b = 30
－	减法	a－b = -10
*	乘法	a * b = 200
/	除法	b / a = 2
%	模运算符(求余)	b％a =0，7％3 = 1
**	指数运算(幂)	a ** b = 10^{20} (10的20次方)
//	整除，结果为商的小数点后部分舍去的整数	9 // 2 = 4而9.0 // 2.0 = 4.0

需要注意以下几点：

(1) 乘号不可省略。在Python中，算术表达式的乘号(*)不能省略。例如，数学表达式$b^2 - 4ac$应该写成：b * b - 4 * a * c。

(2) 字符集限制。在 Python 表达式中，只能使用字符集允许的字符。例如，数学表达式πr^2应该写成：math.pi * r * r，其中math.pi是Python已定义的模块变量。示例代码如下：

```
>>> import math
>>> math.pi
```

结果为 3.141592653589793

(3) 使用圆括号控制运算优先级。在Python中，算术表达式只能使用圆括号来改变运算的优先顺序，不能使用{ }或[ ]。可以使用多层圆括号，且左右括号必须配对，运算时从内层括号开始，由内向外依次计算表达式的值。

2. 关系运算符

关系运算符用于比较两个值，运算结果为True(真)或False(假)。Python中的关系运算符如表2-7所示。假设变量a = 10和变量b = 20。

表2-7　Python中的关系运算符

运 算 符	说　　　明	示　　　例
==	检查两个操作数的值是否相等，如果相等则结果为True	(a == b)为False
!=	检查两个操作数的值是否不相等，如果不相等则结果为True	(a != b)为True
<>	检查两个操作数的值是否不相等(此运算符在Python 3.x中已被废弃，使用!=替代)	(a <> b)为True
>	检查左操作数的值是否大于右操作数的值，如果是则结果为 True	(a > b)为False
<	检查左操作数的值是否小于右操作数的值，如果是则结果为 True	(a < b)为True
>=	检查左操作数的值是否大于或等于右操作数的值，如果是则结果为True	(a >= b)为False
<=	检查左操作数的值是否小于或等于右操作数的值，如果是则结果为True	(a <= b)为True

需要注意的是，关系运算符的优先级低于算术运算符。例如，表达式a + b > c等效于(a + b) > c。

3. 逻辑运算符

Python 提供了三种逻辑运算符，分别如下。

- and：逻辑与，二元运算符。
- or：逻辑或，二元运算符。
- not：逻辑非，一元运算符。

这三种逻辑运算符的含义如下(设a和b是两个参与运算的逻辑量)。

- a and b的含义是，当a和b均为真时，表达式的值为真(True)；否则为假(False)。
- a or b的含义是，当a和b中至少有一个为真时，表达式的值为真；如果a和b均为假，则表达式的值为假。
- not a的含义是，当a为假时，表达式的值为真；否则为假。

Python中的逻辑运算符如表2-8所示。

表2-8　Python中的逻辑运算符

运 算 符	说　　明	示　　例
and	逻辑与运算符。如果两个操作数都为真(非零)，则结果为真(True)	(True and True)为True
or	逻辑或运算符。如果至少有一个操作数为真(非零)，则结果为真	(True or False)为True
not	逻辑非运算符。用于反转操作数的逻辑状态。如果操作数为真，则返回假(False)；否则返回真(True)	(not (True and True))为False

示例：

```
x = True
y = False
```

执行以下逻辑运算：

```
print("x and y =", x and y)              # 逻辑与
print("x or y =", x or y)                # 逻辑或
print("not x =", not x)                  # 逻辑非
print("not y =", not y)                  # 逻辑非
```

以上实例的执行结果为：

```
x and y = False
x or y = True
not x = False
not y = True
```

需要注意以下两点。

(1) x > 1 and x < 5 是判断某数x是否大于1且小于5的逻辑表达式。

(2) 如果逻辑表达式的操作数不是逻辑值True和False，Python 将非0视为真，0视为假进行运算。

例如，当 a = 0 和 b = 4 时，a and b 结果为假(0)，a or b 结果为真：

```
>>>a = 0
>>>b = 4
>>>print(a and b)                        # 结果为0
0
>>>print(a or b)                         # 结果为4
4
```

说明：在Python中，or运算符是从左到右计算表达式，并返回第一个为真的值。

Python 中，逻辑值True作为数值时等于1，逻辑值False作为数值时等于0。

例如：

```
True + 5                                 # 结果为6
6
```

由于True作为数值等于1，因此True＋5的结果为6。

```
False + 5                                # 结果为 5
5
```

逻辑值False作为数值等于0，因此False＋5的结果为5。

4. 赋值运算符

赋值运算符"="的一般格式为：

```
变量 = 表达式
```

它表示将右侧表达式的计算结果赋值给左侧的变量。例如：

```
i = 3 * (4 + 5)                          # i的值变为27
```

说明：

(1) 赋值运算符左侧必须是变量，右侧可以是常量、变量、函数调用，或由这些组成的表达式。例如：

```
x = 10
y = x + 10
y = func()
```

这些都是合法的赋值表达式。

(2) 赋值符号"="与数学中的等号不同，它并不表示相等的含义。例如，x = x + 1是合法的(虽然在数学上不合法)，其含义是取出变量x的值加1，然后将结果存回变量x中。

赋值运算符的说明请参见表2-9。

表2-9 Python中的赋值运算符

运 算 符	说　　　明	示　　　例
=	直接赋值	c = a
+=	加法赋值	c += a等同于c = c + a
−	减法赋值	c − = a等同于c = c − a
*=	乘法赋值	c *= a等同于c = c * a
/=	除法赋值	c /= a等同于c = c / a
%=	取模赋值	c %= a等同于c = c % a

(续表)

运 算 符	说　　　明	示　　　例
**=	指数幂赋值	c **= a等同于c = c ** a
//=	整除赋值	c //= a等同于c = c // a

5. 位运算符

位(bit)是计算机中表示信息的最小单位，位运算符用于对位进行操作。在Python中，位运算符包括：按位与(&)、按位或(|)、按位异或(^)、按位求反(~)、左移(<<)和右移(>>)。位运算符对操作数的二进制形式逐位进行运算，参与位运算的操作数必须为整数。下面将逐一介绍这些运算符。假设有a = 60和b = 13，我们可以以二进制格式表示它们并进行运算：

```
a =      0011 1100
b =      0000 1101
a&b =    0000 1100
a | b =  0011 1101
a^b =    0011 0001
~a =     1100 0011
```

1) 按位与(&)

运算符"&"对其两边的操作数的对应位逐一进行逻辑与运算。每一位二进制数(包括符号位)都会参与运算。例如：

```
        a = 3
        b = 18
        c = a & b
        a 0000 0011
&       b 0001 0010
        c 0000 0010
```

所以，变量c的值为2。

2) 按位或(|)

运算符"|"对其两边的操作数的对应位逐一进行逻辑或运算。每一位二进制数(包括符号位)都会参与运算。例如：

```
        a = 3
        b = 18
        c = a | b
        a 0000 0011
|       b 0001 0010
        c 0001 0011
```

所以，变量c的值为19。

注意：尽管在位运算过程中是按位进行逻辑运算，但位运算表达式的结果并不是一个简单的逻辑值。

3) 按位异或(^)

运算符"^"对其两边的操作数的对应位逐一进行逻辑异或运算。每一位二进制数(包括符号位)都会参与运算。异或运算的定义是：若对应位不同，结果为1；若对应位相同，结果为0。例如：

```
        a = 3
        b = 18
        c = a ^ b
     a  0000 0011
^    b  0001 0010
     c  0001 0001
```

所以，变量c的值为17。

4) 按位求反(~)

运算符"~"是一元运算符，用于对操作数的对应位逐一取反。例如：

```
        a = 3
        c = ~a
^    a  00000011
     c  11111100
```

所以，变量c的值为 - 4。对于采用补码形式的带符号二进制数，最高位为1表示负数。

5) 左移(<<)

设a和n是整型变量，左移运算的一般格式为：a << n。其含义是将a的二进制位向左移动n位，移出的高n位被舍弃，而最低位补上n个0。

例如，当a = 7时，a的二进制形式为0000 0000 0000 0111。执行x = a << 3运算后，x的值为0000 0000 0011 1000，其十进制值为56。

左移一个二进制位，相当于将数值乘以2；左移n个二进制位，相当于将数值乘以2^n。

需要注意的是，左移运算可能会导致溢出问题。由于整数的最高位是符号位，当进行左移时，如果符号位不变，则相当于乘以2；但如果符号位发生变化，就会导致溢出。

6) 右移(>>)

设a和n是整型变量，右移运算的一般格式为：a >> n。其含义是将a的二进制位向右移动n位，移出的低n位被舍弃，而高n位则根据类型补充。若a是有符号整型，则高位补充符号位；如果a是无符号整型，则高位补充0。

右移一个二进制位相当于将数值除以2；右移n个二进制位则相当于将数值除以2^n。例如：

```
>>>a = 7
>>>x = a >> 1
>>>print(x)                    # 输出结果: 3
```

在上述例子中，a = 7进行x = a >> 1运算后，x的值为3。

6. 成员运算符

除了前面讨论的运算符，Python还提供了成员运算符，用于判断某个元素是否存在于序列中。成员运算符的详细信息如表2-10所示。

表2-10　Python中的成员运算符

运 算 符	说　　明	示　　例
x in y	如果x是序列y的成员，计算结果为True；否则为False	3 in [1, 2, 3, 4]计算结果为True 5 in [1, 2, 3, 4]计算结果为False
not in	如x不是序列y的成员，计算结果为True；否则为False	3 not in [1, 2, 3, 4]计算结果为False 5 not in [1, 2, 3, 4]计算结果为True

7. 标识运算符

标识运算符用于比较两个对象的内存位置。标识运算符的详细信息如表2-11所示。

表2-11　Python中的标识运算符

运 算 符	说　　明	示　　例
is	如果操作符两侧的变量指向相同的对象，计算结果为True；否则为False	如果id(x)的值等于id(y)，则x is y结果为True；否则为False
is not	如果操作符两侧的变量指向不同的对象，计算结果为True；否则为False	如果id(x)不等于id(y)，则x is not y结果为True；否则为False

8. 运算符的优先级

在一个表达式中，如果包含多种运算，将按照预先确定的顺序对各个部分进行计算和解析，这个顺序被称为运算符的优先级。当表达式中存在不止一种运算符时，将根据表2-12中的优先级规则进行计算(该表列出了所有运算符，从最高优先级到最低优先级)。

表2-12　Python运算符的优先级

优 先 级	运 算 符	说　　明
1	**	幂
2	~、+、-	求反、一元加号和减号
3	*、/、%、//	乘、除、取模和整除
4	+、-	加法和减法
5	<<、>>	左、右按位移
6	&	按位与

（续表）

优先级	运算符	说明
7	^、|	按位异或和按位或
8	<=、>、>=	比较(关系)运算符
9	<>、==、!=	比较(关系)运算符
10	=、+=、-=、*=、/=、%=、//=、**=	赋值运算符
11	is、is not	标识运算符
12	in、not in	成员运算符
13	not、or、and	逻辑运算符

2.3.2 表达式

　　Python语言中的表达式与其他编程语言的表达式没有显著区别。每个符合Python语言规则的表达式都会计算出一个确定的值。常量、变量的运算以及函数的调用都可以构成表达式。在本书后续章节中，我们将介绍的序列、函数和对象也可以成为表达式的一部分。

2.4 序列数据结构

　　在序列中，每个元素都被赋予了一个特定的数字，用以标识其在序列中的位置，这个数字被称为元素的"索引"或"位置"。第一个索引为0，第二个索引为1，以此类推。序列支持的操作包括索引、切片、加法、乘法以及成员检查。此外，Python内置了确定序列长度以及查找最大和最小元素的方法。接下来将介绍Python中的列表、元组、字典和集合。

2.4.1 列表

　　列表(list)是Python中使用最广泛的数据类型。列表中的数据项不需要具有相同的类型。虽然列表类似于其他语言中的数组，但其功能要强大得多。

　　创建一个列表，只需将逗号分隔的不同数据项用方括号括起来即可。例如：

```
list1 = ['泰山', '嵩山', 1997, 2000]
list2 = [1, 2, 3, 4, 5]
list3 = ["a", "b", "c", "d"]
```

　　列表的索引从0开始，可以进行截取(切片)、组合等操作。

1. 访问列表中的值

　　使用下标索引可以访问列表中的值，也可以使用方括号进行切片。下面的示例演示了如何访问列表中的元素：

```
list1 = ['泰山', '嵩山', 1997, 2025]
list2 = [1, 2, 3, 4, 5, 6, 7]
print("list1[0]:", list1[0])
print("list2[1:5]:", list2[1:5])
```

输出结果：

```
list1[0]: 泰山
list2[1:5]: [2, 3, 4, 5]
```

2. 更新列表

可以对列表中的数据项进行修改或更新。例如：

```
list1 = ['泰山', 'mountain', 1997, 2025]
print("Value available at index 2:")
print(list1[2])
list1[2] = 2026
print("New value available at index 2:")
print(list1[2])
```

输出结果：

```
Value available at index 2:
1997
New value available at index 2:
2026
```

3. 删除列表中的元素

可以通过三种方法来删除列表中的元素。

○   方法1：使用del语句删除列表中的元素。示例如下：

```
list1 = ['泰山', '嵩山', 1997, 2025]
print(list1)
del list1[2]
print("After deleting value at index 2:")
print(list1)
```

输出结果：

```
['泰山', '嵩山', 1997, 2025]
After deleting value at index 2:
['泰山', '嵩山', 2025]
```

○   方法2：使用remove()方法删除列表中的元素。示例如下：

```
list1 = ['泰山', '嵩山', 1997, 2025]
list1.remove(2025)
list1.remove('嵩山')
```

```
print(list1)
```

输出结果：

```
['泰山', 1997]
```

⭕ 方法3：使用 pop()方法删除列表的指定位置的元素(无参数时删除最后一个元素)。
示例如下：

```
list1 = ['泰山', '嵩山', 1997, 2025]
list1.pop(2)                           # 删除位置2的元素1997
list1.pop()                            # 删除最后一个元素2025
print(list1)
```

输出结果：

```
['泰山', '嵩山']
```

4. 添加列表元素

可以使用append()方法在列表末尾添加元素。示例如下：

```
list1 = ['泰山', '嵩山', 1997, 2025]
list1.append(2026)
print(list1)
```

输出结果：

```
['泰山', '嵩山', 1997, 2025, 2026]
```

5. 定义多维列表

多维列表可以视为列表的嵌套结构，即多维列表的元素也是列表，但其维度比父列表低一层。对于二维列表(类似于其他编程语言中的二维数组)，其元素值是一维列表；而三维列表的元素值则是二维列表。例如，定义一个二维列表如下：

```
list2 = [["泰山", "嵩山"], ["长江", "黄河"]]
```

二维列表相较于一维列表多了一个索引，可以通过以下方式获取元素：

```
列表名[索引1][索引2]
```

例如，定义一个3行18列的二维列表，并打印出元素值：

```
rows = 3
cols = 18
matrix = [[0 for col in range(cols)] for row in range(rows)]        # 列表生成式

for i in range(rows):
    for j in range(cols):
        matrix[i][j] = i * 3 + j
```

```
        print(matrix[i][j], end=' ')
    print('\n')
```

输出结果：

```
0 1 2 3 4 5 6 7 8 9 10 11 12 13 14 15 16 17
3 4 5 6 7 8 9 10 11 12 13 14 15 16 17 18 19 20
6 7 8 9 10 11 12 13 14 15 16 17 18 19 20 21 22 23
```

列表生成式是Python内置的一种功能强大的表达式，用于生成列表。如果要生成列表[1, 4, 9, 16, 25, 36, 49, 64, 81]，可以使用列表生成式将要生成的元素 x * x 放在前面，后面跟上 for 循环，如下所示：

```
list1 = [x * x for x in range(1, 10)]
```

这样就可以创建出所需的列表。

6. 列表的操作符

列表的＋和*操作符与字符串类似。＋用于组合列表，而*用于重复列表。Python列表的操作符如表2-13所示。

表2-13　Python列表的操作符

表 达 式	描　　述	结　　果
len([1, 2, 3])	长度	3
[1, 2, 3]＋[4, 5, 6]	组合	[1, 2, 3, 4, 5, 6]
['Hi!'] * 4	重复	['Hi!', 'Hi!', 'Hi!', 'Hi!']
3 in [1, 2, 3]	元素是否存在于列表中	True
for x in [1, 2, 3]:print(x, end=" ")	迭代	1 2 3

Python列表的内置函数和方法如表2-14所示(假设列表名为list)。

表2-14　Python列表的方法和内置函数

方法和函数	功　　能
list.append(obj)	在列表末尾添加新的对象
list.count(obj)	统计某个元素在列表中出现的次数
list.extend(seq)	在列表末尾一次性追加另一个可迭代对象中的多个值(扩展原列表)
list.index(obj)	从列表中查找某个值第一个匹配项的索引位置
list.insert(index, obj)	在指定索引位置插入对象
list.pop(index)	移除列表中的一个元素(默认是最后一个元素)，并返回该元素的值

（续表）

方法和函数	功　能
list.remove(obj)	移除列表中某个值的第一个匹配项
list.reverse()	反转列表中元素的顺序
list.sort([func])	对原列表进行排序
len(list)	内置函数，返回列表元素的个数
max(list)	内置函数，返回列表元素的最大值
min(list)	内置函数，返回列表元素的最小值
list(seq)	内置函数，将可迭代对象转换为列表

2.4.2　元组

Python的元组(tuple)与列表类似，但有一个重要的区别：元组的元素不可修改。元组使用小括号()来定义，而列表则使用方括号[ ]。元组中的元素类型可以不同。

1. 创建元组

创建元组非常简单，只需在小括号中添加元素，并用逗号隔开即可。示例如下：

```
tuple1 = ('泰山', '嵩山', 1997, 2025)
tuple2 = (1, 2, 3, 4, 5)
tuple3 = ('a', 'b', 'c', 'd')
```

如果要创建一个空元组，只需使用一对空括号：

```
tuple1 = ()
```

当元组中只包含一个元素时，需要在该元素后添加逗号，以区分它与普通的括号表达式。例如：

```
tuple1 = (50,)
```

元组与字符串类似，下标索引从0开始，可以进行切片、组合等操作。

2. 访问元组

可以使用下标索引访问元组中的值。示例如下：

```
tup1 = ('泰山', '嵩山', 1997, 2025)
tup2 = (1, 2, 3, 4, 5, 6, 7)


print("tup1[0]:", tup1[0])          # 输出元组的第一个元素
print("tup2[1:5]:", tup2[1:5])      # 切片，输出第二个元素到第五个元素
print(tup2[2:])                     # 切片，输出从第三个元素开始的所有元素
```

```
print(tup2 * 2)                          # 输出元组重复两次
```

输出结果：

```
tup1[0]: 泰山
tup2[1:5]: (2, 3, 4, 5)
(3, 4, 5, 6, 7)
(1, 2, 3, 4, 5, 6, 7, 1, 2, 3, 4, 5, 6, 7)
```

3. 元组连接

虽然元组中的元素值不可修改，但可以对元组进行连接组合。示例如下：

```
tup1 = (12, 34, 56)
tup2 = (78, 90)
# tup1[0] = 100          # 尝试修改元组元素的操作是非法的
tup3 = tup1 + tup2       # 连接元组，创建一个新的元组
print(tup3)
```

输出结果：

```
(12, 34, 56, 78, 90)
```

4. 删除元组

元组中的元素值不允许被删除，但可以使用del语句来删除整个元组。示例如下：

```
tup = ('泰山', '嵩山', 1997, 2025)
print(tup)
del tup                  # 删除整个元组
print("After deleting tup:")
print(tup)
```

在以上示例中，元组被删除后，输出会产生异常信息，结果如下：

```
('泰山', '嵩山', 1997, 2025)
After deleting tup:
NameError: name 'tup' is not defined
```

5. 元组运算符

与字符串类似，元组之间可以使用＋和*运算符进行运算。这意味着元组可以被组合和复制，运算后会生成一个新的元组。表2-15所示为Python元组的运算符总结。

表2-15　Python元组的运算符

表达式	描述	结果
len((1, 2, 3))	计算元素个数	3
(1, 2, 3) + (4, 5, 6)	连接元组	(1, 2, 3, 4, 5, 6)

（续表）

表 达 式	描　述	结　果
('a', 'b') * 4	复制元组	('a', 'b', 'a', 'b', 'a', 'b')
3 in (1, 2, 3)	检查元素是否存在	True
for x in (1, 2, 3): print(x, end=' ')	遍历元组	1 2 3

Python元组包含了表2-16所示的内置函数。

表2-16　Python元组的内置函数

函　数	描　述	函　数	描　述
len(tuple)	计算元组中的元素个数	max(tuple)	返回元组中元素的最大值
min(tuple)	返回元组中元素的最小值	tuple(seq)	将可迭代对象转换为元组

示例如下：

```
tup1 = (12, 34, 56, 6, 77)
y = min(tup1)
print(y)
```

输出结果：

```
6
```

可以使用元组一次性对多个变量进行赋值。例如：

```
(x, y, z) = (1, 2, 3)          # 或者使用x, y, z = 1, 2, 3也可以
print(x, y, z)
```

输出结果：

```
1 2 3
```

如果想要实现x和y的交换，可以使用以下方法：

```
x = 34
y = 21
print(x, y)                   # 输出结果为: 34 21

# 交换 x 和 y
x, y = y, x
print(x, y)                   # 输出结果为: 21 34
```

6. 元组与列表转换

由于元组的元素不可改变，可以将元组转换为列表，以便对数据进行修改。实际上，

列表、元组和字符串之间可以互相转换，使用的函数包括str()、tuple()和list()。

可以使用以下方法将元组转换为列表：

列表对象＝list(元组对象)

```
tup = (1, 2, 3, 4, 5)
list1 = list(tup)          # 元组转为列表
print(list1)               # 输出结果为: [1, 2, 3, 4, 5]
```

可以使用以下方法将列表转换为元组：

元组对象＝tuple(列表对象)

```
nums = [1, 3, 5, 7, 8, 13, 20]
print(tuple(nums))         # 返回: (1, 3, 5, 7, 8, 13, 20)
```

将列表转换为字符串的方法如下：

```
nums = [1, 3, 5, 7, 8, 13, 20]
str1 = str(nums)           # 列表转换为字符串，返回含中括号及逗号的' [1, 3, 5, 7, 8, 13, 20] '字符串
print(str1[2])             # 返回字符串中的第三个字符，即逗号
```

使用连接符可以将列表元素转换为字符串。例如，有一个包含山名的列表，可以将其转换为连接字符串：

```
num2 = ['泰山', '嵩山', '华山', '衡山']
str2 = "8".join(num2)      # 用'8'连接元素
print(str2)                # 输出结果为: '泰山8嵩山8华山8衡山'

str2 = "".join(num2)       # 用空字符连接元素
print(str2)                # 输出结果为:'泰山嵩山华山衡山'
```

2.4.3 字典

Python字典(dict)是一种可变容器模型，能够存储任意类型的对象，如字符串、数字、元组等其他容器模型。字典也被称为关联数组或哈希表。

1. 创建字典

字典由键及其对应的值(key => value)组成。键与值之间用冒号分隔，键/值对之间用逗号分隔，整个字典用大括号包围。基本语法如下：

```
d = {key1: value1, key2: value2}
```

这里需要注意的是，键必须是唯一的，但值可以重复。值可以是任何数据类型，而键必须是不可变的，例如字符串、数字或元组。

以下是一个简单的字典实例：

```
dict1 = {'xmj': 40, 'zhang': 91, 'wang': 80}
```

也可以使用以下方式创建字典：

```
dict2 = {'abc': 456}
dict3 = {'abc': 123, 98.6: 37}
```

字典具有以下特性。

○ 值的类型：字典的值可以是任何Python对象，例如字符串、数字、元组等。

○ 键的唯一性：不允许同一个键出现两次。如果在创建字典时同一个键被赋值两次，后一个值将覆盖前面的值。示例如下：

```
dict1 = {'Name': 'xmj', 'Age': 17, 'Name': 'Manni'}
print("dict['Name']: ", dict1['Name'])
```

以上实例的输出结果为：

```
dict['Name']: Manni
```

○ 键的不可变性：字典的键必须是不可变的类型，因此可以使用数字、字符串或元组作为键，但不能使用列表。示例如下：

```
dict2 = {[ 'Name' ]: 'Zara', 'Age': 7}
```

该实例将导致错误，输出如下：

```
Traceback (most recent call last):
  File "<pyshell#0>", line 1, in <module>
    dict2 = {[ 'Name' ]: 'Zara', 'Age': 7}
TypeError: unhashable type: 'list'
```

2. 访问字典中的值

要访问字典中的值，可以将相应的键放入方括号中。示例如下：

```
dict1 = {'Name': '王燕', 'Age': 19, 'Class': '计算机二班'}
print("dict['Name']: ", dict1['Name'])
print("dict['Age']: ", dict1['Age'])
```

输出结果：

```
dict['Name']: 王燕
dict['Age']: 19
```

如果尝试使用字典中不存在的键来访问数据，将会出现错误信息。示例如下：

```
dict1 = {'Name': '王燕', 'Age': 19, 'Class': '计算机一班'}
print("dict['sex']: ", dict1['sex'])
```

由于字典中没有sex这个键，以上示例将输出错误信息：

```
Traceback (most recent call last):
    File "<pyshell#0>", line 2, in <module>
      print("dict['sex']: ", dict1['sex'])
KeyError: 'sex'
```

3. 修改字典

向字典中添加新内容的方法包括增加新的键/值对，或修改、删除已有的键/值对。示例如下：

```
dict1 = {'Name': '王燕', 'Age': 19, 'Class': '计算机一班'}
dict1['Age'] = 20                # 更新已有的键/值对
dict1['School'] = '南京理工大学'    # 增加新的键/值对
print("dict['Age']: ", dict1['Age'])
print("dict['School']: ", dict1['School']);
```

输出结果：

```
dict['Age']:  20
dict['School']: 南京理工大学
```

4. 删除字典元素

del()方法允许通过键从字典中删除元素(条目)，而clear()方法可以清空字典中的所有元素。示例如下：

```
dict1 = {'Name': '王燕', 'Age': 19, 'Class': '计算机一班'}
del dict1['Name']              # 删除键为'Name'的元素
dict1.clear()                  # 清空字典中的所有元素
del dict1                      # 删除整个字典
```

5. in 运算

在字典中，in 运算符用于判断某个键是否存在于字典中，不能用于判断值是否存在。其功能类似于has_key(key)方法。示例如下：

```
dict1 = {'Name': '王燕', 'Age': 19, 'Class': '计算机一班'}
print('Age' in dict1)          # 等效于print(dict1.has_key('Age'))
```

输出结果：

```
True
```

6. 获取字典中的所有值

values() 方法返回字典中所有值的列表。示例如下：

```
dict1 = {'Name': '王燕', 'Age': 19, 'Class': '计算机一班'}
print(dict1.values())
```

输出结果：

```
dict_values(['王燕', 19, '计算机一班'])
```

7. items() 方法

items()方法将字典中的每对键(key)和值(value)组合成一个元组，并将这些元组放在一个列表中返回。示例如下：

```
dict1 = { 'Name': '王燕', 'Age': 19, 'Class': '计算机一班'}
for key, value in dict1.items():
    print(key, value)
```

输出结果：

```
Name 王燕
Age 19
Class 计算机一班
```

需要注意的是，字典打印出的顺序可能与创建时的顺序不同，这并不是错误。字典中的元素是无序的(因为不需要通过位置查找元素)，因此在存储时进行了优化，以提高字典的存储和查询效率。这也是字典与列表的一个重要区别：列表保持元素的相对顺序，即序列关系，而字典则是完全无序的，也称为非序列。如果希望保持集合中元素的顺序，应使用列表而非字典。

字典的内置函数和方法如表2-17所示(假设字典名为 dict1)。

表2-17　字典的内置函数和方法

函数和方法	描　　述
dict1.clear()	删除字典内的所有元素
dict1.copy()	返回一个字典的副本(浅复制)
dict1.fromkeys(seq, value)	创建一个新字典，以序列seq中的元素作为字典的键，所有键对应的初始值为value
dict1.get(key, default=None)	返回指定键的值，如果键不存在，则返回default值
dict1.has_key(key)	如果键在字典dict1中，返回True，否则返回False(注意：此方法在Python3.0以后已被删除)
dict1.items()	以列表返回可遍历的(键，值)字典视图对象
dict1.keys()	以列表返回字典中的所有键
dict1.setdefault(key, default=None)	类似于get()方法，但如果键不存在于字典中，则添加该键并将值设为default
dict1.update(dict2)	将字典dict2的键/值对更新到dict1中
dict1.values()	以列表返回字典中的所有值
cmp(dict1, dict2)	内置函数，比较两个字典的元素(注意：在Python 3中已被移除)
len(dict)	内置函数，计算字典中元素的个数，即键的总数
str(dict)	内置函数，输出字典的可打印字符串表示
type(variable)	内置函数，返回输入变量的类型，如果变量是字典，则返回字典类型

2.4.4　集合

集合(set)是一个无序且不重复元素的序列。集合的基本功能包括进行成员测试和删除重复元素。

1. 创建集合

可以使用大括号"{}"或者set()函数来创建集合。需要注意的是，创建一个空集合时必须使用set()，而不能使用{ }，因为{ }是用来创建一个空字典。

例如，可以这样创建一个集合：

```
student = {'泰山', '嵩山', '华山', '衡山', '泰山', '昆仑山'}
print(student)                    #输出集合，重复的元素会被自动去掉
```

输出结果：

```
{'衡山', '华山', '昆仑山', '泰山', '嵩山'}
```

2. 成员测试

可以使用in关键字进行成员测试，判断某个元素是否在集合中。例如：

```
if '紫金山' in student:
    print('紫金山在集合中')
else:
    print('紫金山不在集合中')
```

输出结果：

```
紫金山不在集合中
```

3. 集合运算

可以使用运算符"-"、"|"和"&"来进行集合的差集、并集和交集运算。示例如下：

```
# set 可以进行集合运算
a = set('abcd')
b = set('cdef')
print(a)
print("a 和 b 的差集：", a-b)            # a和b的差集
print("a 和 b 的并集：", a | b)          # a和b的并集
print("a 和 b 的交集：", a & b)          # a和b的交集
print("a 和 b 中不同时存在的元素：", a ^ b)    # a和b中不同时存在的元素
```

输出结果：

```
{'c', 'b', 'a', 'd'}
a 和 b 的差集：{'b', 'a'}
a 和 b 的并集：{'a', 'e', 'c', 'b', 'd', 'f'}
a 和 b 的交集：{'c', 'd'}
a 和 b 中不同时存在的元素：{'a', 'e', 'b', 'f'}
```

2.5　课后实践

本章全面介绍了Python的基础知识，涵盖了数据类型、变量和常量、运算符与表达式，以及序列数据结构。从基本的数值、字符串和布尔类型，到复杂的列表、元组、字典和集合，本章详细讲解了各种数据类型的特性和用法。同时，深入探讨了变量与常量的概念，以及各种运算符的使用方法。这些基础内容为用户提供了系统的Python语法知识，为今后的编程实践奠定了坚实的基础。掌握这些核心概念，将有助于用户更好地理解和应用Python编程。

在下面的课后实践部分，用户可以通过动手实现几个应用实例并完成课后的思考练习，巩固所学的知识。

一、应用实例

【例2-1】生成不重复随机数。

分析：下面使用三种不同方法生成指定数量的不重复随机数，并对它们进行性能比较。第一种方法使用列表和计数器，第二种方法使用列表和长度检查，第三种方法使用集合。代码包含一个性能测试函数，用于测量每种方法在生成10 000次随机数集合时的执行时间。通过比较这些执行时间，可以评估哪种方法在生成不重复随机数时更加高效，从而为类似任务选择最优的实现方式。

```python
import random
import time

def generate_random_numbers_v1(number, start, end):
    """
    使用列表和计数器来生成指定数量的介于给定范围内的不重复随机数
    """
    data = [ ]
    count = 0
    while count < number:
        element = random.randint(start, end)
        if element not in data:
            data.append(element)
            count += 1
    return data

def generate_random_numbers_v2(number, start, end):
    """
    使用列表和长度检查来生成指定数量的介于给定范围内的不重复随机数
    """
    data = [ ]
    while len(data) < number:
```

```
            element = random.randint(start, end)
            if element not in data:
                    data.append(element)
        return data


def generate_random_numbers_v3(number, start, end):
        """
        使用集合来生成指定数量的介于给定范围内的不重复随机数
        """
        data = set( )
        while len(data) < number:
            data.add(random.randint(start, end))
        return data


# 性能测试
def performance_test(func, iterations=10000):
        start_time = time.time()
        for _ in range(iterations):
            func(50, 1, 100)
        elapsed_time = time.time() - start_time
        print(f"{func.__name__} 执行时间: {elapsed_time:.4f} 秒")


# 运行性能测试
performance_test(generate_random_numbers_v1)
performance_test(generate_random_numbers_v2)
performance_test(generate_random_numbers_v3)
```

【例2-2】使用字典统计歌曲中出现的高频词。

分析：我们可以创建一个空字典，然后遍历数据中的单词，以单词作为键，计数器作为对应的值。在遍历每个单词时，需要判断该单词是否已经在字典中。如果存在，则将计数器加1；如果不存在，则创建这个键，并将计数器初始化为1。可以将这个核心功能封装成一个函数，只需将数据传入该函数，它就会返回一个字典。

(1) 使用Windows系统自带的记事本工具创建KMSWHS.txt文件，用于保存歌词。

```
I heard he sang a good song I heard he had a style
And so I came to see him to listen for a while
And there he was this young boy a stranger to my eyes
Strumming my pain with his fingers
Singing my life with his words
Killing me softly with his song
Killing me softly with his song
……(参见素材文件)
```

（2）编写实例代码：

```
contents = open('KMSWHS.txt', 'r').read( )          # 读取全部歌词
cList = contents.split()

def histogram(contents):
    d = {}                                          # 创建一个空字典
    for w in contents:
        if w in d:
            d[w] += 1                               # 如果单词已存在，则计数加1
        else:
            d[w] = 1                                # 如果单词不存在，则创建键，计数器记为1
    return d

h = histogram(cList)
print(h)                                            # 打印单词频率字典
```

以上代码中open()函数用于打开文本文件，而read()方法则一次性读取文件内的所有数据。运行结果将输出每个单词及其出现的次数，如下所示：

```
{'I': 6, 'heard': 2, 'he': 5, 'sang': 1, 'a': 4, 'good': 1, 'song': 15, 'had': 1, 'style': 1, 'And': 2, 'so': 1, 'came': 1, 'to': 3, 'see': 1, 'him': 1, 'listen': 1, 'for': 1, 'while': 1, 'there': 1, 'was': 1, 'this': 1, 'young': 1, 'boy': 1, 'stranger': 1, 'my': 16, 'eyes': 1, 'Strumming': 4, 'pain': 4, 'with': 27, 'his': 26, 'fingers': 4, 'Singing': 4, 'life': 9, 'words': 8, 'Killing': 14, 'me': 14, 'softly': 14, 'Telling': 4, 'whole': 4, 'felt': 2, 'all': 1, 'flushed': 1, 'fever': 1, 'embarassed': 1, 'by': 1, 'the': 1, 'crowd': 1, "he'd": 1, 'found': 1, 'letters': 1, 'and': 1, 'read': 1, 'each': 1, 'one': 1, 'out': 1, 'loud': 1, 'prayed': 1, 'that': 1, 'would': 1, 'finish': 1, 'but': 1, 'just': 1, 'kept': 1, 'right': 1, 'on': 1, 'You': 1, 'will': 2, 'following': 1, 'hand': 1, 'yeeh': 1, 'saving': 1}
```

接下来，可以定义一个show函数，以便将结果以更友好的格式展示出来：

```
def show(wordsDict):
    dictList = [ ]
    for key, val in wordsDict.items():
        dictList.append((val, key))             # 将每个键值对添加到列表中
    dictList.sort(reverse=True)                 # 倒序排序
    # 打印表头
    print('%-10s%10s' % ('word', 'count'))
    print('-' * 25)
    # 打印每个单词及其计数，条件是计数大于10
    for val, key in dictList:
        if val > 10:
            print('%-12s %3d' % (key, val))
# 调用 show 函数展示结果
show(h)
```

输出结果：

```
word            count
------------------------
with            27
his             26
my              16
song            15
softly          14
me              14
Killing         14
```

【例2-3】编写程序，用户输入6个数字和5个数字形成两个列表，合并后在列表末尾添加99和100，最后对列表进行降序排序并输出。

分析：用户通过键盘分别输入6个数字和5个数字，形成两个列表list1和list2。接着，将list2合并到list1中，并在list1的末尾添加两个数字99和100。最后，对list1进行降序排序，并输出最终的列表。

```python
list1 = [ ]                    # 初始化一个空列表
list2 = [ ]                    # 初始化一个空列表
print("列表 list1：")
for i in range(6):
    # 循环6次，输入6个数字放到列表 list1 中
    x = int(input("请输入第" + str(i + 1) + "个元素："))        # 转换为整数
    list1.append(x)
print("列表 list2：")
for i in range(5):
    # 循环5次，输入5个数字放到列表 list2 中
    x = int(input("请输入第" + str(i + 1) + "个元素："))        # 转换为整数
    list2.append(x)
print("list1: ", list1)
print("list2: ", list2)
list1.extend(list2)                                        # 将列表 list2 合并到 list1 中
print("列表 list2 合并到 list1 中后的数据：", list1)
list1 += [99, 100]                                         # 在 list1 末尾添加99和100
print("加上99, 100后的 list1 的数据：", list1)
list1.sort(reverse=True)                                   # list1 降序排列
print("降序排列后最终列表 list1 中的数据：", list1)
```

输出结果：

```
列表 list1：
请输入第1个元素：3
请输入第2个元素：2
请输入第3个元素：5
```

请输入第4个元素：4
请输入第5个元素：3
请输入第6个元素：6
列表 list2：
请输入第1个元素：11
请输入第2个元素：23
请输入第3个元素：3
请输入第4个元素：4
请输入第5个元素：65
list1：[3, 2, 5, 4, 3, 6]
list2：[11, 23, 3, 4, 65]
列表 list2 合并到 list1 中后的数据：[3, 2, 5, 4, 3, 6, 11, 23, 3, 4, 65]
加上99,100后的 list1 的数据：[3, 2, 5, 4, 3, 6, 11, 23, 3, 4, 65, 99, 100]
降序排列后最终列表 list1 中的数据：[100, 99, 65, 23, 11, 6, 5, 4, 4, 3, 3, 3, 2]

二、思考练习

1. Python 数据类型有哪些？它们各自的用途是什么？

2. 计算下列表达式的值(可在上机时验证)，设a=7，b=－2，c=4。

(1) 3 * 4 ** 5/2

(2) a * 3 % 2

(3) a % 3 + b * b－c//5

(4) b ** 2－4 * a * c

3. 求列表s = [9, 7, 8, 3, 2, 1, 55, 6]中的元素个数、最大值和最小值。如何在列表s中添加一个元素10？如何从列表s中删除元素55？

4. 元组与列表的主要区别是什么？对于元组s = (9, 7, 8, 3, 2, 1, 55, 6)，能否添加元素？

5. "二分法"是编程中常用的算法之一。例如，在猜数字游戏中，猜的数字是0～100的整数。首先，我们取0～100的中间数，即50，询问这个数是比要猜的数大还是小。如果小，则下一次取50～100的中间数；如果大，则取0～50的中间数。这个过程将持续进行，直到猜中正确的数字。请编写程序实现二分法猜数字的功能。

第3章

Python 控制语句

在Python程序中，执行语句默认按照书写顺序依次执行，这种结构被称为顺序结构。然而，仅有顺序结构并不足以满足所有需求，因为有时需要根据特定条件选择性地执行某些语句，这时就引入了选择结构。此外，有时还需要在给定条件下反复执行某些语句，这称为循环结构。通过这三种基本结构，便可以构建出任意复杂的程序。

3.1　选择结构

在三种基本程序结构中，选择结构可以通过if语句、if...else语句和if...elif...else语句来实现。

3.1.1　if语句

Python的if语句功能与其他编程语言相似，用于判断给定条件是否满足，并根据判断结果(真或假)决定是否执行相应的操作。if语句是一种单选结构，主要用于选择执行或不执行某个操作。if语句由三部分组成：关键字if、测试条件的表达式(即条件表达式)，以及在条件为真(即表达式值非零)时要执行的代码。其语法形式如下：

```
if 表达式:
    语句1
```

if 语句的流程图如图3-1所示。

if 语句的表达式用于判断条件，可以使用以下运算符来表示其关系：>(大于)、<(小于)、==(等于)、>=(大于或等于)和<=(小于或等于)。

下面是一个示例程序，演示了 if 语句的用法。该程序非常简单：用户输入一个整数，如果该数字大于 6，则输出一行字符串；否则，程序直接退出。代码如下：

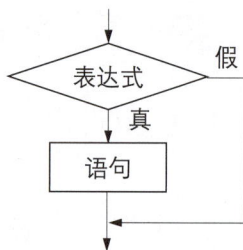

图 3-1　if 语句流程图

```
# 比较输入的整数是否大于6
a = input("请输入一个整数：")          # 取得一个字符串
a = int(a)                          # 将字符串转换为整数
if a > 6:
    print(a, "大于6")
```

通常，一个程序会包含输入和输出，以便与用户进行交互。用户输入一些信息后，程序会对这些输入进行适当的处理，然后输出用户所需的结果。在Python中，输入可以通过input函数实现，输出则使用print函数。这些都是基本的控制台输入/输出操作，复杂的输入/输出还包括文件处理等。

3.1.2　if...else语句

前面介绍的if语句是一种单选结构，意味着如果条件为真(即表达式的值非零)，程序将执行指定的操作；否则，将跳过该操作。而if...else语句则是一种双选结构，用于在两个备选行动中选择一个。if...else语句由五部分组成：关键字if、测试条件的表达式、在条件为真时要执行的代码，以及关键字else和在条件为假时要执行的代码。其语法形式如下：

```
if 表达式:
    语句1
else:
    语句2
```

if...else语句的流程图如图3-2所示。

下面我们将对之前的示例程序进行修改，以演示if...else语句的使用方法。这个程序非常简单：用户输入一个整数，如果该数字大于6，则输出一条信息，指出输入的数字大于6；否则，输出另一条信息，指出输入的数字小于或等于6。代码如下：

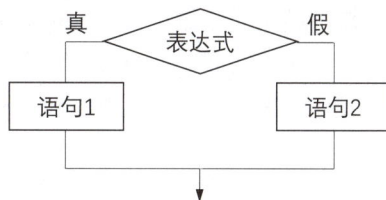

图 3-2　if...else 语句流程图

```
a = input("请输入一个整数：")          # 取得一个字符串
a = int(a)                           # 将字符串转换为整数
if a > 6:
    print(a, "大于6")
else:
    print(a, "小于或等于6")
```

【例3-1】用户输入三个数字，并按从小到大的顺序输出。

分析：首先将x与y进行比较，将较小的数放入x中，较大的数放入y中；接着将x与z进行比较，把较小的数放入x中，较大的数放入z中，此时x已是三个数中的最小值；最后，再将y与z进行比较，把较小的数放入y中，较大的数放入z中。这样，x、y、z就按从小到大的顺序排列了。

```
x = input('x=')                    # 输入x
y = input('y=')                    # 输入y
z = input('z=')                    # 输入z
if x > y:
    x, y = y, x                    # 交换x和y
if x > z:
    x, z = z, x                    # 交换x和z
if y > z:
    y, z = z, y                    # 交换y和z
print(x, y, z)                     # 输出结果
```

假设输入的值为x = 3、y = 5和z = 4，以上代码执行后的输出结果如下：

```
x=3
y=5
z=4
3 4 5
```

在例3-1所示代码中，语句x,y = y,x是一种同时赋值的方式，它将赋值号右侧的表达式依次赋给左侧的变量。例如，语句x,y = 3,5实际上等同于x = 3和y = 5，这显示了Python语

法的简洁性。

3.1.3 if…elif…else语句

有时我们需要在多组操作中选择执行其中一组，这时就会使用多选结构。在Python中，这种结构是通过if…elif…else语句实现的。该语句允许我们检查一系列条件表达式，并在某个表达式为真时执行相应的代码。需要注意的是，尽管if…elif…else语句可以包含多个备选操作，但最终只会执行其中一组操作。其语法形式如下：

```
if 表达式1:
    语句1
elif 表达式2:
    语句2
# ...
elif 表达式n:
    语句n
else:
    语句n + 1
```

需要注意的是，最后一个elif子句之后的else子句并不进行条件判断，它用于处理所有前面条件不匹配的情况，因此else子句必须放在最后。if…elif…else语句的流程图如图 3-3 所示。

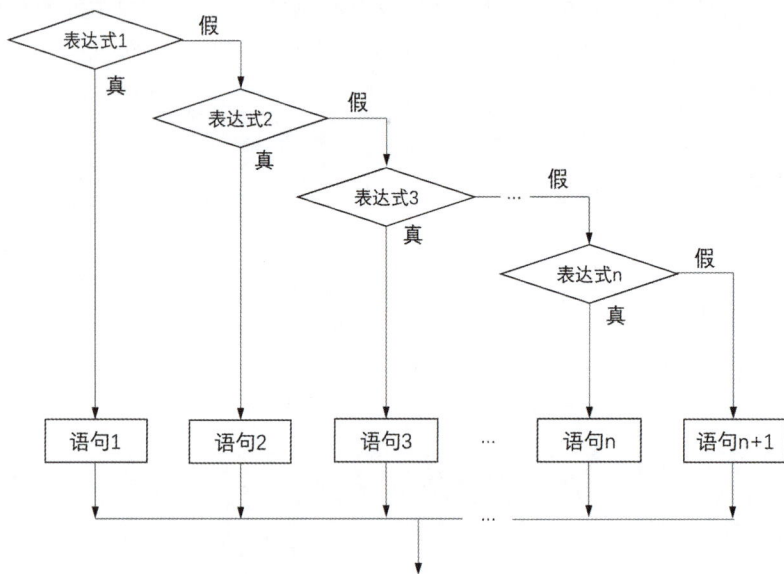

图 3-3　if…elif…else 语句流程图

下面将继续修改之前的示例程序，以演示if…elif…else语句的使用方法。我们将要求用户输入一个整数，并根据输入的值进行判断：如果这个数字大于6，则输出一行信息，指出输入的数字大于6；如果这个数字小于6，则输出另一行字符串，指出输入的数字小于6；否则，指出输入的数字等于6。具体的代码如下：

```
a = input("请输入一个整数：")            # 获取用户输入的字符串
a = int(a)                              # 将字符串转换为整数
if a > 6:
    print(a, "大于6")
elif a == 6:
    print(a, "等于6")
else:
    print(a, "小于6")
```

在以上代码中，首先使用input函数获取用户的输入并将其转换为整数。然后，通过if...elif...else结构判断输入的数字，并输出相应的信息。

【例3-2】输入学生的成绩score，并根据分数输出其等级：score >= 90为优，90 > score >= 80为良，80 > score >= 70为中等，70 > score >= 60为及格，score < 60为不及格。

具体的代码如下：

```
score = int(input("请输入成绩："))        # int()将字符串转换为整数
if score >= 90:
    print("优")
elif score >= 80:
    print("良")
elif score >= 70:
    print("中等")
elif score >= 60:
    print("及格")
else:
    print("不及格")
```

在以上代码中，首先获取用户输入的成绩，并将其转换为整数。然后，通过if...elif...else结构判断输入的成绩，并输出对应的等级。

在三种选择语句中，条件表达式是必不可少的组成部分。当条件表达式的值为零时，表示条件为假；当其值为非零时，表示条件为真。那么，哪些表达式可以作为条件表达式呢？通常，最常见的有关系表达式和逻辑表达式，例如：

```
if a == x and b == y:
    print("a = x, b = y")
```

除了上述表达式，条件表达式还可以是任何数值类型的表达式，甚至是字符串，例如：

```
if 'a':                              # 'abc'也可以
    print("a = x, b = y")
```

C语言使用大括号{ }来区分语句体，而Python的语句体是通过缩进来表示的。如果缩进不正确，会导致逻辑错误。因此，在编写Python代码时，确保缩进的正确性是非常重要的。

3.1.4 pass语句

Python提供了一个关键字pass，它类似于空语句，可以在类和函数的定义中使用，或在选择结构中使用。当暂时无法确定如何实现某个功能，或者需要为将来的软件升级留出空间时，可以使用这个关键字作为占位符。例如，以下代码是合法的：

```
if a < b:
    pass                        #什么操作也不做
else:
    z = a
class A:                        # 类的定义
    pass
def demo():                     # 函数的定义
    pass
```

在以上示例中，pass语句允许在程序的特定位置保留一个空的代码块，确保代码结构的完整性，同时不会引发错误。这在编写框架或预留未来的功能时非常有用。

3.2 循环语句

在一般情况下，程序按照顺序执行。然而，编程语言提供了各种控制结构，以便实现更复杂的执行路径。循环语句可以使得某个语句或语句组被多次执行。Python提供了for循环和while循环(注意，Python中没有do...while循环)。

3.2.1 while语句

在Python编程中，while语句用于在满足某个条件时循环执行一段代码。这种结构适合处理需要重复执行的相同任务。while语句的基本形式如下：

```
while 判断条件:
    执行语句
```

while语句的流程图如图3-4所示。这种结构允许程序在条件为真时持续执行指定的语句，直到条件不再成立为止。

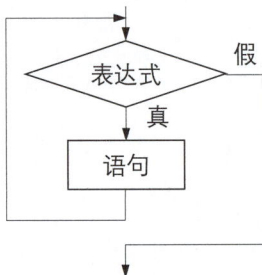

图 3-4 while 语句的流程图

执行的语句可以是单个语句或语句块。判断条件可以是任何表达式,任何非零或非空(null)的值均被视为True。当判断条件为假(False)时,循环结束。在编写程序时,应注意使用冒号和缩进。以下是一个示例代码:

```
count = 0
while count < 9:
    print('The count is:', count)
    count = count + 1
print('Good bye!')
```

输出结果:

```
The count is: 0
The count is: 1
The count is: 2
The count is: 3
The count is: 4
The count is: 5
The count is: 6
The count is: 7
The count is: 8
Good bye!
```

在这个例子中,count从0开始,每次循环后自增1,直到达到9时循环结束。最终,程序输出所有的计数值,并在结束时打印"Good bye!"。

此外,while语句的"判断条件"还可以是一个常值,这表示循环始终成立。例如:

```
count = 0
while 1:                              # 判断条件是常值1
    print('The count is:', count)
    count = count + 1
print("Good bye!")
```

在以上例子中,由于判断条件是常值1,因此会形成一个无限循环。要结束这个循环,可以使用后面学习到的break语句。需要注意的是,使用无限循环时需要谨慎,以免程序陷入无休止的执行。

【例3-3】输入两个正整数,求它们的最大公约数。

分析:求最大公约数可以使用"辗转相除法",具体方法如下。

(1) 比较两数,确保m大于n。

(2) 将m作为被除数,n作为除数,相除后得到余数r。

(3) 循环判断余数r:

○ 如果r = 0,则n为最大公约数,结束循环。

○ 如果r≠0,则执行:①m←n,n←r;②将m作被除数,n作除数,相除后余数为r。

```
num1 = int(input("输入第一个数字："))            # 用户输入第一个正整数
num2 = int(input("输入第二个数字："))            # 用户输入第二个正整数
m = num1
n = num2
if m < n:                                        # 确保m大于n
    t = m
    m = n
    n = t
r = m % n
while r!= 0:
    m = n
    n = r
    r = m % n
print(num1, "和", num2, "的最大公约数为", n)
```

输出结果：

```
输入第一个数字：55
输入第二个数字：22
55 和 22 的最大公约数为 11
```

3.2.2　for语句

for 语句可以遍历任何序列的项目，例如列表、元组或字符串。

1. for 循环的语法

for 循环的语法格式如下：

```
for 循环索引值 in 序列:
    循环体
```

for语句的执行过程如下：每次循环时，判断循环索引值是否仍在序列中。如果在，则取出该值供循环体内的语句使用；如果不在，则结束循环。

以下是一些示例。

【例3-4】 遍历字符串中的字符。

```
for letter in 'Python':
    print('当前字母：', letter)
```

输出结果：

```
当前字母： P
当前字母： y
当前字母： t
当前字母： h
当前字母： o
当前字母： n
```

【例3-5】 遍历列表中的元素。

```
fruits = ['banana', 'apple', 'mango']
for fruit in fruits:
    print('元素： ', fruit)
print( " Good bye! " )
```

以上代码将依次打印fruits列表中的每一个元素，输出结果为：

```
元素： banana
元素： apple
元素： mango
Good bye!
```

【例3-6】 计算1~10的整数之和。

分析：可以使用一个sum变量来进行累加。

```
sum = 0
for x in [1, 2, 3, 4, 5, 6, 7, 8, 9, 10]:
    sum = sum + x
print(sum)
```

如果要计算1~100的整数之和，手动列出从1到100的所有数字会比较麻烦。不过，Python 提供了一个内置的range()函数，可以生成一个整数序列，再通过list()函数将其转换为列表。

例如，range(0, 5)或range(5)生成的序列是从0到4的整数(不包括5)。下面是一个示例：

```
>>> list(range(5))
[0, 1, 2, 3, 4]
```

使用range(1, 101)可以生成1～100的整数序列。计算1～100的整数之和可以如下实现：

```
sum = 0
for x in range(1, 101):
    sum = sum + x
print(sum)
```

这样就能方便地计算出1～100的整数之和：

```
5050
```

2. 通过索引循环

对于一个列表，另一种遍历的方法是通过索引(即元素下标)。下面是一个示例：

```
fruits = ['banana', 'apple', 'mango']
for i in range(len(fruits)):
    print('当前水果： ', fruits[i])
print("Good bye!")
```

输出结果：

```
当前水果：banana
当前水果：apple
当前水果：mango
Good bye!
```

在这个示例中，使用了内置函数len()和range()。len()函数返回列表的长度，即元素的个数，而通过索引i可以访问每个元素fruits[i]。这种方法允许我们在循环中使用元素的索引进行操作。

3.2.3　continue和break语句

continue语句的作用是终止当前循环的迭代，忽略continue之后的语句，然后返回循环的顶部，开始下一次迭代。

break语句可以在while循环和for循环中使用，通常放在if选择结构中。一旦break语句被执行，整个循环将会提前结束。

在使用break语句时，除非能使代码更加简洁或清晰，否则应谨慎使用。

【例3-7】continue和break的用法示例。

```
# continue 和 break 的用法
i = 1
while i < 10:
    i += 1
    if i % 2 > 0:                   # 当i为奇数时，跳过输出
        continue
    print(i)                        # 输出偶数：2、4、6、8、10
i = 1
while True:                         # 循环条件为 True，始终成立
    print(i)                        # 输出1~10
    i += 1
    if i > 10:                      # 当i大于10时，跳出循环
        break
```

在以上示例中，第一个while循环使用continue语句跳过了所有奇数，只输出偶数。第二个while循环则通过break语句在i大于10时结束循环，输出了从1～10的所有整数。

3.2.4　循环嵌套

Python语言允许在一个循环体内嵌套另一个循环。这意味着可以在while循环中嵌入for循环，也可以在for循环中嵌入while循环。通常情况下，嵌套层次不应超过三层，以保持代码的可读性。

这里需要注意以下两点：

○　循环嵌套时，外层循环和内层循环之间存在包含关系，即内层循环必须完全包含

在外层循环的代码块中。

- 当程序中出现循环嵌套时，每当外层循环执行一次，其内层循环必须完成所有迭代(即内层循环结束)后，才能进入外层循环的下一次迭代。

【例3-8】编写程序，输出九九乘法表。

```
for i in range(1, 10):
    for j in range(1, i + 1):
        print(f"{i} **{j} = {i * j}", end='\t')
    print()                        # 换行
```

【例3-9】编写程序，使用嵌套循环输出2~100的素数。

分析：素数是指大于1的整数，且仅能被1和其自身整除，不能被其他任何整数整除。要判断一个数m是否为素数，可以依次用 2，3，4，…，直到m-1进行除法运算，只要有一个数能够整除m，则m就不是素数。

以下是判断素数的代码示例：

```
m = int(input("请输入2~100的一个整数: "))
j = 2
while j <= m - 1:
    if m % j == 0:
        break                    # 退出循环
    j += 1
if j > m - 1:
    print(f"{m} 是素数")
else:
    print(f"{m} 不是素数")
```

在使用上述代码判断一个非素数时，通常能够迅速得出结论。例如，在判断30009是否为素数时，由于该数能被3整除，只需检查j = 2和j = 3两种情况即可。而在判断素数，尤其是较大的素数时，例如30011，则需要从j = 2开始，依次判断j = 3，4，…，一直到30010，直到发现没有任何数能整除m，才能得出该数为素数的结论。实际上，只需要从2判断到$\sqrt{m}$，如果m不能被其中任何一个数整除，则m即为素数。

【例3-10】编写程序，找出 100 以内的所有素数。

```
import math                      # 导入数学模块
m = 2                            # 从2开始
while m < 100:                   # 外层循环
    j = 2                        # 从2开始判断是否能整除
    while j <= math.sqrt(m):     # 内层循环，math.sqrt()用于计算平方根
        if m % j == 0:           # 如果m能被j整除，则退出内层循环
            break
        j += 1
    if j > math.sqrt(m):         # 如果j超过了m的平方根，则m是素数
```

```
            print(f"{m} 是素数 ")
        m += 1                          # 继续判断下一个数
print("Good bye!")
```

以上代码将输出2～100的所有素数。

3.3 常用算法

Python 常用算法包括累加和累乘、求最大数和最小数、枚举法、递推与迭代等，这些算法广泛应用于数据处理和问题求解。

3.3.1 累加和累乘

累加与累乘是最常见的算法类型，它们通过在原有基础上不断地加上或乘以一个新的数来进行计算。例如，求$1+2+3+\cdots+n$，计算n的阶乘、求某个数列前n项的和，以及计算一个级数的近似值等，都是这类算法的典型应用。

【例3-11】编写程序，求自然对数e的近似值。

自然对数e的近似值可以通过以下公式计算：

$$e=1+1/1! + 1/2! + 1/3! + ... + 1/n!$$

分析：这是一个收敛级数，可以通过求其前n项和来实现近似计算。通常该类问题会给出一个计算误差，例如，可设定当某项的值小于10^{-5}时停止计算。

此题既涉及累加，也包含了累乘，程序如下：

```
i = 1
p = 1
sum_e = 1                          # 初始化sum_e为1
t = 1 / p                          # 计算第一项
while t > 0.00001:                 # 设定误差阈值
    p = p * i                      # 计算i的阶乘
    t = 1 / p                      # 计算当前项
    sum_e += t                     # 累加当前项到sum_e
    i += 1                         # 准备计算下一项
print("自然对数 e 的近似值为:", sum_e)
```

输出结果：

```
自然对数 e 的近似值为: 2.7182815255731922
```

3.3.2 求最大数和最小数

求数据中的最大数和最小数的算法类似，可以采用"打擂"算法。以求最大数为例，可以先将第一个数作为当前的最大数，然后与其他数逐个比较，若发现较大的数，则用该数替换当前的最大数。

【例3-12】 编写程序，求区间[100, 200]内10个随机整数中的最大数。

分析：本题随机产生整数，因此需要引入random模块中的随机数函数。random.randrange() 可以从指定范围内获取一个随机数。例如：

random.randrange(6)从0到5中随机选择一个整数(不包括6)。

random.randrange(2, 6)从2到5中随机选择一个整数(不包括6)。

```python
import random
x = random.randrange(100, 201)          # 产生一个[100, 200]之间的随机数x
max_num = x                             # 设定初始最大数
print(x, end=" ")
for i in range(1, 11):                  # 生成10个随机数
    x = random.randrange(100, 201)      # 产生另一个[100, 200]之间的随机数x
    print(x, end=" ")
    if x > max_num:                     # 若新产生的随机数大于当前最大数，则进行替换
        max_num = x
print("最大数：", max_num)
```

输出结果：

125 150 102 104 179 100 164 186 168 172 最大数：186

当然，在Python中求最大数也可以使用内置函数max(序列)，例如：

```python
print("最大数：", max([185, 183, 112, 159, 116, 168, 111, 107, 199, 188])) # 求序列的最大数
```

输出结果：

最大数：199

因此，上例可以修改如下：

```python
import random
a = [ ]                                 # 初始化一个空列表
for i in range(1, 11):                  # 生成10个随机整数
    x = random.randrange(100, 201)      # 产生一个[100, 200]之间的随机数x
    print(x, end=" ")                   # 打印生成的随机数
    a.append(x)                         # 将随机数添加到列表a中
print("\n最大数：", max(a))             # 输出列表中的最大数
```

输出结果：

184 105 185 145 127 108 136 185 113 181
最大数：185

3.3.3　枚举法

枚举法又称为穷举法，是一种通过逐一测试所有可能情况的算法，从中找出符合条件

的所有结果。例如，计算"百钱买百鸡"问题，或者列出满足x*y=100的所有组合等。

【例3-13】公鸡每只5元，母鸡每只3元，小鸡3只1元，现在要求用100元钱买100只鸡，问公鸡、母鸡和小鸡各买几只？编写程序，解决这个问题。

分析：设公鸡为x只，母鸡为y只，小鸡为z只。根据题意，可以列出以下方程组：

$$\begin{cases} x+y+z=100 \\ 5x+3y+\dfrac{z}{3}=100 \end{cases}$$

由于这两个方程中有三个未知数，因此不能直接求解，属于不定方程。我们可以采用"枚举法"进行试根，即逐一测试各种可能的x、y、z组合，并输出符合条件的结果。

```python
for x in range(0, 101):                    # 遍历公鸡的数量
    for y in range(0, 101):                # 遍历母鸡的数量
        z = 100 - x - y                    # 计算小鸡的数量
        if z >= 0 and 5 * x + 3 * y + z / 3 == 100:
            print('公鸡 %d 只，母鸡 %d 只，小鸡 %d 只' % (x, y, z))
```

输出结果：

```
公鸡 0 只，母鸡 25 只，小鸡 75 只
公鸡 4 只，母鸡 18 只，小鸡 78 只
公鸡 8 只，母鸡 11 只，小鸡 81 只
公鸡 12 只，母鸡 4 只，小鸡 84 只
```

【例3-14】编写程序，输出"水仙花数"。

所谓水仙花数，指的是一个三位的十进制数，其各位数字的立方和等于该数本身。例如，153 是水仙花数，因为$1^3+5^3+3^3=153$。

```python
for i in range(100, 1000):                 # 遍历所有三位数
    ge = i % 10                            # 获取个位数字
    shi = (i // 10) % 10                   # 获取十位数字
    bai = i // 100                         # 获取百位数字
    # 判断立方和是否等于该数
    if ge**3 + shi**3 + bai**3 == i:
        print(i, end=" ")                  # 输出符合条件的水仙花数
```

输出结果：

```
153 370 371 407
```

【例3-15】编写程序，输出由1、2、3、4四个数字组成的所有三位数，且每位数字均不相同。

```python
digits = (1, 2, 3, 4)
for i in digits:
    for j in digits:
```

```
    for k in digits:
        if i != j and j != k and i != k:
            print(i * 100 + j * 10 + k)
```

3.3.4　递推与迭代

1. 递推

递推算法和迭代算法都可以将复杂问题转化为简单过程的重复执行。这两种算法的共同特点是通过前一项的计算结果推出后一项。不同之处在于，递推算法中变量不会自我更迭，而迭代算法则在每次循环中用新值替换原值。

【例3-16】编写程序，输出斐波那契(Fibonacci)数列的前20项。该数列的第 1 项和第 2 项均为1，从第3项开始，每一项均为其前面两项之和，即1，1，2，3，5，8，…。

分析：设数列中相邻的三项分别为变量f1、f2和f3，则有以下递推算法。

(1) f1和f2的初值为1。

(2) 每次执行循环，用f1和f2生成后项，即f3=f1＋f2。

(3) 通过递推更新新的f1和f2，即f1=f2和f2=f3。

(4) 如果未达到规定的循环次数，则返回步骤2；否则停止计算。

```
f1 = 1
f2 = 1
print(f1)                    # 输出第1项
print(f2)                    # 输出第2项
for i in range(3, 21):
    f3 = f1 + f2             # 递推公式
    print(f3)                # 输出第i项
    f1 = f2
    f2 = f3
```

解决递推问题必须满足两个条件，即初始条件和递推公式。本例的初始条件为f1=1和f2=1，递推公式：f3=f1＋f2，f1=f2，f2=f3。

【例3-17】分数序列求和示例(有一个分数序列：2/1，3/2，5/3，8/5，13/8，21/13…求出这个数列的前20项之和)

分析：观察分子与分母的变化规律，可以发现后项的分母为前项的分子，后项的分子为前项的分子与分母之和。

```
number = 20
a = 2                        # 分子初始值
b = 1                        # 分母初始值
s = 0                        # 和的初始值
for n in range(1, number + 1):
    s += a / b               # 累加当前项的值
```

```
    t = a                              # 保存当前分子的值
    # 以下三句是程序的关键
    a = a + b
    b = t
print(s)                               # 输出前20项的和
```

输出结果：

```
32.66026079864164
```

2. 迭代

迭代法也称为辗转法，是一种通过不断利用变量的旧值来递推新值的过程。迭代算法是使用计算机解决问题的一种基本方法。它充分利用了计算机运算速度快、适合进行重复性操作的特点，让计算机对一组指令(或特定步骤)进行重复执行。在每次执行这组指令时，都会从变量的原值推出一个新值。

【例3-18】迭代法求平方根示例。

求平方根的迭代公式为：

$$x_{n+1} = \frac{x_n + \dfrac{a}{x_n}}{2}$$

求出的平方根的精度要求是前后项差的绝对值小于10^{-5}。

分析：迭代法求a的平方根的算法如下。

(1) 设定初值：设定一个x的初值x0(在下面的程序中取x0=a/2)。

(2) 计算下一个值：用求平方根的公式计算x1=(x0+a/x0)。此时，得到的x1可能与真实的平方根有较大的误差。

(3) 判断收敛性：判断x1-x0是否大于10^{-5}。如果满足该条件，则将x1赋值给x0，继续计算新的x1。重复此过程，直到前后两次求出的x值(即x1和x0)的差的绝对值小于10^{-5}。

```
a = int(input("Input a positive number: "))    # 输入被开方数
x0 = a / 2                                      # 任取的初值
x1 = (x0 + a / x0) / 2                          # 使用牛顿迭代法公式计算x1
while abs(x0 - x1) > 0.00001:                   # abs(x)函数用来求参数x绝对值
    x0 = x1
    x1 = (x0 + a / x0) / 2
print("The square root is: " , x0)
```

输出结果：

```
Input a positive number: 2↙
The square root is: 1.4142156862745097
```

以上程序通过牛顿迭代法有效地计算输入正数的平方根，能够在给定的精度范围内收敛到正确的结果。牛顿迭代法(Newton's method)，也称为牛顿-拉夫森法(Newton-Raphson method)，是一种用于求解实数或复数方程根的数值方法。它以牛顿的名字命名，广泛应用于数学、科学和工程领域中的根求解问题。

3.4　课后实践

本章首先介绍了Python中用于选择结构的控制语句，包括if、if…else、if…elif…else语句。接着介绍了循环结构的控制语句，包括 while、for、break、continue 以及循环结构的嵌套。结合具体的程序示例，详细讲解了常用算法，包括累加和累乘、求最大数和最小数、枚举法、递推和迭代，这将有助于读者更好地理解Python控制语句的执行机制，从而有效地进行程序设计。

在下面的课后实践部分，用户可以通过动手实现几个应用实例，并完成课后的思考练习巩固所学的知识。

一、应用实例

【例3-19】编写程序，程序允许输入若干名同学的计算机成绩，并计算这些成绩的平均值、最小值和最大值。

分析：为了计算平均值，需要将所有成绩相加后除以人数，因此我们初始化变量sAvg为0，计数总人数的变量sCnt初始化为0。由于我们需要求出成绩的最大值和最小值，故设置成绩最大值变量sMax在循环开始前为一个非常小的数(例如-100)，设置成绩最小值变量sMin在循环开始前为一个非常大的数(例如150)。

在程序运行时，我们将依次输入若干名同学的计算机成绩，存入变量aScore，以输入负数来结束输入。每输入一个同学的成绩后，将执行以下操作。

(1) 将该同学的计算机成绩累加到变量sAvg中。

(2) 计数变量sCnt增加1。

(3) 判断该同学的成绩是否大于当前的最大值。如果是，则更新最大值sMax为该同学的成绩；否则不进行任何操作。

(4) 判断该同学的成绩是否小于当前的最小值。如果是，则更新最小值 sMin 为该同学的成绩；否则不进行任何操作。

(5) 输入下一个同学的成绩，重复上述步骤(1)至(4)，直到输入-1结束。

通过上述分析可以看出，我们需要利用循环控制结构来实现步骤(1)至(5)的操作，循环结束的条件为输入的成绩值为-1。同时，变量sAvg、sCnt、sMax和sMin的初始值需要在循环体外设置。步骤(3)和(4)需要通过分支控制结构实现，而步骤(5)中的输入操作是推动程序进入下一轮循环的关键。

```
sAvg = 0.0
sCnt = 0                                    # 计数
sMax = -100                                 # 最大值初始化为一个非常小的数
sMin = 150                                  # 最小值初始化为一个非常大的数
aScore = float(input('请输入一个同学的成绩：'))              # 输入第一个成绩
```

```
while aScore >= 0:
    sAvg += aScore                          # 累加成绩
    sCnt += 1                               # 计数增加
    if aScore > sMax:                       # 更新最大值
        sMax = aScore
    if aScore < sMin:                       # 更新最小值
        sMin = aScore
    aScore = float(input('请输入下一个同学的成绩：'))           # 输入下一个成绩
# 输出结果
if sCnt > 0:  # 确保至少有一个成绩输入
    print('计算机平均成绩：', sAvg * 1.0 / sCnt)
    print('计算机成绩最高分：', sMax)
    print('计算机成绩最低分：', sMin)
else:
    print('没有输入任何成绩。')
```

输出结果：

```
请输入一个同学的成绩：98
请输入下一个同学的成绩：78↙
请输入下一个同学的成绩：78↙
请输入下一个同学的成绩：97↙
请输入下一个同学的成绩：96↙
请输入下一个同学的成绩：79↙
请输入下一个同学的成绩：87↙
请输入下一个同学的成绩：-1↙
计算机平均成绩： 87.57142857142857
计算机成绩最高分： 98.0
计算机成绩最低分： 78.0
```

【例3-20】编写程序，实现根据输入的数字和符号生成金字塔图形。

分析：这段代码的实现原理可以分为以下几个关键部分。

(1) 输入验证和错误处理：

○ 使用while循环和try-except结构来确保用户输入有效的金字塔层数。

○ 通过int()函数尝试将输入转换为整数，如果失败则捕获ValueError 异常。

○ 使用条件语句检查输入是否在1～10的范围内。

(2) 金字塔绘制逻辑：

○ 使用for循环遍历从1到金字塔高度的每一层。

○ 每一层的空格数量为：金字塔高度减去当前层数。

○ 每一层的符号数量为：2*当前层数-1。

○ 使用字符串乘法 (" "*空格数)和(symbol *符号数) 来生成每一行的内容。

○ 使用f-string格式化字符串来组合空格和符号，并打印每一行。

(3) 递归和程序控制流：

○　绘制完金字塔后，询问用户是否继续。

○　如果用户输入不是x(忽略大小写)，则递归调用draw_pyramid()函数，重新开始绘制过程。

○　如果用户输入x，则打印告别信息并结束程序。

(4) 模块化和入口点：

○　使用if __name__ == "__main__" : 结构作为程序的入口点。

○　这确保了当脚本作为主程序运行时才执行draw_pyramid()函数，而作为模块导入时不会自动执行。

(5) 用户交互设计：

○　使用input()函数获取用户输入，包括金字塔高度、绘制符号和继续/退出选择。

○　提供清晰的提示信息，指导用户操作。

以上实现方式结合了输入验证、错误处理、字符串操作、循环控制和递归，创造了一个交互式、用户友好且功能完整的金字塔绘制程序。程序设计流程展示了如何将复杂的任务分解成一个个模块、可管理的步骤，并通过函数封装来组织代码结构。

```python
# -*- coding: utf-8 -*-
def draw_pyramid():
    """
    绘制金字塔图形的函数
    """
    while True:
        try:
            height = int(input("请输入您要显示的金字塔层数(1～10)："))
            if 1 <= height <= 10:
                break
            else:
                print("请输入1到10之间的整数。")
        except ValueError:
            print("请输入有效的整数。")
    symbol = input("请输入要显示的符号：")
    for level in range(1, height + 1):
        spaces = " "*(height - level)
        symbols = symbol * (2 * level - 1)
        print(f"{spaces}{symbols}")
    choice = input("按x键离开，按任意键继续：")
    if choice.lower() !="x":
        draw_pyramid()
    else:
        print("再见！")
# 程序入口
if __name__ == "__main__":
```

```
        print("程序名称：输出金字塔图形")
        draw_pyramid()
```

输出结果：

```
程序名称：输出金字塔图形
请输入您要显示的金字塔层数(1～10)：8↙
请输入要显示的符号：+↙
        +
       +++
      +++++
     +++++++
    +++++++++
   +++++++++++
  +++++++++++++
 +++++++++++++++
按x键离开，按任意键继续：x↙
```

【例3-21】 编写程序，使用提供的数据分析天气状况。

表2-1所示为南京市从2025年3月14日到3月20日一周的最高和最低气温(单位：℃)。

表2-1　南京市气温情况(单位：℃)

最 高 温 度	13	13	18	19	20	21	23
最 低 温 度	5	6	9	11	13	8	7

编写程序找出这一周中最热的一天(按最高气温计算)及其温度；最冷的一天(按最低气温计算)及其温度。此外，计算全周的平均气温(取整)。假设在气象学上，入春的标准是连续5天的日均气温超过10℃，需要根据这一周的气象数据判断南京是否已经入春。

分析：本例需要求取最高温度数据列中的最高值及其位置，最低温度数据列中的最低值及其位置，以及每天气温的平均值和全周的气温平均值。如果仅使用变量和循环来完成，程序会变得非常复杂。因此，考虑使用列表来存储数据，并结合循环来控制程序。在Python中，针对列表数据结构，提供了诸如求最大值、最小值和检索元素下标等函数。

接下来，只需通过循环结构判断是否有连续5天的日平均气温超过10℃，以及计算周气温的平均值。假设这周的日平均气温存储在列表L3中。通过for循环结合range函数可以依次访问列表中的每个元素，通过累加和运算的变量sumL3可以计算L3列表中所有元素的和。设定变量k为日均气温超过10℃的计数器，初始值为0。如果某日的日均气温超过10℃，则k加1；一旦某日的日均气温低于10℃，则将k清零。当循环结束时，如果k的值大于或等于5，表示存在连续5天的日均气温超过10℃。

```
# 定义最高温度和最低温度列表
L1 = [13, 13, 18, 19, 20, 21, 23]          # 最高温度
L2 = [5, 6, 9, 11, 13, 8, 7]               # 最低温度
```

```
L3 = [ ]                                        # 日均气温列表
# 找到最高温度及其对应的天数
max_val = max(L1)
hottest_day = L1.index(max_val) + 1             # 天数从1开始
# 找到最低温度及其对应的天数
min_val = min(L2)
coldest_day = L2.index(min_val) + 1             # 天数从1开始
# 输出最热和最冷的天数及对应温度
print(f"这周第 {hottest_day} 天最热，最高 {max_val} 摄氏度")
print(f"这周第 {coldest_day} 天最冷，最低 {min_val} 摄氏度")
# 计算日均气温
for i in range(len(L1)):
    L3.append((L1[i] + L2[i]) / 2)
# 输出日均气温
print("这周日平均气温： ", L3)
# 计算周平均气温
sumL3 = sum(L3)
avg = round(sumL3 / len(L3))                    # 四舍五入取整
print("周平均气温为： ", avg)
# 判断是否入春
k = 0  # 连续超过10℃的计数器
for i in range(len(L3)):
    if L3[i] >= 10:
        k += 1
    else:
        k = 0                                   # 连续计数器清零
# 输出是否入春的结果
if k >= 5:
    print("南京本周已入春。")
else:
    print("南京这周未入春。")
```

输出结果：

```
这周第 7 天最热，最高 23 摄氏度
这周第 1 天最冷，最低 5 摄氏度
这周日平均气温： [9.0, 9.5, 13.5, 15.0, 16.5, 14.5, 15.0]
周平均气温为： 13
南京本周已入春。
```

二、思考练习

1. 编写一个程序，计算整数n的阶乘(即n!)。

2. 编写程序，求200以内能被17整除的最大正整数。

3. 编写程序，输入一个整数n，判断其是否能同时被5和7整除。如果可以，则输出

"xx能同时被5和7整除"；否则，输出"xx不能同时被5和7整除"。其中xx为用户输入的具体数据。

4．编写程序，输入一个百分制成绩，根据以下标准输出对应的等级：90 分以上为"A"；80至89分为"B"；70 至 79 分为"C"；60至69分为"D"；60分以下为"E"。

5．编写程序，输入购物金额并计算和输出优惠后的价格。其中：购物金额在 1000 元以上，享受5%的折扣；购物金额在2000元以上，享受10%的折扣；购物金额在3000元以上，享受15%的折扣；购物金额在5000元以上，享受20%的折扣。

6．勾股定理中3个数的关系是：$a^2+b^2=c^2$，编写一个程序，输出30以内满足上述条件的整数组合，如3,4,5就是一个组合。

第4章

Python 函数与模块

　　到目前为止，所编写的代码都是以单一代码块的形式出现的。当某些任务(如计算阶乘)需要在程序中不同位置重复执行时，这会导致代码重复率高，程序变得冗长且难以维护。为了解决这个问题，可以使用函数。函数是代码复用的核心单元。模块是更高层级的代码组织方式，它将函数、类和数据封装在一起，以便被其他代码调用。Python 标准库和第三方库提供了大量可用的模块。

4.1　函数的定义和调用

在Python程序开发过程中，将完成特定功能且经常使用的代码编写成函数，并放在函数库(模块)中供大家使用，这就是程序中的函数。开发人员应善于利用函数，以提高编码效率，减少重复编写代码的工作量。

4.1.1　函数的定义

在某些编程语言中，函数声明和函数定义是有区别的(例如在C语言中，函数声明和定义可以出现在不同的文件中)。而在Python中，函数声明与定义被视为一体。Python中函数定义的基本形式如下：

```
def 函数名(形式参数):
    函数体
    return 表达式或值
```

以下是需要注意的几点：

- ○ 在Python中，使用def关键字来定义函数，无须指定返回值的类型。
- ○ 形式参数可以是零个、一个或多个，且同样不需要指定参数类型，因为Python是弱类型语言，变量的类型会根据其值自动维护。
- ○ 在Python中，函数体的缩进部分表示函数的主体。
- ○ 函数的返回值通过return语句获得。return语句是可选的，可以在函数体内的任何位置出现，表示函数调用到此结束。如果没有return语句，函数会自动返回None(空值)；如果有return语句但后面没有表达式或值，函数同样会返回None(空值)。

【例4-1】定义一个函数，功能是打印一行"Hello World！"，并调用该函数。

```
def SayHello():              # 函数定义
    print("Hello World!")    # 函数体


# 主程序
SayHello()                   # 函数调用
```

程序运行结果：

```
Hello World!
```

在以上示例中，我们定义了一个名为SayHello的函数。该函数在每次调用时都会打印出一行"Hello World！"，并且不接受任何参数。图4-1所示解释了这个函数的定义及其用法。

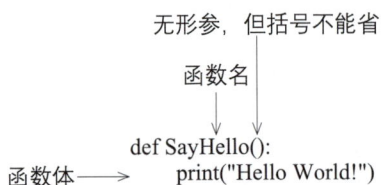

无形参，但括号不能省

函数名

```
def SayHello():
    print("Hello World!")
```

函数体 →

图4-1　SayHello 函数的定义

如果要打印出"Hello！"和"How are you?"，则例4-1定义的SayHello函数无法满足需求。此时，需要改进该函数，使其能够打印出其他字符串。

【例4-2】改进例4-1定义的SayHello函数，使其能够打印出其他字符串，并使用该函数打印出Hello！和How are you? 。

```
def SayHello(s):              # 函数定义
    print(s)                  # 函数体


# 主程序
SayHello("Hello!")            # 函数调用
SayHello("How are you?")      # 函数调用
```

程序运行结果：

```
Hello!
How are you?
```

在改进后的SayHello函数中，我们引入了一个形参s。在主程序中调用SayHello函数时，分别将具体的字符串值"Hello！"和"How are you? "赋给这个形参。图4-2所示详细解释了这个函数的定义及主程序的调用。如果要打印Hello World！，只需在主程序中调用SayHello("Hello World!") 即可。

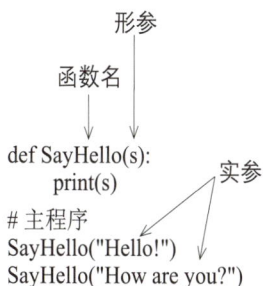

图 4-2　改进后的 SayHello 函数的定义和调用

因此，形式参数是根据需要定义的。当调用一个带有形式参数的函数时，具体的值会传递给形参，这个值称为实际参数，简称为实参。在例4-2中，"Hello！"和"How are you? "都是实参。

一些函数可能只完成特定的操作而没有返回值，例如例4-1和例4-2。而另一些函数则可能有返回值。如果函数有返回值，它被称为带返回值的函数，通常使用关键字return来返回一个值。执行return语句会导致函数的终止。

【例4-3】定义一个函数，其功能是求正整数的阶乘，并利用该函数计算结果。

```
def jc(n):
    # 函数定义
    s = 1
    for i in range(1, n + 1):
```

```
            s *= i
    return s                    # 返回计算结果

# 主程序
i = 6
k = jc(i)
print(str(i), "!=", k)

i = 16
k = jc(i)
print(str(i), "!=", k)

i = 26
k = jc(i)
print(str(i), "!=", k)
```

程序运行结果：

```
6! = 720
16! = 20922789888000
26! = 403291461126605635584000000
```

以上示例定义了一个名为jc的函数，它接收一个形参n，并返回n的阶乘值s。图4-3所示详细解释了这个函数的定义。

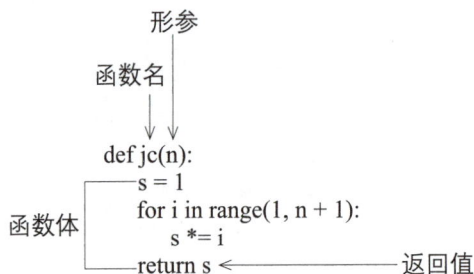

图 4-3　jc 函数的定义

4.1.2　函数的调用

函数的定义明确了其功能。一旦定义完成，程序的任何位置都可以调用该函数。当调用一个函数时，程序的控制权会转移到被调用的函数；当该函数执行完毕后，控制权就会返回给调用者。

下面将通过例4-2和例4-3详细描述函数调用的过程。

在例4-2中，程序从主程序开始执行。执行主程序中的第一条语句时，遇到函数调用，程序控制权转移到SayHello函数。此时，SayHello的形参被赋予实际参数"Hello！"，然后执行函数体，打印出"Hello！"。函数执行完毕后，控制权返回主程序。接着，执行主程序中的第二条语句，又遇到函数调用，此时 SayHello 的形参被赋予实际参数"How are you？"，函数体执行并打印出"How are you？"。函数执行完毕后，再次返回主程序，程序结束。

在例4-3中，程序同样从主程序开始执行。首先，将6赋值给i，然后调用函数jc(i)。在调用jc函数时，变量i的值被传递给形参n，程序控制权转移到jc函数，并开始执行。当jc函数的return语句被执行后，控制权再次返回给主程序，jc函数的返回值被赋值给k。接着，执行主程序中的第三条语句，打印结果。然后继续执行主程序的第四条语句，将16 赋值给i，后续的调用过程与之前一致，因此不再重复。图4-4所示详细解释了jc函数调用的过程。

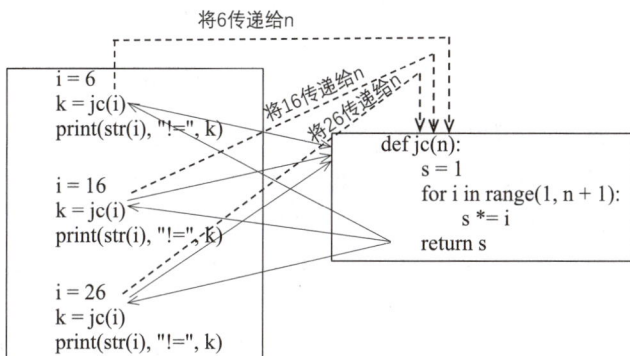

图 4-4　jc 函数的调用

【例4-4】利用求正整数阶乘的函数，编写一个计算阶乘和1! + 2! + … + n!的函数，并使用该函数求出1! + 2! + 3! + 4! + 5!的和。

```
# 函数定义
# 求正整数阶乘的函数
def jc(n):
    s = 1
    for i in range(1, n + 1):
        s *= i
    return s


# 求阶乘和的函数
def sum_factorials(n):
    ss = 0
    for i in range(1, n + 1):
        ss += jc(i)
    return ss


# 主程序
i = 5
k = sum_factorials(i)
print("1! + 2! + 3! + 4! + 5! =", k)
```

程序运行结果：

```
1! + 2! + 3! + 4! + 5! = 153
```

在例4-4中，程序从主程序开始执行。首先，主程序中的第一条语句将值5赋给变量i，接着执行第二条语句，调用函数sum_factorials(i)。当 sum_factorials函数被调用时，变量i的值被传递给参数n，程序控制权转移至sum_factorials函数，并开始执行该函数。

在sum_factorials函数中，当执行到for循环时，i的取值为1，此时调用函数jc(i)。当 jc 函数被调用时，变量i的值同样被传递给参数n，程序控制权转移至jc函数，开始执行该函数。当jc函数执行到return语句时，程序控制权返回给sum_factorials函数。

在jc函数结束后，其返回值会与原来的ss值相加并赋值给ss。随后，在sum_factorials函数的for循环中，i的取值为2，过程与前面相同，继续调用jc(i)……(此处不再赘述)。这一过程将持续进行，直到i的取值达到5。

最后，当jc函数将控制权返回给sum_factorials函数时，jc函数的返回值会再次与原来的ss值相加并赋值给ss。当sum_factorials函数执行到return语句时，控制权又转移回主程序。sum_factorials函数结束后，其返回值被赋值给变量k，这个返回值即为1!＋2!＋3!＋4!＋5!的结果。

接下来，主程序中的第三条语句将输出结果。图4-5解释了jc函数调用的过程。

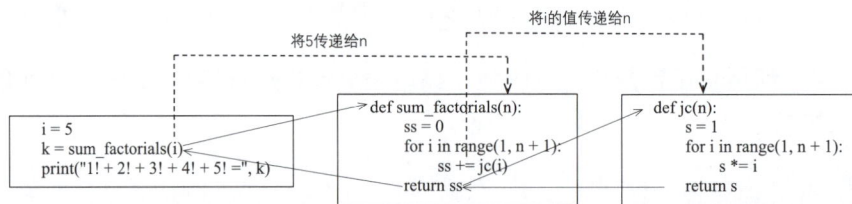

图 4-5　jc 函数调用过程

最后值得指出的是，Python在程序执行过程中能够很好地记录执行位置。每当一个函数执行结束后，程序都会返回到调用该函数的地方。只有在整个程序执行完毕后，程序才会结束。

4.1.3　Lambda表达式

Lambda表达式用于声明匿名函数，即不具备名称的临时小函数。它只能包含一个表达式，该表达式的计算结果即为函数的返回值，不允许包含其他复杂的语句，但可以在表达式中调用其他函数。

例如，下面的代码定义了一个Lambda表达式：

```
f = lambda x, y, z: x + y + z
print(f(1, 2, 3))
```

执行以上代码的输出结果为：

```
6
```

这段代码等效于以下常规函数的定义：

```
def f(x, y, z):
    return x + y + z
print(f(1, 2, 3))
```

此外，Lambda表达式可以作为列表的元素，从而实现跳转表的功能，也就是函数的列表。定义 Lambda表达式列表的方法如下：

```
列表名= [lambda 表达式1, lambda 表达式2, ...]
```

调用列表中Lambda表达式的方法如下：

```
列表名[索引](Lambda 表达式的参数列表)
```

例如，以下代码定义一个包含多个Lambda表达式的列表L，并使用这些表达式计算并打印数字2的不同次方(平方、立方和四次方)。

```
L = [lambda x: x**2, lambda x: x**3, lambda x: x**4]
print(L[0](2), L[1](2), L[2](2))
```

输出结果为：

```
4 8 16
```

【例4-5】求质数的两种方法比较。

方法1：

```
def isPrime(n):
    mid = int((n ** 0.5) + 1)          # 计算n的平方根，并向下取整
    for i in range(2, mid):
        if n % i == 0:
            return False
    return True
primes = []
for i in range(2, 100):
    if isPrime(i):
        primes.append(i)
print(primes)
```

输入结果：

```
[2, 3, 5, 7, 11, 13, 17, 19, 23, 29, 31, 37, 41, 43, 47, 53, 59, 61, 67, 71, 73, 79, 83, 89, 97]
```

方法2：

```
from functools import reduce
print(reduce(lambda primes, y: primes + [y] if not 0 in map(lambda x: y % x, primes) else primes, range(2, 100), []))
```

输入结果：

```
[2, 3, 5, 7, 11, 13, 17, 19, 23, 29, 31, 37, 41, 43, 47, 53, 59, 61, 67, 71, 73, 79, 83, 89, 97]
```

以上方法2代码使用了lambda函数的方法。其中，not 0 in map(lambda x: y % x, primes)用于检查数y是否能被primes列表中的任何一个数整除，继而返回primes + [y]或primes。

对于习惯于命令式编程的人来说，方法1的代码虽然较长，但清晰易懂，易于维护。相对而言，对于熟悉函数式编程的人，方法2的代码不仅简洁，而且可读性更强。Python同时支持这两种编程范式，具体使用哪种方式应根据个人的需求和习惯而定。

4.1.4　函数的返回值

函数并不一定有返回值。例4-1和例4-2展示了一个无返回值函数的例子；而例4-3和例4-4则给出了一个带返回值的函数示例。函数调用时的参数传递实现了从外部向函数内部输入数据，而函数的返回值则解决了函数向外部输出信息的问题。

【例4-6】定义一个函数，计算圆的面积，并打印出给定半径圆的面积。

方法1：

```
# 定义函数circle1，直接打印出圆的面积
def circle1(r):                         # 函数定义
    area = 3.14 * r * r                 # 计算圆的面积
    print("半径为", r, "的圆的面积为：", area)
# 主程序
circle1(3)                              # 函数调用
```

输出结果：

```
半径为 3 的圆的面积为： 28.259999999999998
```

以上代码中circle1函数不返回任何值，而是在主程序中被当作一个语句调用。

为了体现无返回值函数和带返回值函数的区别，下面将重新设计一个函数，该函数返回圆的面积。那么如何定义带返回值的函数呢？在Python中，可以使用return语句从函数返回值。

下面是二种方法的实现代码。

方法2：

```
# 定义函数 circle2，返回圆的面积
def circle2(r):                         # 函数定义
    area = 3.14 * r * r                 # 计算圆的面积
    return area
# 主程序
r = 3
area = circle2(r)                       # 函数调用
print("半径为", r, "的圆的面积为：", area)
```

输出结果：

半径为 3 的圆的面积为： 28.259999999999998

函数circle2返回一个数字，该返回值赋给变量area，因此可以像使用数字一样使用。上述主程序还可以简化为：

```
r = 3
print("半径为", r, "的圆的面积为： ", circle2(r))
```

例4-6仅计算给定半径的圆的面积。如果我们想同时计算圆的周长，该如何编写程序呢？在这种情况下，返回值会有所不同，需要考虑如何设计函数以便同时返回多个值。

【**例4-7**】定义一个函数，计算圆的面积和周长，并打印出给定半径圆的面积和周长。

方法1：

```
# 定义函数 circle3，直接打印出圆的面积和周长
def circle3(r):                        # 函数定义
    area = 3.14 * r * r                # 计算圆的面积
    # 计算圆的周长
    perimeter = 2 * 3.14 * r
    print("半径为", r, "的圆面积为： ", area)
    print("半径为", r, "的圆周长为： ", perimeter)
# 主程序
circle3(3)                             # 函数调用
```

输出结果：

半径为 3 的圆面积为： 28.259999999999998
半径为 3 的圆周长为： 18.84

以上代码中的circle3函数与例4-6中的circle1函数类似，circle3函数不返回任何值，但额外计算了圆的周长，仍然在主程序中作为一个语句调用。

方法2：

```
# 定义函数 circle4，返回圆的面积和周长
def circle4(r):                        # 函数定义
    area = 3.14 * r * r                # 计算圆的面积
    perimeter = 2 * 3.14 * r
    return area, perimeter             # 返回面积和周长
# 主程序
r = 3
print(circle4(r))                      # 函数调用
```

输出结果：

(28.259999999999998, 18.84)

在主程序中，我们也可以将代码写成如下形式，分别打印出面积和周长：

```
# 主程序
r = 3
re = circle4(r)                    # 函数调用
print("半径为", r, "的圆面积为："，re[0])
print("半径为", r, "的圆周长为："，re[1])
```

输出结果：

```
半径为 3 的圆面积为：  28.259999999999998
半径为 3 的圆周长为：  18.84
```

可以看出，当函数具有多个返回值时，如果只用一个变量来接收这些返回值，函数返回的"多个值"实际上构成了一个元组。在方法2程序中，我们可以直接使用print(circle4(r))打印出一个元组，也可以用re = circle4(r)将返回的元组存储在变量re中，然后通过re[0]和re[1] 分别打印出元组的第一个和第二个元素。

实际上，我们还可以利用多变量同时赋值的语法来接收多个返回值。主程序也可以写成如下形式，分别打印出面积和周长：

```
# 主程序
r = 3
cr, cp = circle4(r)                    # 函数调用
print("半径为", r, "的圆面积为：  ", cr)
print("半径为", r, "的圆周长为：  ", cp)
```

输出结果：

```
半径为 3 的圆面积为：28.259999999999998
半径为 3 的圆周长为：18.84
```

在这里，cr用于接收面积的返回值，而cp用于接收周长的返回值。

在Python中，所有函数都会返回一个值，无论是否使用return语句。如果某个函数没有显式返回值，它将默认返回一个特殊值None。一般来说，函数在执行完所有步骤后才会返回计算结果，而return 语句通常出现在函数的末尾。

有时我们希望在函数达到末尾之前提前终止并返回，这种情况通常发生在函数检测到错误的数据时。例如，当输入的数据不是正数时，就没有必要继续执行函数。我们可以修改circle3函数，增加输入检查。如果输入不是正数，则退出函数；如果输入有效，则继续处理数据。代码如下：

```
# 定义函数circle3，直接打印出圆的面积和周长
def circle3(r):                    # 函数定义
    if r <= 0:
        print("要求输入正确的数据(正数)！")
        return
    area = 3.14 * r * r
```

```
        perimeter = 2 * 3.14 * r
        print("半径为", r, "的圆面积为：", area)
        print("半径为", r, "的圆周长为：", perimeter)
# 主程序
circle3(-3)                        # 函数调用
circle3(3)
```

输出结果：

```
要求输入正确的数据(正数)！
半径为 3 的圆面积为： 28.259999999999998
半径为 3 的圆周长为： 18.84
```

4.2　函数参数

在学习Python函数时，常见的问题主要包括形参与实参的区别、参数的传递与修改，以及变量的作用域。接下来，我将逐一进行讲解。

4.2.1　函数形参和实参的区别

在函数定义中，参数被称为形参，例如例4-2中的SayHello函数中的 s，以及例4-3中的jc函数中的n。如果形参的数量超过一个，各参数之间用逗号分隔。在定义函数时，形参并不代表任何具体的值，只有在函数调用时，具体的值才会被赋给形参。调用函数时传入的参数称为实参，比如在例4-2中调用SayHello函数时传入的字符串参数 Hello！，以及在例4-3中调用jc函数时传入的变量参数i。

【例4-8】编写一个函数，通过辗转相除法求两个自然数的最大公约数，并利用该函数求出25和45以及36和12的最大公约数。

辗转相除法的算法步骤如下。

(1) 设两个自然数x和y，确保x≥y。

(2) 计算x除以y的余数r。

(3) 如果r≠0，则用y替换x，用r替换y，再计算x除以y的余数r，重复步骤3。

```
# 使用辗转相除法求最大公约数
def fdiv(x, y):                    # 函数定义
    if x < y:
        x, y = y, x
    r = x % y
    while r != 0:
        x = y
        y = r
        r = x % y
    return y
```

```
# 主程序
a = fdiv(25, 45)
print("25 和 45 的最大公约数：", a)
m = 36
n = 12
b = fdiv(m, n)                    # 传递两个变量参数
print(str(m) + " 和 " + str(n) + " 的最大公约数：", b)
```

输出结果：

```
25 和 45 的最大公约数： 5
36 和 12 的最大公约数： 12
```

在这个例子中，定义了一个名为 fdiv 的函数，该函数包含两个形参x和y。在主程序中第一次调用时，传递了两个实数参数25和45，调用方式为fdiv(25, 45)。此时，25被传递给形参x，而45被传递给形参 y。

在主程序中的第二次调用中，传递了两个变量参数m和n，调用方式为fdiv(m, n)。此时，实参m的值被赋给形参x，而实参n的值被赋给形参y。需要注意的是，作为实参传入函数的变量名称(m和n)与函数定义中的形参名称(x和y)之间没有直接关系。函数内部只关心形参的值，而不关心它们在调用前的名称。

当然，参数是可选的，函数也可以不包含任何参数。例如，在例4-1中的SayHello()函数就没有定义参数。

【例4-9】 编写一个函数来计算未来投资额，计算公式如下：

未来投资额＝投资额×(1＋月投资率)^{月数}

利用该函数计算投资额为8000，年投资率为4.5%的情况下，1年至10年的未来投资额(约定：输入年投资率为4.5%，则月投资率计算为年投资率除以1200)。

```
# 计算未来投资额
def future_value(money, year_rate, years):
    month_rate = year_rate / 1200.0                    # 计算月投资率
    future_amount = money * (1 + month_rate) ** (years * 12)    # 计算未来投资额
    return future_amount


# 主程序
money = 8000                        # 投资额
year_rate = 4.5                     # 年投资率为 4.5%
print("投资额：", money, "年利率：", year_rate)
print("年份\t未来投资值")
for years in range(1, 11):
    future_value_amount = future_value(money, year_rate, years)
    print("%2d\t%10.2f" % (years, future_value_amount))
```

输出结果：

```
投资额：8000 年利率：4.5
年份    未来投资值
1       8367.52
2       8751.92
3       9153.98
4       9574.52
5       10014.37
6       10474.42
7       10955.62
8       11458.92
9       11985.34
10      12535.94
```

以上代码中函数future_value的形参是money、year_rate和years。实参在主程序中定义为money = 8000和year_rate = 4.5，而years则是循环中动态变化的值(范围从1到10)。程序在每次调用future_value(money, year_rate, years)时，实参的值将被传递给形参，并在函数内部用于计算未来投资额。

4.2.2 参数的传递

在大多数高级语言中，理解参数的传递方式一直是一个难点和重点。这一问题并不那么直观，但如果不理解，就很容易在编程时出错。接下来，我们将探讨Python中函数参数的传递机制。

在讨论之前，需要明确的一点是：在Python中，变量存储的是对象的引用。这一概念可能有些难以理解，但在Python中，所有数据类型，包括我们常用的字符串和整型，都是对象。为了验证这一点，我们可以进行如下测试：

```python
x = 2
y = 2
print(id(2))
print(id(x))
print(id(y))

z = 'hello'
print(id('hello'))
print(id(z))
```

输出结果：

```
140712035148744
140712035148744
140712035148744
2212278480320
2212278480320
```

在这里，我们需要解释一下id()函数的作用。id(object) 函数返回对象object的唯一标识符(即在内存中的地址)。id()函数的参数类型是对象，因此在语句id(2)中并不会报错，这表明数字2在 Python 中被视为一个对象。

从结果可以看出，id(x)、id(y)和id(2)的值是相同的，而 id(z) 和id('hello') 的值也一致。这表明在Python中，像2和'hello'这样的值都是对象，只不过2是整型对象，而'hello'是字符串对象。

在上面的例子中，x = 2的实际处理过程如下：首先，Python会申请一段内存来存储整型值2，并将变量x指向这个对象，实际上就是指向这段内存(这与C语言中的指针概念有些相似)。由于id(2)和id(x)返回的结果相同，因此可以推断id()函数在作用于变量时，返回的是变量所指向对象的内存地址。在这个意义上，可以将x看作是对象2的一个引用。同理，y = 2也意味着变量y指向同一个整型对象2，如图 4-6所示。

图 4-6　两个变量引用同一个对象

接下来，我们将讨论函数参数传递的问题。在Python中，参数传递采用的是值传递，这与C语言有所相似。对于绝大多数情况，在函数内部直接修改形参的值，并不会影响到实参的值。例如以下示例：

```python
def addOne(a):
    a += 1
    print(a)          # 输出4
a = 3
addOne(a)
print(a)              # 输出3
```

在这个例子中，尽管我们在函数内对a进行了修改，但这并不会影响到变量a的值，因为Python采用的是值传递。

在某些情况下，可以通过特殊的方式在函数内部修改实参的值，例如下面的代码：

```python
def modify1(m, K):
    m = 2                    # 修改m的值
    K = [4, 5, 6]            # 创建一个新的列表并赋值给K
    return
def modify2(m, K):
    m = 2                    # 修改m的值
    K[0] = 0                # 同时修改了K列表的第一个元素
    return
# 主程序
n = 100
L = [1, 2, 3]
modify1(n, L)
```

```
print(n)                    # 输出100
print(L)                    # 输出[1, 2, 3]
modify2(n, L)
print(n)                    # 输出100
print(L)                    # 输出[0, 2, 3]
```

输出结果：

```
100
[1, 2, 3]
100
[0, 2, 3]
```

从结果可以看出，执行modify1()之后，n和L的值都没有发生任何变化；而在执行modify2()后，n依然保持不变，但L的值发生了变化。这是因为在Python中，参数传递采用的是值传递方式。在执行modify1()时，首先获取n和L的id()值，然后为形参m和K分配空间，使它们分别指向对象100和对象[1, 2, 3]。当执行m = 2时，m重新指向对象2；而执行K = [4, 5, 6]则使K指向一个新的对象[4, 5, 6]。这种改变并不会影响到实参n和L，因此在执行modify1()之后，n和L的值保持不变。

在执行modify2( )时，情况类似，m和K分别指向对象2和对象[1, 2, 3]。然而，执行K[0] = 0会将K[0]的值修改为0(注意，K和L指向的是同一段内存)，对K指向的内存数据所做的任何更改也会影响到L。因此，在执行modify2()之后，L的值发生了变化，如图4-7所示。

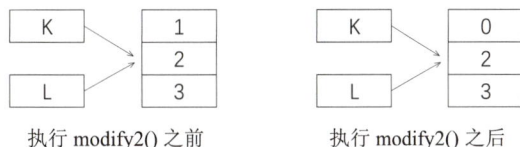

执行 modify2() 之前　　　　　执行 modify2() 之后

图 4-7　执行 modify2() 前后示意图

下面两个例子展示了如何在函数内部修改实参的值。

例一：为列表增加元素。

```
def modify(lst, item):      # 为列表增加元素
    lst.append(item)
# 主程序
a = [2]
modify(a, 3)
print(a)                    # 输出为[2, 3]
```

输出结果：

```
[2, 3]
```

例二：修改字典的元素值。

```
def modify(d):              # 修改字典元素值或为字典增加元素
    d['age'] = 18
```

```
# 主程序
a = {'name': '王燕', 'age': 17, 'sex': '女'}
print(a)                          # 输出为{'name': '王燕', 'age': 37, 'sex': '女'}
modify(a)
print(a)                          # 输出为{'name': 'Dong', 'age': 38, 'sex': '女'}
```

输出结果：

```
{'name': '王燕', 'age': 17, 'sex': '女'}
{'name': '王燕', 'age': 18, 'sex': '女'}
```

在第一个例子中，使用append()方法在列表a中添加了元素3，从而修改了实参的值。在第二个例子中，modify()函数修改了字典a中的age值，成功地更新了字典的内容。这两个例子都说明了在Python中，函数可以通过引用修改可变对象(如列表和字典)的内容。

4.2.3　函数参数的类型

在C语言中，调用函数时必须严格遵循函数定义时的参数个数和类型，若不符合规定将会导致错误。然而，在Python中，函数参数的定义和传递方式则灵活得多。这种灵活性使得Python能够更方便地处理各种情况，允许开发者在调用函数时不必过于担心参数的具体类型和数量。

1. 位置参数

在调用函数时，需要将实参传递给形参。实参主要有两种类型：位置参数和关键参数，即函数的实参可以作为位置参数或关键参数进行传递。

当使用位置参数时，实参必须与形参在顺序、个数和类型上严格匹配。在前面的示例中，函数调用时都使用了位置参数。

【例4-10】改进SayHello函数，使其能够输出多行字符串。调用该函数打印三行"Hello!"。

```
def SayHello(s, n):               # 函数定义
    for i in range(1, n + 1):
        print(s)
# 主程序
SayHello("Hello!", 3)             # 位置参数
```

输出结果：

```
Hello!
Hello!
Hello!
```

在主程序中，使用SayHello("Hello!", 3)可以输出三行"Hello!"。在该语句中，将字符串"Hello!"传递给参数s，将数字3传递给参数n。然而，如果使用SayHello(3, "Hello!")，则会将3传递给s，将"Hello!"传递给 n，这将导致程序出现错误。

当实参作为关键参数传递时，可以通过name=value的形式为每个参数指定值。例如，使用SayHello(n=3, s="Hello!")将3传递给n，将"Hello!"传递给s。这种方式的运行结果与使用 SayHello("Hello!", 3)相同。

【例4-11】 编写一个函数，能够打印出两个字符之间的所有字符，并指定每行打印的字符个数。

```python
def printChars(ch1, ch2, number):
    count = 0
    for i in range(ord(ch1), ord(ch2) + 1):
        count += 1
        if count % number != 0:
            print(chr(i), end=' ')
        else:
            print(chr(i))
# 主程序
printChars("!", "9", 10)                    # 位置参数
```

输出结果：

```
! " # $ % & ' ( ) *
+ , - . / 0 1 2 3 4
5 6 7 8 9
```

在printChars函数中，ch1和ch2表示两个字符，number表示每行打印的字符个数。在主程序中，使用printChars("!", "9", 10)输出字符!到字符9之间的所有字符，每行打印10个字符。在该语句中，将"!"传递给ch1，将"9"传递给ch2，并将10传递给number。

2. 默认参数和关键参数

在Python中，对于某些函数的形参，可以设置默认值。Python允许定义带有默认参数值的函数，如果在调用函数时未提供这些参数的值，则使用默认值；如果在调用时提供了实参，则将实参的值传递给形参。设置默认参数值的格式如下：

```python
def 函数名(形参名=默认值, ...):
```

【例4-12】 分析函数调用及程序的运行结果(定义SayHello函数，用于输出指定字符串s重复m次的内容，重复n行，并在主程序中演示该函数的不同调用方式)。

```python
def SayHello(s="Hello!", n=2, m=1):             # 函数定义
    for i in range(1, n + 1):
        print(s * m)
# 主程序
SayHello()
print()
SayHello("Ha!", 3, 4)
print()
SayHello("Ha!")
```

输出结果：

```
Hello!
Hello!


Ha!Ha!Ha!Ha!
Ha!Ha!Ha!Ha!
Ha!Ha!Ha!Ha!


Ha!
Ha!
```

改进的SayHello函数的功能是输出多行重复的字符串。该函数的定义中有三个参数：s、n和m，其中s的默认值是"Hello！"，n的默认值是2，m的默认值是1。

在主程序中，调用SayHello()时没有提供实参，因此程序使用默认值将"Hello！"赋给s，将2赋给n，将1赋给m，运行结果就是打印出两行"Hello！"。

当调用 SayHello("Ha!", 3, 4) 时，这三个参数均按位置赋值："Ha!" 赋给s，3赋给n，4赋给m。因此，运行结果是打印出三行"Ha!Ha!Ha!Ha!"，其中行数由n决定，而每行Ha!的个数由m决定。

当调用SayHello("Ha!") 时，"Ha!"被赋给s，而没有提供实参给n和m，因此它们将各自的默认值(2和1)赋给n和m，最终打印出两行"Ha！"。

在例4-12中，三个参数都使用了默认参数。实际上，函数可以混合使用默认值参数和非默认值参数，但混用时非默认值参数必须定义在默认值参数之前。例如，def SayHello(s, n=2)是有效的，而def SayHello(s="Hello!", n)是无效的。

【例4-13】分析函数调用及程序的运行结果(定义了SayHello函数，用于输出指定字符串s重复m次的内容，重复n行，并在主程序中演示通过不同参数传递方式调用该函数的效果)。

```
def SayHello(s, n=2, m=1):          # 函数定义
    for i in range(1, n + 1):
        print(s * m)
# 主程序
SayHello("Ha!")
print()
SayHello("Ha!", 3)
print()
SayHello("Ha!", m=3)
print()
SayHello(m=3, s="Ha!")
```

输出结果：

```
Ha!
Ha!

Ha!
Ha!
Ha!


Ha!Ha!Ha!
Ha!Ha!Ha!

Ha!Ha!Ha!
Ha!Ha!Ha!
```

在这个示例中，SayHello()函数混合使用了默认参数和非默认参数，其中s是非默认参数，位于前面，而n和m均为默认参数，分别默认为2和1。如果在调用函数时没有提供相应的实参，则将使用这些默认值。

在主程序中调用SayHello("Ha!")时，"Ha!"被传递给s，而n和m使用默认值，因此运行结果是打印出两行"Ha!"。

当调用SayHello("Ha!", 3)时，"Ha!"被传递给s，3被传递给n，而m仍使用默认值1，因此运行结果是打印出三行"Ha!"。

如前所述，函数实参可以作为位置参数或关键字参数传递。如果在调用函数时不想按照顺序传递参数，可以使用关键字参数。调用SayHello("Ha!", m=3)时，"Ha!"被传递给s，m被显式指定为3，而n使用默认值2，因此运行结果是打印出两行"Ha!Ha!Ha!"，其中行数由n的默认值决定。

最后，当调用SayHello(m=3, s="Ha!")时，使用关键字参数将3传递给m，将"Ha!"传递给s，而n使用默认值2，因此运行结果仍然是打印出两行"Ha!Ha!"。

虽然函数定义时的参数顺序是s、n、m，但使用关键字参数可以改变传递参数的顺序。

3. 可变长度参数

函数中一个实参只能对应一个形参。在Python中，函数可以接收不定数量的参数，即用户可以向函数提供可变长度的参数，这可以通过在参数前加上星号(*)来实现。

【例4-14】编写一个函数，接收任意数量的参数并将其打印出来。

```python
def print_args(*args):          # 函数定义
    print(args)
# 主程序
print_args("a")
print_args("a",2)
print_args("a",2, "b")
```

输出结果：

```
('a',)
('a', 2)
('a', 2, 'b')
```

在函数print_args的定义中，参数args前面加上了星号(*)，这表明该形参可以接收不定数量的参数。在主程序中，当调用print_args("a")时，传递一个参数给args，结果以元组的形式输出为("a",)；当调用print_args("a", 2)时，传递两个参数给args，结果输出为("a", 2)；而在调用print_args("a", 2, "b")时，传递3个参数，结果则输出为("a", 2, "b")。

【例4-15】编写一个函数，接收任意数量的数字参数并计算它们的和(为简化起见，未进行输入验证，这里主要讨论可变长度参数)。

```
def sum_all(*args):            # 函数定义
    s = 0
    for i in args:
        s += i
    return s
# 主程序
print(sum_all(1, 2, 3))        # 输出: 6
print(sum_all(1, 2, 4, 5, 6))  # 输出: 18
```

输出结果：

```
6
18
```

在函数sum_all的定义中，使用了参数*args来接收不定长度的参数。在主程序中调用sum_all(1, 2, 3)时，传递了3个参数给args，这些参数实际上被接收为一个元组，函数返回该元组中各元素的和并打印出来。当在主程序中调用sum_all(1, 2, 4, 5, 6)时，传递了5个参数给args，同样返回它们的和。

在Python中，还有许多内置函数也使用可变参数，例如max和min函数都可以接收任意数量的参数。以下是一些示例：

```
>>>print(max(1, 2))          # 输出: 2
>>>print(max(1, 2, 3))       # 输出: 3
>>>print(max(4, 7, 9, 2))    # 输出: 9
>>>print(min(4, 5))          # 输出: 4
>>>print(min(5, 6, 4, 8, 3)) # 输出: 3
```

当然，使用标识符*实现的可变长度参数可以与其他普通参数结合使用。在这种情况下，通常将可变长度参数放在形参列表的最后。

【**例4-16**】分析程序运行结果(定义函数display_values，接收一个普通参数和任意数量的可变参数，并打印出普通参数和可变长度参数的值)。

```
def display_values(brgs, *args):          # 函数定义
    print(brgs)
    print(args)
# 主程序
display_values("abc", "a", 2, 3, "b")
```

输出结果：

```
abc
('a', 2, 3, 'b')
```

在函数display_values中定义了两个形参brgs和args，其中brgs是一个普通参数，而args是一个可变长度参数。在主程序中调用display_values("abc", "a", 2, 3, "b")时，字符串"abc"被传递给brgs，其余的三个参数"a"、2和3被传递给args。输出时，brgs以普通字符串的形式显示，而args则以元组的形式输出。

另外，Python还提供了双星号标识符**，可以用于接收一个字典作为可变关键字参数。

【**例4-17**】引用字典的示例(以下是一个展示如何使用字典作为参数的函数示例)。

```
def display_dict(**args):                  # 函数定义
    print(args)
# 主程序
display_dict(x='a', y='b', z=2)
display_dict(m=3, n=4)
```

输出结果：

```
{'x': 'a', 'y': 'b', 'z': 2}
{'m': 3, 'n': 4}
```

在函数display_dict的定义中，参数args前面有一个双星号**，这表示形参args可以接收一个字典。在主程序中，第一次调用该函数时，将三个参数传递给args，输出的结果是一个字典。第二次调用该函数时，又传递了两个参数给args，输出的结果依然是一个字典。

【**例4-18**】阅读下面的程序并与例4-15进行比较。

```
def sum_keywords(**kwargs):                # 函数定义
    print(kwargs)
    total = 0
    for key in kwargs:
        total += kwargs[key]
    return total
# 主程序
```

```
print(sum_keywords(x=1, y=2, c=3))
print(sum_keywords(a=1, b=2, c=4, d=5, e=6))
```

输出结果：

```
{'x': 1, 'y': 2, 'c': 3}
6
{'a': 1, 'b': 2, 'c': 4, 'd': 5, 'e': 6}
18
```

以上程序通过接收字典参数实现了对字典中值的求和，而示例4-15则是通过可变长度参数实现的。

在函数定义中，使用双星号(**)来引用字典参数，使用单星号(*)来实现可变长度参数。两者可以与普通参数结合使用，以提高函数的灵活性和可扩展性。

【例4-19】联合使用各种参数示例。

```
def process_parameters(a, b, *aa, **bb):    # 函数定义
    print(a)
    print(b)
    print(aa)
    print(bb)
# 主程序
process_parameters(1, 1, 6, 3, 4, 5, yy='b', xx='a', zz=2)
```

输出结果：

```
1
1
(6, 3, 4, 5)
{'yy': 'b', 'xx': 'a', 'zz': 2}
```

这个示例展示了如何在Python中联合使用不同类型的参数，包括位置参数、可变长度参数和关键字参数。

4. 序列作为参数

在Python中，当使用序列作为实参时，需要满足以下两个条件之一。

○ 条件1：函数中的默认形参也是序列。

○ 条件2：如果函数中的默认形参是多个单独的变量，则在序列前加上*，以确保序列中的元素数量与需要接收的形参数量相对应。需要注意的是，如果同时使用单独变量和序列作为参数，带有*的实参必须放在最后。

【例4-20】阅读下面的程序，并将其与例4-15和例4-18进行比较。

```
def snn1(args):                   # 函数定义
    print(args)
    s = 0
```

```
        for i in args:
            s += i
        return s
    def snn2(args):                     # 函数定义
        print(args)
        s = 0
        for i in args.keys():
            s += args[i]
        return s
    # 主程序
    print("snn1:")
    aa = [1, 2, 3]                      # 列表
    print(snn1(aa))
    print(snn1([4, 5]))                 # 列表
    bb = (6, 2, 3, 1)                   # 元组
    print(snn1(bb))
    print("snn2:")
    cc = {'x': 1, 'y': 2, 'z': 3}       # 字典
    print(snn2(cc))
    print(snn2({'aa': 1, 'bb': 2, 'cc': 4, 'dd': 5, 'ee': 6}))
```

输出结果：

```
snn1:
[1, 2, 3]
6
[4, 5]
9
(6, 2, 3, 1)
12
snn2:
{'x': 1, 'y': 2, 'z': 3}
6
{'aa': 1, 'bb': 2, 'cc': 4, 'dd': 5, 'ee': 6}
18
```

在该示例中，序列作为实参时，函数定义中的形参也是序列。snn1函数的实参可以是列表或元组，其功能是计算这些序列中所有元素的和；而snn2函数的实参是字典，功能是计算字典中所有值的和。

例4-20中的snn1函数与例4-15中的sum_all函数的函数体是相同的，但由于形参的定义不同，调用时提供的实参也有所区别。snn1函数使用序列作为形参，因此在调用时，实参可以直接使用列表或元组；而sum_all函数的形参是可变长度参数，调用时实参的数量是不固定的，所有参数会被收集到一个元组中。这两种函数定义和调用的不同之处如表4-1所示。

表4-1　函数定义和调用的区别1

	序列作形参	可变长度参数
函数定义	def snn1(args):　　　print(args)　　　s = 0　　　for i in args:　　　　　s += i　　　return s	def sum_all (*args):　　　print(args)　　　s = 0　　　for i in args:　　　　　s += i　　　return s
	列表或元组作实参	实参长度不定，接收的所有参数到一个元组上
函数调用	#主程序print("snn1:")aa = [1, 2, 3]print(snn1(aa))print(snn1([4, 5]))bb = (6, 2, 3, 1)print(snn1(bb))	#主程序print(sum_all (1, 2, 3))print(sum_all (1, 2, 4, 5, 6))

在例4-20中，snn2函数与例4-18中的sum_all函数的函数体是相同的，主要区别在于形参的定义和调用时提供的实参。snn2函数使用字典作为形参，因此在调用时，实参直接是一个字典。而sum_all函数的形参引用了一个字典，这意味着在调用时，实参的数量是不定的，所有的参数会被收集到一个字典中。这两种函数定义和调用的区别如表4-2所示。

表4-2　函数定义和调用的区别2

	字典作形参	引用一个字典
函数定义	def snn2(args):　　　print(args)　　　s = 0　　　for i in args.keys():　　　　　s += args[i]　　　return s	def sum_keywords(**kwargs):　　　print(kwargs)　　　total = 0　　　for key in kwargs:　　　　　total += kwargs[key]　　　return total
	字典作实参	实参长度不定，接收的所有参数到一个字典上
函数调用	cc = {'x': 1, 'y': 2, 'z': 3}print(snn2(cc))	print(sum_keywords(x=1, y=2, c=3))print(sum_keywords(a=1, b=2, c=4, d=5, e=6))

【例4-21】分析程序的输出结果并解释原因。

```
def snn3(x, y, z):                    # 函数定义
    return x + y + z
# 主程序
```

```
a = [1, 2, 3]              # 列表
print(snn3(*a))
b = (6, 2, 3)              # 元组
print(snn3(*b))
c = [8, 9]
print(snn3(7, *c))
```

输出结果：

```
6
11
24
```

在以上示例中，函数snn3定义了三个单独的形参，返回值为这三个变量的和。在主程序中，a是一个列表，这意味着在使用序列作为实参时，需要在序列前加上*进行解包。此外，序列中的元素个数必须与snn3中的形参个数对应。因为a中恰好有三个元素，因此调用时可以写成snn3(*a)，输出结果6就是a列表中三个元素的和。如果主程序中写成snn3(a)，则会出现错误：snn3() takes exactly 3 arguments (1 given)，因为此时传递的是序列名，导致参数个数不匹配。通过使用*a，实参的元素可以正确分配给形参，snn3 接收到三个参数：将列表中的元素1分配给x，2分配给y，3分配给 z。

类似地，b是一个元组，也作为序列传递实参，因此在调用时同样需要在序列前加上*。而c是一个列表，但只有两个元素。在主程序中通过snn3(7, *c)调用时，解包的实参放在最后，这样7会被传递给x，而列表中的元素8和9分别分配给y和z。

按照惯例，程序的主函数(程序入口)通常命名为main，用于实现程序的总体功能。程序的最后一行通常是调用这个主函数。以下是例4-21的一个常见形式：

```
def snn3(x, y, z):          #函数定义
    return x + y + z
def main():
    a = [1, 2, 3]           # 列表
    print(snn3(*a))
    b = (6, 2, 3)           # 元组
    print(snn3(*b))
    c = [8, 9]
    print(snn3(7, *c))
main()
```

4.2.4 变量的作用域

引入函数的概念后，变量的作用域问题随之出现。变量的作用域是指变量起作用的范围。一个变量在函数外部定义和在函数内部定义，其作用域是不同的。此外，使用特殊关键字定义的变量也会改变其作用域。本节将讨论变量的作用域规则。

1. 局部变量

在函数内部定义的变量仅在该函数内有效，这类变量称为局部变量。局部变量与函数外部具有相同名称的其他变量没有任何关系，即变量名称在函数内是局部的。局部变量的作用域从定义它们的代码块开始，并在函数结束时自动删除。

以下是一个局部变量使用的示例：

```python
def fun():
    x = 3
    count = 2
    while count > 0:
        print(x)
        count -= 1
fun()
print(x)                # 这里会报错：NameError: name 'x' is not defined
```

在这个例子中，变量x是在函数fun内部定义的，因此它的作用域仅限于该函数内部。在函数外部调用print(x)会导致错误提示：NameError: name 'x' is not defined。这种变量通常被称为局部变量，因为它们在函数外部无法访问。

2. 全局变量

全局变量是在函数外部定义的变量，其作用域覆盖整个程序。全局变量可以直接在函数内部使用，但如果需要在函数内部修改全局变量的值，必须使用global关键字进行声明。

```python
x = 2                   # 全局变量
def fun1():
    print(x)
def fun2():
    global x            # 声明x为全局变量
    x = x + 1
    print(x, end=" ")
fun1()
fun2()
print(x, end=" ")
```

输出结果：

```
2
3 3
```

在以上示例中，x被定义为全局变量。在fun1函数中可以直接访问并输出x的值。而在fun2函数中，使用global关键字声明x，使得可以直接修改其值。调用fun1和fun2后，将会看到全局变量x的值从2变为3。

在函数内部直接将一个变量声明为全局变量，即使在函数外部没有定义该变量，调用这个函数后也会创建一个新的全局变量。如果一个局部变量与全局变量重名，则局部变量会"遮蔽"全局变量，从而使局部变量在该作用域内生效。

4.3 闭包和函数的递归调用

闭包是一个函数,可以捕获并记住其外部作用域的变量,而递归调用是一个函数在其定义中直接或间接地调用自身以解决问题。

4.3.1 闭包

在Python中,闭包(closure)是指函数内部定义嵌套函数的特性。嵌套函数可以被视为一个对象,因此可以将其作为定义它的外部函数的返回值。

以下是一个使用闭包的示例:

```
def func_lib():
    def add(x, y):
        return x + y
    return add                      # 返回函数对象
fadd = func_lib()                   # 获取闭包函数
print(fadd(1, 2))                   # 输出结果为3
```

在这个示例中,func_lib函数内部定义了一个嵌套函数add(x, y),并将其作为func_lib的返回值。运行fadd(1, 2)后,输出结果为3。

4.3.2 函数的递归调用

1. 递归调用

函数在执行过程中直接或间接地调用自身,这种调用方式称为递归调用。Python语言支持递归调用。

【例4-22】函数递归调用示例(求1到5的平方和)。

```
def f(x):
    if x == 1:                      # 递归调用结束的条件
        return 1
    else:
        return (f(x - 1) + x * x)   # 调用f()函数本身
print(f(5))
```

在调用f函数的过程中,如果直接再次调用f函数,则称为直接调用本函数。而如果在调用f1函数时需要调用f2函数,而在f2函数中又调用f1函数,则称为间接调用本函数,如图4-8所示。

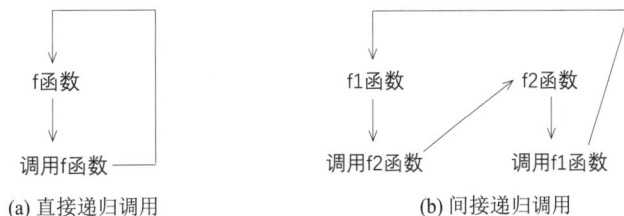

(a) 直接递归调用 　　　　(b) 间接递归调用

图4-8 函数的递归调用

从图4-8可以看出，递归调用是指函数自身的无终止调用。在程序中，应避免出现这种无尽的递归调用，而应确保递归调用是有限且有终止条件的。这可以通过使用if语句来控制，当满足特定条件时，递归调用将结束。例如，在计算1到5的平方和时，递归调用结束的条件是x = 1。

【例4-23】 键盘输入一个整数，求该数的阶乘。

分析：根据阶乘的定义n! = n×(n-1)!，可以将其表示如下：

```
fac(n) = 1                          n=1
fac(n) = n*fac(n-1)                 (n＞1)
```

编写程序如下：

```python
def fac(n):
    if n == 1:                      # 递归调用结束的条件
        p = 1
    else:
        p = fac(n - 1) * n          # 调用fac()函数自身
    return p
x = int(input("输入一个正整数："))
print(fac(x))
```

输出结果：

```
输入一个正整数：8↙
40320
```

在递归函数中，终止条件扮演着至关重要的角色。以fac函数为例，如果去掉if n == 1: return p这个终止条件，会发生什么？程序将陷入无限递归，最终导致栈溢出错误。这凸显了正确设置终止条件的重要性。

2. 递归调用的执行过程

递归调用可分为两个关键阶段：递推和回归。

(1) 递推阶段：

○ 函数不断调用自身，每次调用都会将当前状态压入栈中。

○ 每次递归调用都会检查终止条件。

○ 这个过程持续到满足终止条件为止。

(2) 回归阶段：

○ 从栈顶开始，逐层返回并处理结果。

○ 每完成一层处理，就从栈中弹出相应的状态。

○ 这个过程持续到栈为空，即返回到初始调用处。

递归调用与普通函数调用的区别如下：

○ 都使用栈结构来管理调用过程。

○ 递归调用存在连续的参数入栈过程，直到满足终止条件。

○ 递归调用的栈使用更加密集，需要特别注意避免栈溢出。

图4-9所示展示了例4-23中递归调用的详细过程，直观地呈现了递推和回归的各个阶段。

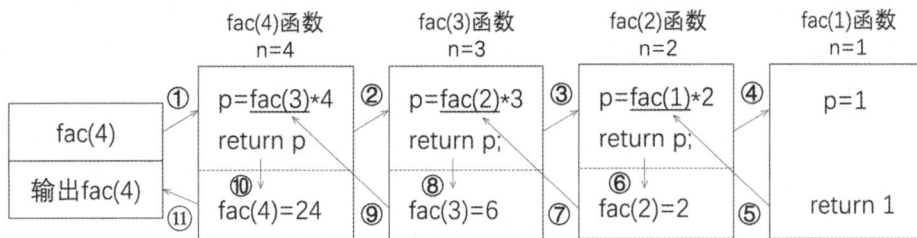

图 4-9 递归调用 n! 的执行过程

需要注意的是，无论是直接递归还是间接递归，都必须确保在有限次调用后能够终止。这意味着递归必须具备明确的结束条件，并且每次递归调用都应朝着这个结束条件推进。例如，在计算阶乘的fac()函数中，参数n在每次递归调用时都会减1，直至n == 1时停止递归。

虽然递归调用可以解决的问题通常也可以通过非递归方式实现，例如上述阶乘示例可以通过循环结构来完成，但在许多情况下，若不采用递归方法，程序的算法将变得异常复杂，难以编写和理解。

下面的实例展示了递归设计技术的强大效果。

【例4-24】编程解决汉诺塔(Tower of Hanoi)问题。

汉诺塔是一个源自古印度的经典智力谜题，因其独特的挑战性和递归解法而在算法教学和智力竞赛中广受欢迎。问题设置为：有三根柱子，分别标记为A、B和C(如图4-10所示)。初始状态下，A柱上套有n个大小各异的圆盘，这些圆盘按照从大到小的顺序自下而上叠放。现在的任务是将所有圆盘从A柱移动到C柱，同时需要遵守以下规则。

图 4-10 汉诺塔问题

(1) 每次只能移动一个圆盘。

(2) 可以利用B柱作为中转站。

(3) 在移动过程中，任何时刻都必须保持大盘在下、小盘在上的顺序。

本例要求编写程序，不仅要解决汉诺塔问题，还需要详细打印出每一步移动的具体步骤。这个问题不仅考验解题者的逻辑思维能力，还能很好地展示递归算法的优雅和效率。

分析：

(1) A柱只有一个盘子的情况：将A柱的盘子直接移动到C柱。

(2) A柱有两个盘子的情况：小盘从A柱移动到B柱，大盘从A柱移动到C柱，最后小盘从B柱移动到C柱。

（3）A柱有n个盘子的情况：可以将其视为将上面n-1个盘子和最下面第n个盘子的问题。首先，将n-1个盘子从A柱移动到B柱；接着，将第n个盘子从A柱移动到C柱；最后，将n-1个盘子从B柱移动到C柱。这个过程实际上转化为移动n-1个盘子的问题。进一步地，我们可以将n-1个盘子分解为上面n-2个盘子和下面第n-1个盘子，继续递归，直到问题简化为只需移动一个盘子。

这就是一个典型的递归问题，递归的终止条件是只需移动一个盘子。

算法可以描述为：

步骤1：将n-1个盘子从A柱移动到B柱，借助C柱。

步骤2：将第n个盘子从A柱移动到C柱。

步骤3：将n-1个盘子从B柱移动到C柱，借助A柱。

在以上步骤1和步骤3中，递归过程将持续进行，直到最终只需移动一个盘子为止。由此，我们可以定义两个函数：一个是递归函数，命名为hanoi(n, source, temp, target)，用于实现将n个盘子从源柱source借助中间柱temp移动到目标柱target；另一个函数命名为move(source, target)，用于输出移动一个盘子的提示信息。

```python
def move(source, target):
    print(f"移动盘子从 {source} 到 {target}")
def hanoi(n, source, temp, target):
    if n == 1:
        move(source, target)                    # 将最后一个盘子搬到目标柱
    else:
        hanoi(n - 1, source, target, temp)      # 将n-1个盘子搬到中间柱
        move(source, target)                    # 将第n个盘子搬到目标柱
        hanoi(n - 1, temp, source, target)      # 将n-1个盘子搬到目标柱
# 主程序
n = int(input("输入盘子数： "))
print(f"移动 {n} 个盘子的步骤是： ")
hanoi(n, 'A', 'B', 'C')
```

输出结果：

```
输入盘子数：3↙
移动 3 个盘子的步骤是：
移动盘子从 A 到 C
移动盘子从 A 到 B
移动盘子从 C 到 B
移动盘子从 A 到 C
移动盘子从 B 到 A
移动盘子从 B 到 C
移动盘子从 A 到 C
```

需要注意的是，计算一个数的阶乘可以通过递归和非递归两种方法实现。然而，对于汉诺塔问题，设计一个非递归解决方案则相对复杂得多。

4.4 Python内置函数

内置函数(built-in functions)也称为系统函数或内建函数，是Python语言本身提供的一套随时可用的函数库。这些函数涵盖了多个领域，其中最常用的包括数学运算函数、集合操作函数以及字符串函数等。

4.4.1 数学运算函数

数学运算函数主要用于执行各种算术运算。这些函数的详细信息可参见表4-3。这些内置的数学函数大大简化了程序员在处理数学计算时的工作，提高了代码的效率和可读性。

通过使用这些内置函数，开发者可以更加专注于解决问题的核心逻辑，而不必从头开始实现基本的数学运算。这不仅节省了时间，也减少了出错的可能性。

表4-3 数学运算函数

函 数	说 明
abs(x)	求绝对值。参数可以是整型，也可以是复数；若参数是复数，则返回复数的模
complex([real[, imag]])	创建一个复数
divmod(a, b)	分别取商和余数。注意：整型、浮点型都可以
float(x)	将一个字符串或数转换为浮点数。如果无参数将返回0.0
int([x[, base]])	将一个字符转换为int类型，base表示进制
log([x[, base]])	将一个字符转换为long类型
pow(x, y)	返回x的y次幂
range([start], stop[, step])	产生一个序列，默认从0开始
round(x[, n])	四舍五入
sum(iterable[, start])	对集合求和
oct(x)	将一个数字转化为八进制
hex(x)	将整数x转换为十六进制字符串
chr(i)	返回整数i对应的ASCII字符
bin(x)	将整数x转换为二进制字符串
bool(x)	将x转换为Boolean类型
sin(x)	返回x弧度的正弦值

（续表）

函　数	说　明
cos(x)	返回x弧度的余弦值
sqrt(x)	返回数字x的平方根

【例4-25】编写程序，计算复数的模并验证勾股定理(假设有一个复数3+4j，需想要计算它的模，并验证这个模是否等于直角三角形的斜边长度，其中直角边的长度分别为3和4)。

```
import math
complex_number = complex(3, 4)            # 创建一个复数
modulus = abs(complex_number)             # 计算复数的模
print(f"复数 {complex_number} 的模是：{modulus}")
# 使用勾股定理计算斜边长度
a = 3
b = 4
hypotenuse = math.sqrt(a**2 + b**2)
print(f"根据勾股定理，斜边长度是：{hypotenuse}")
if round(modulus, 5) == round(hypotenuse, 5):    # 验证两者是否相等
    print("复数的模与勾股定理计算的斜边长度相等，验证成功！")
else:
    print("验证失败！")
```

输出结果：

```
复数 (3+4j) 的模是：5.0
根据勾股定理，斜边长度是：5.0
复数的模与勾股定理计算的斜边长度相等，验证成功！
```

4.4.2　集合操作函数

Python内置的集合操作函数用于执行各种集合相关的操作，如创建集合、转换数据类型、排序、查找最大最小值、计算长度等，帮助简化集合数据的处理，具体说明如表4-4所示。

表4-4　集合操作函数

函　数	说　明
format(value[, format_spec])	格式化输出字符串。格式化的参数顺序从0开始，例如"I am {0}".format(value)
unichr(i)	返回给定int类型的Unicode字符

(续表)

函　数	说　　明
enumerate(sequence, start=0)	返回一个可枚举对象，该对象的next()方法将返回一个元组
max(iterable[, args...][key])	返回集合中的最大值
min(iterable[, args...][key])	返回集合中的最小值
dict([arg])	创建一个数据字典
list([iterable])	将一个集合类转换为列表
set()	创建一个set对象实例
frozenset([iterable])	生成一个不可变的set
str([object])	将对象转换为string类型
sorted(iterable)	对集合进行排序，返回一个排序后的列表
tuple([iterable])	生成一个tuple类型的集合
xrange([start], stop[, step])	与range()类似，但xrange()不会创建一个列表，而是返回一个xrange对象。它的行为类似于列表，但只有在需要时才计算值，这对于处理大数据时节省内存非常有用
len(s)	返回集合的长度

【例4-26】编写程序，按分数对学生进行排序，输出排名、姓名、年龄和分数，并找出最高分和最低分的学生，同时列出所有学生姓名和学生总数。

```python
# 创建一个包含学生信息的字典
students = {
    "小明": {"age": 18, "score": 85},
    "小红": {"age": 17, "score": 92},
    "小刚": {"age": 19, "score": 78}
}

# 使用sorted函数根据分数对学生进行排序
sorted_students = sorted(students.items(), key=lambda x: x[1]["score"], reverse=True)

# 使用enumerate函数遍历排序后的学生列表，并格式化输出排名、姓名、年龄和分数
for index, (name, info) in enumerate(sorted_students, start=1):
    print(f"Rank {index}: {name}, Age {info['age']}, Score {info['score']}")

# 使用max和min函数找出最高分和最低分的学生
max_score_student = max(students.items(), key=lambda x: x[1]["score"])[0]
```

```
min_score_student = min(students.items(), key=lambda x: x[1]["score"])[0]
print(f"\n最高分的学生是：{max_score_student}")
print(f"最低分的学生是：{min_score_student}")

# 使用list函数将学生姓名转换为列表
student_names = list(students.keys())
print(f"\n学生姓名列表：{student_names}")

# 使用len函数获取学生人数
student_count = len(students)
print(f"学生人数：{student_count}")
```

4.4.3　字符串函数

常用的Python字符串操作包括字符串的替换、删除、截取、复制、连接、比较、查找和分割等。具体的字符串函数如表4-5所示。

表4-5　字符串函数

函　数	说　　明
string.capitalize()	把字符串的第一个字符大写
string.count(str, beg=0, end=len(string))	返回str在string里面出现的次数，如果beg或者end指定则返回指定范围内str出现的次数
string.decode(encoding='UTF-8')	以encoding指定的编码格式解码string
string.endswith(obj, beg=0, end=len(string))	检查字符串是否以obj结束，如果beg或者end指定则检查指定范围内是否以obj结束，如果是返回True，否则返回False
string.find(str, beg=0, end=len(string))	检测str是否包含在string中，如果beg和end指定范围，则检查是否包含在指定范围内，如果是返回开始的索引值，否则返回-1
string.index(str, beg=0, end=len(string))	跟find()方法一样，只不过如果str不在string中会报一个异常
string.isalnum()	如果string至少有一个字符并且所有字符都是字母或数字则返回True，否则返回False
string.isalpha()	如果string至少有一个字符并且所有字符都是字母则返回True，否则返回False
string.isdecimal()	如果string只包含十进制数字则返回True，否则返回False
string.isdigit()	如果string只包含数字则返回True，否则返回False

(续表)

函　数	说　　明
string.islower()	如果string中包含至少一个区分大小写的字符，并且所有这些字符都是小写，则返回True，否则返回False
string.isnumeric()	如果string中只包含数字字符，则返回True，否则返回False
string.isspace()	如果string中只包含空格，则返回True，否则返回False
string.istitle()	如果string是标题化的(见title())则返回True，否则返回False
string.isupper()	如果string中包含至少一个区分大小写的字符，并且所有这些字符都是大写，则返回True，否则返回False
string.join(seq)	以string作为分隔符，将seq中所有的元素(的字符串表示)合并为一个新的字符串
string.ljust(width)	返回一个原字符串左对齐，并使用空格填充至长度width的新字符串
string.lower()	将string中所有大写字符转换为小写
string.lstrip()	截掉string左边的空格
max(str)	返回字符串str中最大的字母
min(str)	返回字符串str中最小的字母
string.replace(str1, str2, num)	把string中的str1替换成str2，如果num指定则替换不超过num次
string.rfind(str, beg=0, end=len(string))	类似于find()函数，不过是从右边开始查找
string.rindex(str, beg=0, end=len(string))	类似于index()，不过是从右边开始查找
string.rstrip()	删除string字符串末尾的空格
string.split(str="", num=string.count(str))	以str为分隔符切片string，如果num有指定值，则仅分隔num个子字符串
string.startswith(obj, beg=0, end=len(string))	检查字符串是否是以obj开头，如果是则返回True，否则返回False。如果beg和end指定值，则在指定范围内检查
string.upper()	将string中的小写字母转换为大写

【例4-27】分割字符串和组合字符串函数的应用示例。

```
str1 = "hello world Python"
list1 = str1.split()                # 按空格分割字符串 str1，形成列表 list1
print(list1)
```

```
str1 = "hello\nworld\nPython"
list1 = str1.splitlines()                  # 按换行符分割字符串str1，形成列表list1
print(list1)
list1 = ['hello', 'world', 'Python']
str1 = "#"
print(str1.join(list1))                    # 用'#'连接列表元素形成字符串str1
```

输出结果：

```
['hello', 'world', 'Python']
['hello', 'world', 'Python']
hello#world#Python
```

4.4.4　反射函数

反射函数主要用于获取类型、对象的标识、基类等操作，如表4-6所示。

表4-6　反射函数

函　数	说　　明
getattr(object, name[, default])	获取类的属性
globals()	返回描述当前全局符号表的字典
hasattr(object, name)	判断对象object是否包含名为name的特性
hash(object)	如果对象object为哈希表类型，返回其哈希值
id(object)	返回对象object的唯一标识
isinstance(object, classinfo)	判断object是否是指定类classinfo的实例
issubclass(class, classinfo)	判断类class是否是classinfo的子类
locals()	返回当前的变量列表
map(function, iterable, ...)	遍历iterable中的每个元素，执行function操作
memoryview(obj)	返回一个内存镜像类型的对象，适用于支持缓冲区协议的对象。
next(iterator[, default])	获取迭代器的下一个元素，若无元素，返回默认值
object()	创建一个基类对象，包装类属性的访问，使得可以通过c.x = value形式访问
property([fget[, fset[, fdel[, doc]]]])	用于定义属性，包括getter、setter、deleter等
reload(module)	重新加载指定的模块。
setattr(object, name, value)	设置对象object的属性name为value
repr(object)	将对象object转换为可打印的格式，通常用于调试

(续表)

函 数	说 明
staticmethod	声明静态方法，是一个注解
super(type[, object-or-type])	引用父类，通常用于方法重写时调用父类的方法
type(object)	返回对象object的类型
vars([object])	返回对象object的变量字典，若无参数则与dict()方法类似

4.4.5 I/O函数

I/O函数主要用于输入/输出操作，相关说明如表4-7所示。

表4-7 I/O函数

函 数	说 明
file	用于构造文件类型，作用是打开文件。如果文件不存在且mode参数为写模式(w)或追加模式(a)，则会创建文件。如果在mode参数中添加'b'，则以二进制模式打开文件；添加'+'，则允许同时进行读写操作
input([prompt])	获取用户输入，输入内容默认为字符串类型。可选地传入prompt参数，用于提示用户输入
open(name[, mode[, buffering]])	打开文件，推荐使用此函数来进行文件操作。name为文件名，mode为文件打开模式(例如r表示只读，w表示写入，a表示追加)；buffering为缓冲设置，0表示不使用缓冲，1表示使用行缓冲，大于1的数表示指定缓冲区大小
print()	打印函数

【例4-28】编写代码，实现用户名的输入、读取和显示(通过获取用户输入的名字，将其写入文件，然后读取文件并显示内容，最后输出文件操作完成的提示信息)。

```python
# 使用input函数获取用户输入
user_input = input("请输入您的名字：")
print(f"您好，{user_input}！")
# 使用open函数以写模式打开文件，并写入用户输入的内容
with open("greetings.txt", "w") as file:
    file.write(f"用户姓名为：{user_input}！\n")
# 使用open函数以读模式打开文件，并读取内容
with open("greetings.txt", "r") as file:
    content = file.read()
    print("文件内容：")
```

```
    print(content)
# 使用print函数输出信息
print("文件操作完成！")
```

输出结果：

```
请输入您的名字：王燕↙
您好，王燕！
文件内容：
用户姓名为：王燕！

文件操作完成！
```

4.5 模块

模块(module)是Python中用于逻辑组织代码的工具。通过将相关的代码分配到一个模块中，可以使代码更加结构化、易于理解和维护。简单来说，模块就是一个保存了Python代码的文件，其中可以定义函数、类和变量。在Python中，模块的概念与C语言中的头文件或Java中的包类似。例如，在Python中，如果要使用sqrt函数计算平方根，就需要通过import关键字引入math模块。接下来，我们将学习Python中模块的相关内容。

4.5.1 import导入模块

1. 导入模块的方式

在Python中，可以使用import关键字来导入一个模块。其基本语法如下：

```
import 模块名
```

例如，要引用math模块，可以在代码的开头使用以下语句导入：

```
import math                              # 导入math模块
```

在导入模块后，调用模块中的函数时需要使用"模块名.函数名"的形式。例如：

```
import math                              # 导入math模块
print(f"50 的平方根是：{math.sqrt(50)}")     # 调用sqrt 函数计算平方根
y = math.pow(5, 2)                       # 使用pow函数计算5的平方
print(f"5 的 2 次方是：{y}")                # 输出结果：25.0
```

当调用模块中的函数时，必须加上模块名，这是为了避免不同模块中可能存在相同名称的函数。这样，解释器就能够明确知道应该调用哪个模块中的函数。如果不加模块名，解释器可能无法区分不同模块中的同名函数，从而导致冲突或错误。

有时，我们只需要使用某个模块中的特定函数，而不需要整个模块。这时，可以通过以下方式仅导入需要的函数：

```
from 模块名 import 函数名1, 函数名2, ...
```

通过这种方式导入时，调用函数时只能使用函数名，而不能使用模块名。然而，当两个模块中包含相同名称的函数时，后导入的函数会覆盖前导入的函数。例如，如果模块A中有函数fun()，模块B中也有一个同名的fun()函数，且先导入了模块A中的fun()，然后导入模块B中的fun()，那么在调用fun()函数时，实际上会执行模块B中的fun()函数。如果想一次性导入math模块中的所有内容，可以使用：

```
from math import *
```

这种方式提供了一种简便的方法来导入模块中的所有项目，但不推荐过度使用，因为它可能会引入不必要的命名冲突，并使代码的可读性和维护性降低。

2. 模块位置的搜索顺序

当导入一个模块时，Python解释器会按照以下顺序查找模块的位置。

(1) 当前目录。首先，Python会在当前目录中查找模块。

(2) PYTHONPATH环境变量。如果在当前目录找不到模块，Python会继续在 PYTHONPATH 环境变量指定的目录中查找。

(3) 默认安装目录。如果上述两步都没有找到，Python会查找安装过程中确定的默认目录。

模块的搜索路径存储在sys模块的sys.path变量中。这个变量包含了当前目录、PYTHONPATH中指定的目录，以及安装时设定的默认目录。

例如，以下代码可以查看Python的模块搜索路径：

```
>>>import sys
>>>print(sys.path)
```

输出结果：

```
['', 'C:\\Users\\miaof\\AppData\\Local\\Programs\\Python\\Python313\\Lib\\idlelib',
'C:\\Users\\miaof\\AppData\\Local\\Programs\\Python\\Python313\\python313.zip',
'C:\\Users\\miaof\\AppData\\Local\\Programs\\Python\\Python313\\DLLs',
'C:\\Users\\miaof\\AppData\\Local\\Programs\\Python\\Python313\\Lib',
'C:\\Users\\miaof\\AppData\\Local\\Programs\\Python\\Python313', '
C:\\Users\\miaof\\AppData\\Local\\Programs\\Python\\Python313\\Lib\\site-packages']
```

3. 列举模块内容

dir()函数返回一个按字母顺序排列的字符串列表，列出模块中定义的所有变量、函数和类等。例如，以下是一个简单的示例：

```
import math                    # 导入math模块
content = dir(math)            # 获取math模块中的所有内容
print(content)                 # 输出内容
```

在这个列表中，除了Python内置的特殊变量(例如_doc_、_name_等)外，还包括了模块math中定义的函数和常量，如sqrt、pi、sin等。这使得dir()函数成为了解模块内容和函数列表的有用工具。

4.5.2 自定义模块

在Python中，每个Python文件都可以作为一个模块，模块的名字就是文件的名字。例如，假设有一个文件fibo.py，在fibo.py中定义了三个函数：add()、fib()和fib2()。以下是fibo.py文件的示例代码：

```python
# fibo.py - 斐波那契数列模块
def fib(n):                      # 定义生成到n的斐波那契数列的函数
    a, b = 0, 1
    while b < n:
        print(b, end=' ')
        a, b = b, a + b
    print()                      # 输出换行
def fib2(n):                     # 定义返回到n的斐波那契数列的函数
    result = [ ]
    a, b = 0, 1
    while b < n:
        result.append(b)
        a, b = b, a + b
    return result
def add(a, b):                   # 定义两个数相加的函数
    return a + b
```

在 fibo.py 文件中，定义了三个函数：

- fib(n)：打印出小于n的所有斐波那契数。
- fib2(n)：返回一个包含小于n的所有斐波那契数的列表。
- add(a, b)：返回a和b的和。

这样，fibo.py就成为了一个名为fibo的模块。接下来，可以在其他文件中使用这个模块。

例如，在test.py文件中：

```python
# test.py
import fibo                      # 导入自定义模块fibo
# 使用模块名称调用函数
fibo.fib(1000)                   # 输出：1123581321 144 233 377 610 987
print(fibo.fib2(100))            # 输出：[1, 1, 2, 3, 5, 8, 13, 21, 34, 55, 89]
print(fibo.add(2, 3))            # 输出：5
```

此外，还可以通过以下方式只导入模块中的特定函数：

```
from fibo import add, fib, fib2        # 从fibo模块中导入指定函数
# 直接调用函数,无需使用模块名
print(fib(500))                        # 输出: 1 1 2 3 5 8 13 21 144 233 377
```

如果想查看fibo模块中定义的所有属性,可以使用dir()函数:

```
import fibo
print(dir(fibo))                       # 列出fibo模块中定义的变量和函数
```

输出结果:

```
['__builtins__', '__cached__', '__doc__', '__file__', '__loader__', '__name__', '__package__', '__spec__', 'add',
'fib', 'fib2']
```

如此,我们就可以查看fibo模块中定义的所有内容,包括函数、变量等。下面将学习一些常用的Python标准模块。

4.5.3 常用标准模块

1. time 模块

在Python中,通常有两种方式来表示时间。

(1) 时间戳。表示自1970年1月1日00:00:00 UTC起到当前时刻的秒数。

(2) 时间元组(struct_time)。一个包含九个元素的元组,其中tm_year:年份(例如2025); tm_mon:月份(1~12); tm_mday:日期(1~31); tm_hour:小时(0~23); tm_min:分钟(0~59); tm_sec:秒(0~59); tm_wday:星期几(0~6,0表示星期一); tm_yday:一年中的第几天(1~366); tm_isdst:是否为夏令时(默认为1,表示夏令时)。

time模块提供了多种时间处理和时间格式转换的函数。图4-8所示为time模块的常用功能说明。

表4-8　time模块中的函数

函　数	说　明
time.asctime([tupletime])	接收时间元组并返回一个可读的字符串,格式为"Tue Dec 11 18:07:14 2008"(2008年12月11日周二18时07分14秒),长度为 24 个字符
time.clock()	返回当前的CPU时间,适用于测量不同程序的耗时,比time.time()更精确
time.ctime([secs])	作用相当于asctime(localtime(secs)),将秒数secs转换为当地时间的可读字符串。如果不传入参数,则返回当前时间的字符串
time.gmtime([secs])	接收时间戳并返回时间元组,表示UTC(协调世界时)时间。
time.localtime([secs])	接收时间戳并返回当地时间的时间元组。如果不传入参数,返回当前的当地时间元组。

(续表)

函 数	说 明
time.mktime(tupletime)	接收时间元组并返回时间戳
time.sleep(secs)	推迟调用线程的执行，secs表示推迟的秒数
time.strftime(fmt[, tupletime])	接收时间元组并返回按指定格式fmt输出的可读字符串
time.strptime(str, fmt='%a %b %d %H:%M:%S %Y')	根据给定的格式fmt把时间字符串str解析为时间元组
time.time()	返回当前的时间戳

【例4-29】time模块中函数应用示例。

(1) 使用time.localtime()函数可以将当前时间转换为struct_time时间元组：

```
>>>import time
>>>time.localtime()                    # 将当前时间转换为struct_time时间元组
```

输出结果：

```
time.struct_time(tm_year=2025, tm_mon=1, tm_mday=13, tm_hour=11, tm_min=2, tm_sec=19, tm_wday=0, tm_yday=13, tm_isdst=0)
```

接下来，使用时间戳来转换为struct_time时间元组：

```
>>>time.localtime(1736745600.2749472)  # 将时间戳转换为struct_time时间元组
```

输出结果：

```
time.struct_time(tm_year=2025, tm_mon=1, tm_mday=13, tm_hour=13, tm_min=20, tm_sec=0, tm_wday=0, tm_yday=13, tm_isdst=0)
```

(2) 可以使用time.time()函数返回当前时间的时间戳(一个浮点数)：

```
>>>time.time()
```

输出结果：

```
1736737802.8892994
```

(3) 将一个struct_time时间元组转换为时间戳，可以使用time.mktime()函数：

```
>>>time.mktime(time.localtime())        # 将 struct_time 转换为时间戳
```

输出结果：

```
1736737853.0
```

(4) 若想将格式化的时间字符串转换为struct_time时间元组，可以使用time.strptime()函数：

```
>>>time.strptime('2025-01-13 11:37:16', '%Y-%m-%d %X')     # 将时间字符串转为 struct_time
```

输出结果：

time.struct_time(tm_year=2025, tm_mon=1, tm_mday=13, tm_hour=11, tm_min=37, tm_sec=16, tm_wday=0, tm_yday=13, tm_isdst=-1)

(5) 将时间元组转换为格式化的时间字符串，可以使用time.strftime()函数：

>>>time.strftime("%Y-%m-%d %X", time.localtime()) # 将 struct_time 转换为格式化的时间字符串

输出结果：

'2025-01-13 11:14:21'

通过这些函数，可以方便地进行时间的转换和格式化操作。

2. calendar 模块

calendar模块提供了与日历相关的功能，例如打印某月的字符月历。默认情况下，星期一是每周的第一天，星期日是最后一天。如果需要更改这一设置，可以使用calendar.setfirstweekday()函数。表4-9所示为模块中常用函数的说明。

表4-9　calendar模块中的函数

函　数	说　明
calendar(year, w=2, l=1, c=6)	返回year年的日历，以多行字符串格式呈现，默认每行显示3个月，月与月之间间隔c个字符，每日宽度间隔为w字符
firstweekday()	返回当前设置的每周起始日期。默认情况下，首次载入calendar模块时返回0(即星期一)
isleap(year)	判断year是否为闰年。如果是闰年，返回True，否则返回False
leapdays(y1, y2)	返回从y1年到y2年之间的闰年总数
month(year, month, w=2, l=1)	返回year年month月的日历，包含两行标题和一周的日期，每日宽度为w字符
monthcalendar(year, month)	返回一个包含整数的单层嵌套列表，每个子列表表示一周。月外的日期设置为0，该月日期则用对应的天数表示，范围从1开始
monthrange(year, month)	返回两个整数：第一个是该月的星期几(0=星期一，6=星期日)，第二个是该月的天数
setfirstweekday(weekday)	设置每周的起始日期，weekday参数值从0(星期一)到6(星期日)
timegm(tupletime)	与time.gmtime()相反，接受一个时间元组(struct_time)，返回该时刻的时间戳
weekday(year, month, day)	返回给定日期的星期几(0=星期一，6=星期日)。month从1(1月)到12(12月)

【例4-30】 calendar模块中函数应用示例。

(1) 导入Python的calendar 模块：

```
>>>import calendar
```

获取2025年1月的日历(使用month()函数)：

```
>>>print(calendar.month(2025, 1))
```

输出结果：

```
    January 2025
Mo Tu We Th Fr Sa Su
        1  2  3  4  5
 6  7  8  9 10 11 12
13 14 15 16 17 18 19
20 21 22 23 24 25 26
27 28 29 30 31
```

(2) 检查年份是否为闰年(使用isleap()函数)：

```
>>>is_leap = calendar.isleap(2025)
>>>print("2025年是闰年吗？ ", is_leap)
```

输出结果：

```
2025年是闰年吗？ False
```

(3) 获取两个年份之间的闰年数(使用leapdays()函数)：

```
>>>leap_years = calendar.leapdays(2000, 2025)
>>>print("2000年到2025年之间的闰年数:", leap_years)
```

输出结果：

```
2000年到2025年之间的闰年数: 7
```

(4) 获取某个月的第一天星期几及天数(使用monthrange()函数)：

```
>>>first_weekday, days_in_month = calendar.monthrange(2025, 1)
>>>print(f"2025年1月的第一天是星期 {first_weekday}，该月有 {days_in_month} 天。")
```

输出结果：

```
2025年1月的第一天是星期2，该月有31天。
```

(5) 获取某一天是星期几(使用weekday()函数)：

```
>>>calendar.setfirstweekday(calendar.SUNDAY)    # 设置每周的起始日为星期日
>>>weekday = calendar.weekday(2025, 1, 13)      # 获取2025年1月13日的星期几
# 打印结果：将返回的数字转为星期几
>>>days = ["星期一", "星期二", "星期三", "星期四", "星期五", "星期六", "星期日"]
>>>print(f"2025年1月13日是{days[weekday]}。")
```

输出结果:

2025年1月13日是星期一。

3. datetime 模块

datetime模块为日期和时间的处理提供了更加直观和便捷的函数方法。除了支持日期和时间的运算外,它还提供了高效的处理与格式化输出功能。同时,该模块还支持时区处理。datetime模块包括三个主要的类:date、time和datetime。

1) date类

date类对象用于表示一个具体的日期,日期由年、月和日组成。date 类的构造函数如下:

date(year, month, day)

该构造函数接受三个参数:year(年份)、month(月份)和day(日),返回一个date对象。常用的date类方法如下。

- ◯ timetuple():返回一个time格式的时间对象,等效于 time.localtime()。
- ◯ today():返回当前的date对象,等效于 fromtimestamp(time.time())。
- ◯ toordinal():返回从公元1年1月1日(即公历开始)到当前日期的天数。公元1年1月1日的天数为1。
- ◯ weekday():返回当前日期是星期几,返回值为0到6,其中0代表星期一,6代表星期日。
- ◯ year、month、day:分别返回date对象的年份、月份和日期。

2) time类

time类用于表示时间,它由时、分、秒以及微秒组成。time 类的构造函数如下:

class datetime.time(hour[, minute[, second[, microsecond[, tzinfo]]]])

其中:
- ◯ hour的范围为[0, 24),表示小时。
- ◯ minute的范围为[0, 60),表示分钟。
- ◯ second的范围为[0, 60),表示秒。
- ◯ microsecond的范围为[0, 1000000),表示微秒。

常用的time类方法如下。
- ◯ time([hour[, minute[, second[, microsecond[, tzinfo]]]]]):构造函数,返回一个time对象,所有参数均为可选。
- ◯ dst():返回时区的夏令时(Daylight Saving Time)信息描述。如果实例没有指定tzinfo 参数,则返回空值。
- ◯ isoformat():返回HH:MM:SS[.mmmmmm][+HH:MM]格式字符串。

3）datetime类

datetime模块还包含一个datetime类。在使用时，通过from datetime import datetime导入的是datetime类；如果仅导入import datetime，则需要使用全名datetime.datetime来引用。

datetime 类的构造函数如下：

```
datetime(year, month, day[, hour[, minute[, second[, microsecond[, tzinfo]]]]])
```

该构造函数返回一个datetime对象，其中year、month和day是必选参数，其他参数均为可选。

常用的datetime类方法如下。

- datetime.now()：返回当前的日期和时间，返回值类型为datetime 对象。
- combine(date, time)：根据给定的date和time对象合并，返回对应的datetime 对象。
- ctime()：返回ctime格式的字符串，表示当前时间。
- date()：返回一个具有相同year、month和day的date对象。
- fromtimestamp(timestamp)：根据给定的时间戳，返回一个对应的datetime 对象。
- new()：返回当前时间。

【例4-31】 datetime模块应用示例。

（1）导入date类并创建一个表示今天日期的date对象：

```
>>> from datetime import date
>>> xnow = date.today()                # 创建表示今天日期的date类对象
```

（2）显示xnow对象和获取其年份：

```
>>>xnow
datetime.date(2025, 1, 13)
>>>xnow.year
2025
```

（3）将当前日期转换为struct_time格式：

```
xnow.timetuple()
```

输出结果：

```
time.struct_time(tm_year=2025, tm_mon=1, tm_mday=13, tm_hour=0, tm_min=0, tm_sec=0, tm_wday=0, tm_yday=13, tm_isdst=-1)
```

（4）获取出生日期与当前日期相差的天数：

```
>>> birthday = date(1980, 6, 4)        # 创建表示生日的date类对象
>>> age = xnow - birthday              # 计算当前日期与生日之间的差值
>>> age.days                           # 获取两个日期之间相差的天数
```

输出结果：

```
16294
```

(5) 在某个时间上加上10个小时：

```
>>>from datetime import datetime, timedelta
>>>now = datetime(2025, 1, 13, 16, 57, 13)        # 创建表示特定时间的datetime对象
>>>now + timedelta(hours=10)                       # 增加10个小时
```

输出结果：

```
datetime.datetime(2025, 1, 14, 2, 57, 13)
```

(6) 将日期减去1天：

```
>>>from datetime import datetime, timedelta
>>>now = datetime(2025, 1, 13, 16, 57, 13)        # 创建表示特定时间的datetime对象
>>>now - timedelta(days=1)                         # 减去1天
```

输出结果：

```
datetime.datetime(2025, 1, 12, 16, 57, 13)
```

(7) 将日期增加2天12小时：

```
>>>from datetime import datetime, timedelta
>>>now = datetime(2025, 1, 13, 16, 57, 13)        # 创建表示特定时间的datetime对象
>>>now + timedelta(days=2, hours=12)               # 增加2天，12个小时
```

输出结果：

```
datetime.datetime(2025, 1, 16, 4, 57, 13)
```

4. random 模块

random模块提供的随机数可以广泛应用于数学、游戏等领域，尤其是在算法中，通过引入随机性可以提高算法效率并增强程序的安全性。random模块包含了多种生成随机数的函数，常用的函数如表4-10所示。

表4-10　random模块中的常用函数

函　数	说　明
random.choice(seq)	从序列seq中随机挑选一个元素，例如random.choice(range(10))会从0到9中随机选择一个整数
random.randrange([start,] stop[, step])	从指定范围内，按指定的步长step递增的集合中获取一个随机数。step的默认值为1。例如random.randrange(6)会从0到5中随机选择一个整数
random.random()	随机生成一个实数，范围在[0, 1]之间
random.seed([x])	设置随机数生成器的种子x。如果不指定种子，Python会自动选择一个默认值

（续表）

函　数	说　明
random.shuffle(list)	将序列list中的所有元素随机排序
random.uniform(x, y)	随机生成一个实数，范围在[x, y]之间

【例4-32】 random模块中函数应用示例。

(1) 从序列seq中随机挑选一个元素：

```
>>>import random
>>>random_choice = random.choice(range(10))      # 从0到9的整数中随机选择一个元素
>>>print(random_choice)                           # 可能输出：7(每次运行可能不同)
```

(2) 生成一个在[0, 1]范围内的随机浮点数：

```
>>>random_float = random.random()                 # 生成一个在[0, 1]范围内的随机浮点数
>>>print(random_float)
```

输出结果：

```
0.40508218342404745
```

(3) 将序列list中的所有元素随机排序：

```
numbers = [1, 2, 3, 4, 5]                          # 创建一个包含数字的列表
random.shuffle(numbers)
print(numbers)
```

输出结果：

```
[2, 3, 4, 5, 1]
```

5. math 和 cmath 模块

　　math模块提供了许多用于浮点数数学运算的函数，这些函数通常是对Python语言库中相应函数的封装。math模块主要用于处理实数(浮点数)的数学运算，而cmath模块则是专门用于复数运算的。下面是math模块中常用的数学运算函数，如表4-11所示。

表4-11　math模块的数学运算函数

函　数	说　明
math.e	自然常数e
math.pi	圆周率pi
math.degrees(x)	将弧度x转换为度数
math.radians(x)	将度数x转换为弧度

(续表)

函　数	说　　明
math.exp(x)	返回e的x次方
math.expm1(x)	返回e的x次方减去1
math.log(x[, base])	返回x的以base为底的对数，base默认为e
math.log10(x)	返回x的以10为底的对数
math.pow(x, y)	返回x的y次方
math.sqrt(x)	返回x的平方根
math.ceil(x)	返回不小于x的整数
math.floor(x)	返回不大于x的整数
math.trunc(x)	返回x的整数部分
math.modf(x)	返回x的小数部分和整数部分(返回一个元组(fractional part, integer part))
math.fabs(x)	返回x的绝对值
math.fmod(x, y)	返回x除以y的余数(取余)
math.factorial(x)	返回x的阶乘
math.hypot(x, y)	返回以x和y为直角边的斜边长
math.copysign(x, y)	若y < 0，返回-1乘以x的绝对值；否则，返回x的绝对值
math.ldexp(m, i)	返回m乘以2的i次方
math.sin(x)	返回x(弧度)的三角正弦值
math.asin(x)	返回x(弧度)的反三角正弦值
math.cos(x)	返回x(弧度)的三角余弦值
math.acos(x)	返回x(弧度)的反三角余弦值
math.tan(x)	返回x(弧度)的三角正切值
math.atan(x)	返回x(弧度)的反三角正切值
math.atan2(x, y)	返回x/y(弧度)的反三角正切值

【例4-33】math模块中函数应用示例。

```
>>>import math
>>>math.pow(5, 3)          # 结果：125.0
>>>math.sqrt(3)            # 结果：1.7320508075688772
```

```
>>>math.ceil(5.2)                #结果：6.0
>>>math.floor(5.8)               #结果：5.0
>>>math.trunc(5.8)               #结果：5
```

此外，Python中的cmath模块包含了一些用于复数运算的函数。cmath模块的函数与math 模块的函数基本一致，区别在于cmath模块处理的是复数，而math模块处理的是实数。以下是一些cmath模块的例子：

```
>>>import cmath
>>>cmath.sqrt(-1)                #结果：1j
>>>cmath.sqrt(9)                 #结果：(3+0j)
>>>cmath.sin(1)                  #结果：(0.8414709848078965+0j)
>>>cmath.log10(100)              #结果：(2+0j)
```

以上示例展示了math和cmath模块在实际应用中的不同，前者主要用于实数运算，而后者用于处理复数运算。

4.6 课后实践

本章主要介绍了Python中函数与模块的基本概念和使用方法，涵盖了函数的定义与调用、参数传递、闭包与递归、内置函数以及模块的导入与自定义等内容。在函数部分，我们学习了如何通过def关键字定义函数并调用它，了解了Lambda表达式和多个返回值的处理。在参数传递中，讨论了位置参数、默认参数、关键字参数和可变长度参数的不同类型，以及形参与实参的区别和变量的作用域。关于闭包与递归，我们探讨了闭包的概念以及递归函数的定义和执行过程。在内置函数部分，介绍了数学运算、集合操作、字符串处理、反射和 I/O 函数等，这些函数显著提高了编程的简洁性和效率。最后，我们讲解了模块的使用，包括通过import语句导入模块、列举模块内容、自定义模块以及一些常用标准模块如time、calendar、datetime、random、math和cmath。

通过本章的学习，用户能够熟练掌握函数和模块的使用，为后续Python编程奠定坚实基础。下面的课后实践阶段，用户可以通过应用示例和思考练习进一步巩固所学的知识。

一、应用实例

【例4-34】编写"猜词语"游戏程序。

本例将利用函数实现一个"猜词语"的小游戏。游戏规则设定为三组队伍依次进行，每组队伍至少两人。根据程序给出的词语，一人负责比划，另一人则进行猜词。在比划的过程中，参与者可以使用肢体语言或口头语言传达信息，但口头语言不得直接使用与词语内容相关的词汇，只能进行描述性表达。每组队伍的游戏时间限制为1分钟，游戏结束后统计答对的题数，最终答对数量最多的队伍获胜。

分析：根据游戏规则，整个比赛共有三组队伍参与，每组队伍的游戏过程都是相同的。因此，可以将三组队伍看作是三次遍历循环的函数。在这个函数中，每次循环代表一组队伍的游戏开始与结束，游戏的开始和结束也可以视为另一个函数的调用。简单来说，我们可以将三组队伍视为函数A，而猜词语的游戏视为函数B，在函数A中调用函数B。

```python
import time

# 每组队伍的游戏过程
def guess(i):
    correct = 0
    start = time.time()
    for k in range(len(i)):
        # 显示词语
        print('第%d个词：%s' % (k + 1, i[k]))
        answer = input('请答题，答对请输入y，跳过请输入任意键')
        sec = time.time() - start  # 统计用时

        # 判断时间限制
        if 50 <= sec <= 60:
            print('还有10秒钟')
        if sec >= 60:
            print('时间到！游戏结束')
            break

        # 答对题目则累加1
        if answer == 'y':
            correct += 1
            continue
        else:
            continue
    return correct

# 主程序，定义游戏内容，然后调用team函数开始游戏
if __name__ == "__main__":
    guess_word = []
    guess_word.append(['娇媚', '金鸡独立', '狼吞虎咽', '鹤立鸡群', '手舞足蹈', '卓别林', '穿越火线'])
    guess_word.append(['扭秧歌', '偷看美女', '大摇大摆', '回眸一笑', '市场营销', '自恋', '处女座'])
    guess_word.append(['狗急跳墙', '捧腹大笑', '目不转睛', '愁眉苦脸', '暗恋', '臭袜子', '趁火打劫'])

    for words in guess_word:
        correct = guess(words)
        print('恭喜你，你答对了%d道题' % correct)
        print('----- 本组游戏结束 -----')
```

输出结果：

```
第1个词：娇媚
请答题，答对请输入y，跳过请输入任意键
第2个词：金鸡独立
请答题，答对请输入y，跳过请输入任意键
第3个词：狼吞虎咽
请答题，答对请输入y，跳过请输入任意键
第4个词：鹤立鸡群
请答题，答对请输入y，跳过请输入任意键
第5个词：手舞足蹈
请答题，答对请输入y，跳过请输入任意键
第6个词：卓别林
请答题，答对请输入y，跳过请输入任意键
第7个词：穿越火线
请答题，答对请输入y，跳过请输入任意键
恭喜你，你答对了7道题
----- 本组游戏结束 -----
第1个词：扭秧歌
请答题，答对请输入y，跳过请输入任意键
第2个词：偷看美女
……
请答题，答对请输入y，跳过请输入任意键
恭喜你，你答对了5道题
----- 本组游戏结束 -----
```

【例4-35】编写"洗牌"程序

分析：random模块中提供了shuffle()函数来实现洗牌功能。这使得扑克爱好者可以直接在网络环境中玩扑克牌游戏，例如桥牌竞技。需要注意的是，shuffle()函数仅适用于52张扑克牌的混洗，其中不包括大小王。

本例调用random模块中的shuffle()函数实现洗牌，并用4个列表来保存4手牌，每手13张扑克牌。

```python
import random
# 定义扑克牌的花色和点数
# Club(梅花)、Diamond(方块)、Heart(红桃)、Spade(黑桃)
# 2-10，J，Q，K，A
# 用列表表示一副扑克牌，字符串形式如"C7"表示梅花7
cards = [
    "C2", "C3", "C4", "C5", "C6", "C7", "C8", "C9", "C10", "CJ", "CQ", "CK", "CA",
    "D2", "D3", "D4", "D5", "D6", "D7", "D8", "D9", "D10", "DJ", "DQ", "DK", "DA",
    "H2", "H3", "H4", "H5", "H6", "H7", "H8", "H9", "H10", "HJ", "HQ", "HK", "HA",
    "S2", "S3", "S4", "S5", "S6", "S7", "S8", "S9", "S10", "SJ", "SQ", "SK", "SA"
```

```
]

# 调用shuffle()函数实现洗牌，即对列表cards中的元素进行随机排列
random.shuffle(cards)

# 初始化4手牌
pack1 = [ ]
pack2 = [ ]
pack3 = [ ]
pack4 = [ ]

# 循环13次，每次将列表cards中的4个元素添加至pack1、pack2、pack3和pack4中
for i in range(13):
    pack1.append(cards.pop())
    pack2.append(cards.pop())
    pack3.append(cards.pop())
    pack4.append(cards.pop())

# 以顺时针方向显示4手牌
print("东： ", end=" ")
for i in range(13):
    print(pack1[i], end=" ")
print("\n南： ", end=" ")
for i in range(13):
    print(pack2[i], end=" ")
print("\n西： ", end=" ")
for i in range(13):
    print(pack3[i], end=" ")
print("\n北： ", end=" ")
for i in range(13):
    print(pack4[i], end=" ")
```

输出结果：

```
东： C2 H3 S8 SA CK H10 H4 HK C4 S5 DQ C3 D10
南： S9 C9 S7 C6 H6 S4 HJ S2 CJ S6 C5 S3 DJ
西： H8 H9 D8 D6 H2 HQ H7 D2 D9 SJ DK SK D4
北： H5 C7 D5 CA HA D3 C8 DA C10 S10 SQ D7 CQ
```

二、思考练习

1. 编写Python函数，用于计算传入字符串中数字、字母、空格以及其他字符的个数。

2. 编写Python函数，判断用户传入的对象是否其长度大于5。

3. 编写Python函数，检查给定元素是否为空。

4. 编写Python函数，检查传入列表的长度。如果长度大于2，则保留前两个元素，并将新列表返回给调用方。

5. 如何访问模块提供的功能？

6. 如何查看模块的文档？

7. 什么类型的Python命令能放到模块中？

8. 编写两个函数，分别用于按单利和复利计算利息，根据本金、年利率和存款年限计算本息和及利息。调用这两个函数，计算1000元在银行存3年，年利率为6%的情况下，单利和复利所获得的本息和利息。单利计算指的是仅基于本金进行利息计算，也就是通常所说的"利滚利"。本题按单利计算本息和1000+1000×6%×3=1180元，其中利息为118元；按复利计算本息和1000×(1+6%)3=1191.016元，其中利息为191.016元。

9. 编写一个函数，用于判断一个数是否为素数。调用该函数以判断从键盘输入的数是否为素数。素数(质数)是指只能被1和它本身整除的数。

第 5 章

Python 文件操作

在程序运行时，数据保存在内存中的变量里。然而，这些数据在程序结束或计算机关机后会消失。如果希望在下次开机运行程序时仍能使用相同的数据，就需要将数据存储在非易失性存储介质中，例如硬盘、光盘或U盘。非易失性存储介质上的数据以存储路径命名的文件形式保留。通过读写文件，程序可以在运行时保存数据。本章将学习如何使用Python在磁盘上创建、读取、写入和关闭文件。本章将重点介绍基本的文件操作函数，更多函数请参考Python标准文档。

5.1　文件的访问

对文件的访问是指对文件进行读写操作。使用文件的方式与日常生活中使用记事本非常相似。当我们使用记事本时，首先需要打开它，使用完后再关闭。打开记事本后，我们既可以读取信息，也可以向其中写入内容。在这两种情况下，我们都需要知道从哪里进行读写操作。在记事本中，我们可以逐页从头到尾地阅读，也可以直接跳转到需要的地方。

在Python中，对文件的操作通常按照以下3个步骤进行。

(1) 使用open()函数打开(或创建)文件，并返回一个file对象。

(2) 使用file对象的读写方法对文件进行读写操作。其中，从外存传输数据到内存的过程称为读操作，而从内存传输数据到外存的过程称为写操作。

(3) 使用file对象的close()方法关闭文件。

5.1.1　打开文件

在Python中要访问文件，必须建立Python Shell与磁盘上文件之间的连接。当使用open()函数打开或创建文件时，会建立程序与文件之间的连接，并返回一个表示该连接的文件对象。通过文件对象，可以在文件所在的磁盘与程序之间传递文件内容，执行后续的所有文件操作。文件对象有时也被称为文件描述符或文件流。

一旦建立了Python程序与文件之间的连接，就会形成"流"数据，如图 5-1所示。通常，程序使用输入流来读取数据，使用输出流来写入数据，就像数据流入程序并从程序中流出一样。只有在打开文件后，才能读取或写入(或同时进行读写)文件内容。

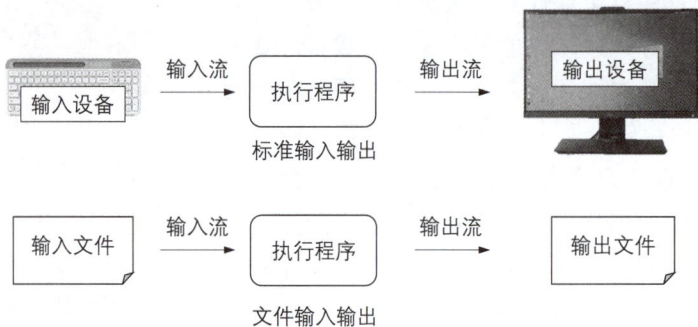

图 5-1　输入 / 输出流

open()函数用于打开文件，该函数需要一个字符串路径，以指定要打开的文件，并返回一个文件对象。其语法如下：

```
fileobj = open(filename[, mode[, buffering]])
```

其中，fileobj是open()函数返回的文件对象。参数filename是必填项，可以是绝对路径或相对路径。模式(mode)和缓冲(buffering)是可选参数。

mode参数用于指定文件的类型和操作，常用的取值见表 5-1。

表5-1　open函数中mode参数的常用值

值	说　　明
'r'	读模式。如果文件不存在，则会引发异常
'w'	写模式。如果文件不存在，则会创建新文件并打开；如果文件存在，则会清空文件内容后再打开
'a'	追加模式。如果文件不存在，则会创建新文件并打开；如果文件存在，则在打开时将新内容追加到原有内容之后
'b'	二进制模式，可与其他模式结合使用
'x'	排他性创建模式，如果文件已存在则会引发异常
't'	文本模式(默认模式)，可与其他模式结合使用

需要说明以下几点：

(1) 当mode参数省略时，默认会使用 'r'，即可以获得一个能够读取文件内容的文件对象。

(2) '+' 参数表示同时允许读和写，可以与其他模式结合使用。例如，使用 'r+' 可以打开一个文本文件进行读写操作。

(3) 'b' 参数改变了文件的处理方式。通常情况下，Python默认处理的是文本文件。若要处理二进制文件(如音频文件或图像文件)，则需要在模式参数中添加'b'。例如，可以使用'rb'来读取一个二进制文件。

open()函数的第三个参数buffering控制文件的缓冲行为。当该参数取值为0或False时，输入/输出(I/O)操作将是无缓冲的，这意味着所有的读写操作都直接针对硬盘。当参数取值为1或True时，I/O操作将使用缓冲，此时Python会将数据先写入内存，从而提高程序的运行速度，只有在调用flush或close时，数据才会被写入硬盘。当参数值大于1时，表示缓冲区的大小，以字节为单位；如果为负数，则会使用默认的缓冲区大小。

下面是一个使用open()函数的示例：

首先，使用记事本创建一个名为hello.txt的文本文件，输入以下内容并保存在Python文件夹中：

```
Hello!
Jiangsu Nanjing
```

在交互式环境中，输入以下代码：

```
>>>helloFile = open("D:\\python\\hello.txt")
```

这条命令将以读取模式打开位于D盘Python文件夹下的heho.txt文件。"读模式"是Python打开文件的默认模式。在以读模式打开文件时，只能从文件中读取数据，而无法向文件写入或修改数据。

调用open()函数后将返回一个文件对象，在本例中该文件对象被保存在helloFile变量中。

```
print(helloFile)
<_io.TextIOWrapper name='D:\\python\\hello.txt' mode='r' encoding='cp936'>
```

在打开文件对象时，可以看到文件名、读写模式和编码格式。cp936指的是Windows系统中的第936号编码格式，即GB2312编码。接下来，可以使用helloFile文件对象的方法来读取文件中的数据。

5.1.2 读取文本文件

可以使用文件对象的多种方法来读取文件内容。

1. read() 方法

不带参数的read()方法会将整个文件的内容读取为一个字符串。read()方法一次性读取文件的全部内容，因此其性能会随着文件大小的增加而变化。例如，读取一个1GB的文件时，程序需要使用同样大小的内存。

【例5-1】调用read()方法读取hello.txt文件中的内容。

```
helloFile = open("D:\\python\\hello.txt")
fileContent = helloFile.read()
helloFile.close()
print(fileContent)
```

以上代码的执行结果为：

```
Hello!
Jiangsu Nanjing
```

也可以通过设置最大读取字符数来限制read()函数一次返回的内容大小。

【例5-2】设置参数一次读取3个字符。

```
helloFile = open("D:\\python\\hello.txt")
fileContent = ""
while True:
    fragment = helloFile.read(3)
    if fragment == "":                          # 或者可以使用if not fragment
        break
    fileContent += fragment
helloFile.close()
print(fileContent)
```

在以上示例中，read(3)每次读取3个字符，直到文件结尾。当read()方法读取到文件末尾时，它会返回一个空字符串，此时fragment == "" 成立，从而退出循环。

2. readline() 方法

readline()方法用于从文件中读取一行字符串，每个字符串对应于文件中的一行。

【例5-3】调用readline()方法读取hello.txt文件的内容。

```
helloFile = open("D:\\python\\hello.txt")
fileContent = ""
while True:
    line = helloFile.readline()
    if line == "":                          # 或者可以使用if not line
        break
    fileContent += line
helloFile.close()
print(fileContent)
```

在以上示例中，readline()方法每次读取文件中的一行，直到读取到文件结尾。当readline()方法到达文件末尾时，它会返回一个空字符串，此时line == "" 成立，从而跳出循环。

3. readlines() 方法

readlines()方法用于读取文件内容，并返回一个字符串列表，其中每一项对应文件中的一行字符串。

【例5-4】使用readlines()方法读取文件内容。

```
helloFile = open("d:\\python\\hello.txt")
fileContent = helloFile.readlines()
helloFile.close()
print(fileContent)
for line in fileContent:                    #输出列表中的每一行
    print(line)
```

readlines()方法还可以接受参数，以指定一次读取的字符数。

5.1.3　写文本文件

写文件的过程与读文件相似，首先需要创建文件对象进行连接。不同之处在于，打开文件时需要选择"写"模式或"添加"模式。如果文件不存在，则会自动创建该文件。

在写文件时，不能读取数据。使用w模式打开已有文件时，会覆盖原有内容，从头开始写入，就像用新值替代变量的值。例如：

```
>>>helloFile = open("d:\\python\\hello.txt", "w")
```

在写模式下打开已有文件时，原有内容将被覆盖。

如果尝试在写模式下读取文件，如下所示：

```
>>>fileContent = helloFile.read()           # 这行代码会引发错误，因为文件未以读取模式打开
```

将会引发错误，错误信息如下：

```
Traceback (most recent call last):
  File"<stdin>", line 1, in <module>
IOError: File not open for reading
```

在完成文件操作后，记得关闭文件：

```
>>>helloFile.close()
```

如果之后再次以读取模式打开同一文件：

```
>>>helloFile = open("d:\\python\\hello.txt", "r")
>>>fileContent = helloFile.read()
>>>len(fileContent)                              # 输出文件内容长度
0
>>>helloFile.close()
```

此时，读取的内容长度将为0，因为文件在写模式下被打开时，其内容已被清空。

1. write()方法

write()方法用于将字符串参数写入文件。

【例5-5】使用write()方法写入文件。

```
helloFile = open("d:\\python\\hello.txt", "w")
helloFile.write("First line.\nSecond line.\n")
helloFile.close()
helloFile = open("d:\\python\\hello.txt", "a")
helloFile.write("third line.")
helloFile.close()
helloFile = open("d:\\python\\hello.txt")
fileContent = helloFile.read()
helloFile.close()
print(fileContent)
```

以上代码的执行结果为：

```
First line.
Second line.
third line.
```

当以写模式打开文件hello.txt时，原有内容将被覆盖。通过调用write()方法将字符串参数写入文件，其中\n表示换行符。关闭文件后，再次以添加模式打开hello.txt，使用write()方法写入的字符串third line.将被添加到文件末尾。最终以读模式打开文件后，读取到的内容共有三行字符串。

需要注意的是，write方法不会自动在字符串末尾添加换行符，需要手动添加 "\n"。

【例5-6】自定义函数copy_file，用于实现文件复制功能。

copy_file函数需要两个参数：源文件oldfile和目标文件newfile。该函数将以读模式打开源文件，以写模式打开目标文件，然后从源文件中一次读取50个字符并写入目标文件。当读取到文件末尾时，条件 fileContent == "" 成立，循环将退出并关闭两个文件。

```python
def copy_file(oldfile, newfile):
    oldFile = open(oldfile, "r")
    newFile = open(newfile, "w")
    while True:
        fileContent = oldFile.read(50)
        if fileContent == "":              # 读到文件末尾时
            break
        newFile.write(fileContent)
    oldFile.close()
    newFile.close()
    return
copy_file("d:\\python\\hello.txt", "d:\\python\\hello2.txt")
```

2. writelines()方法

Writelines(sequence)方法向文件写入一个序列字符串列表，如果需要换行，则要自己加入每行的换行符。

5.1.4 文件内移动

无论是读取还是写入文件，Python都会跟踪文件中的读/写位置。默认情况下，文件的读/写操作都是从文件的开头开始的。Python提供了控制文件读/写起始位置的方法，使我们能够改变这些操作发生的位置。

当使用open()函数打开文件时，Python在内存中创建一个缓冲区，将磁盘上的文件内容复制到该缓冲区。一旦文件内容被复制到文件对象的缓冲区，文件对象就将缓冲区视为一个大的列表，其中每个元素都有自己的索引，并且文件对象按字节对缓冲区进行索引计数。同时，文件对象还维护当前的读/写位置，即当前操作发生的位置，如图5-2所示。许多方法隐式地使用当前位置，例如，当调用readline()方法后，文件当前位置会移动到下一个换行符的位置。

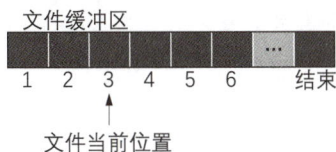

文件缓冲区

```
| 1 | 2 | 3 | 4 | 5 | 6 | ... | 结束 |
              ↑
         文件当前位置
```

图 5-2 文件当前位置

Python使用一些函数来跟踪文件的当前位置。tell()函数可以计算当前文件位置与起始位置之间的字节偏移量。

```
>>>exampleFile = open("d:\\python\\hello.txt", "w")
>>>exampleFile.write("0123456789")
10
```

```
>>>exampleFile.close()
>>>exampleFile = open("d:\\python\\hello.txt")
>>>print(exampleFile.read(2))
01                                              # 输出: 01
print(exampleFile.read(2))
23                                              # 输出: 23
print(exampleFile.tell())
4                                               # 输出: 4
exampleFile.close()
```

在以上示例中，exampleFile.tell()返回的整数4表示当前文件位置与起始位置之间有4字节的偏移量，因为已经从文件中读取了4个字符。

seek()函数用于设置新的文件当前位置，允许在文件中跳转，实现随机访问。seek()函数接受两个参数：第一个参数是字节数，第二个参数是引用点。seek()函数将文件当前指针从引用点移动指定的字节数。其语法如下：

```
seek(offset[, whence])
```

其中，offset是一个字节数，表示偏移量。whence是引用点，可以取以下三个值：

- ○ 0：文件开始处(默认值)，意味着使用文件的起始位置作为基准，此时偏移量必须非负。
- ○ 1：当前位置，表示使用当前文件位置作为基准，此时偏移量可以为负值。
- ○ 2：文件结尾处，表示以文件的末尾作为基准位置。

【例5-7】 使用seek()函数在指定位置写入文件。

```
exampleFile = open("d:\\python\\hello.txt", "w")
exampleFile.write("0123456789")
exampleFile.seek(3)
exampleFile.write("ZUT")
exampleFile.close()
exampleFile = open("d:\\python\\hello.txt")
s = exampleFile.read()
print(s)
exampleFile.close()
```

以上代码的执行结果为：

```
012ZUT6789
```

需要注意的是，如果以追加模式'a'打开文件，则不能使用seek()函数进行位置定向。在这种情况下，可以使用'a+'模式打开文件，这样就可以使用seek()函数进行定位。

5.1.5 文件的关闭

用户应该始终记得使用close方法关闭文件。关闭文件是解除程序与文件之间连接的过程，并且在此过程中，缓冲区中的所有内容将被写入磁盘。因此，必须在文件使用完毕后关闭它，以确保信息不会丢失。

为了确保文件关闭，可以使用try/finally语句，在finally子句中调用close方法：

```
helloFile = open("d:\\python\\hello.txt", "w")
try:
    helloFile.write("Hello, Sunny Day!")
finally:
    helloFile.close()
```

此外，也可以使用with语句来自动关闭文件：

```
with open("d:\\python\\hello.txt") as helloFile:
    s = helloFile.read()
    print(s)
```

使用with语句时，文件会被打开并赋值给文件对象，之后可以对文件进行操作。文件将在语句结束后自动关闭，即使是因异常导致的结束也是如此。这种方法更加安全和简洁。

5.1.6　二进制文件的读/写

Python并没有专门的二进制类型，但可以使用字符串(string)类型来存储二进制数据，因为字符串是以字节为单位存储的。

1. 数据转换为字节串

pack()方法可以将数据转换为字节串。其格式为：

```
pack(format_string, data)
```

在格式化字符串中，可以使用的格式字符详见表5-1。以下是一个示例：

```
import struct
a = 20
bytes_data = struct.pack('i', a)            # 将a转换为字节串
print(bytes_data)
```

输出结果为：

```
b'\x14\x00\x00\x00'
```

在以上例子中，bytes_data就是一个字节串，内容与整数a的二进制表示相同。结果中的\x表示后面的数字是十六进制数，20的十六进制表示为14。

如果要打包多个数据，可以按照以下方式进行：

```
a = 'hello'
b = 'World!'
c = 2
d = 45.123
bytes_data = struct.pack('5s6sif', a.encode('utf-8'), b.encode('utf-8'), c, d)
```

这里'5s6sif'是格式化字符串，由数字和字符组成。具体含义如下：

- 5s表示一个宽度为5个字符的字符串。
- 6s表示一个宽度为6个字符的字符串。
- i 表示一个整数。
- f 表示一个浮点数。

表5-2所示是可用的格式字符及其在C语言和Python中对应的类型。

表5-2　格式字符及其在C语言和Python中对应的类型

格 式 字 符	C语言的类型	Python的类型	字 节 数
c	char	string of length 1	1
b	signed char	integer	1
B	unsigned char	integer	1
?	_Bool	bool	1
h	short	integer	2
H	unsigned short	integer	2
i	int	integer	4
I	unsigned int	integer or long	4
l	long	integer	4
L	unsigned long	long	4
q	long long	long	8
Q	unsigned long long	long	8
f	float	float	4
d	double	float	8
s	char[ ]	string	1
p	char[ ]	string	1
P	void*	long	与 OS 相关

```python
bytes_data = struct.pack('5s6sif', a.encode('utf-8'), b.encode('utf-8'), c, d)
```

此时的bytes_data就是以二进制形式表示的数据，可以直接写入文件。例如：

```python
binfile = open("d:\\python\\hellobin.txt", "wb")
binfile.write(bytes_data)
binfile.close()
```

2. 字节串还原为数据

unpack()方法可以将字节串还原为相应的数据类型。例如：

```
bytes_data = struct.pack('i', 20)              # 将整数20转换为字节串
```

进行反操作，将现有的二进制数据bytes(实际上是一个字节串)转换回Python的数据类型：

```
a, = struct.unpack('i', bytes)
```

需要注意的是，unpack方法返回的是一个元组(tuple)。因此，如果只有一个变量接收解包的结果，可以使用以下方式：

```
bytes_data = struct.pack('i', a)
```

在解码时，可以这样写：

```
a, = struct.unpack('i', bytes)
```

或者使用括号将结果解包为单个变量：

```
(a,) = struct.unpack('i', bytes)
```

如果直接用a = struct.unpack('i', bytes)，那么a = (20,)，是一个tuple而不是原来的整数。例如，以下是一个从文件(d:\\python\\hellobin.txt)中读取数据并显示的示例：

```
import struct
binfile=open("d:\\python\\hellobin.txt","rb")
bytes=binfile.read()
(a,b,c,d)=struct.unpack('5s6sif',bytes)          # 通过struct.unpack()解码成Pythopn变量
t=struct.unpack('5s6sif',bytes)                  # 通过struct.unpack()解码成元组
print(t)
```

读取结果为：

```
(b'hello', b'world!', 2, 45.12300109863281)
```

5.2 文件夹操作

文件具有两个关键属性：路径和文件名。路径指示文件在磁盘上的位置。例如，Python的安装路径是D:\Python，在这个文件夹中可以找到python.exe文件，运行该文件可以打开Python的交互界面。文件名中圆点后面的部分称为扩展名(或后缀)，它指明了文件的类型。

路径中的D:\被称为"根文件夹"，它包含了该分区内的所有其他文件和文件夹。文件夹可以包含文件和其他子文件夹。例如，Python是D盘下的一个文件夹，其中包含了python.exe文件。

5.2.1 当前工作目录

每个在计算机上运行的程序都有一个"当前工作目录"。所有没有从根文件夹开始的文件名或路径都假定是在当前工作目录下。在交互式环境中，可以输入以下代码：

```
>>>import os
>>>os.getcwd()
```

运行结果为：

```
'D:\\Python'
```

在Python的GUI环境中运行时，当前工作目录是D:\Python。需要注意的是，路径中多出的一个反斜杠是Python的转义字符。

5.2.2 目录操作

在大多数操作系统中，文件被存储在多级目录(文件夹)结构中，这些文件和目录合称为文件系统。Python的标准os模块可以用来处理文件和目录。

1. 创建新目录

程序可以使用os.makedirs()函数创建新目录。在交互式环境中输入以下代码：

```
>>>import os
>>>os.makedirs("d:\\python\\ch5files")
```

此操作将在D盘下创建python文件夹及其子文件夹ch5files。这意味着路径中所有必需的文件夹都会被自动创建。

2. 删除目录

当目录不再使用时，可以使用rmdir()函数来删除目录，例如：

```
>>>import os
>>>os.rmdir("d:\\python\\ch5files")
```

在执行此操作时，可能会出现错误提示：WindowsError: [Error 145]: 'd:\\python\\ch5files'。这是因为rmdir()函数在删除文件夹时要求该文件夹内不包含任何文件或子文件夹，也就是说，os.rmdir()函数只能删除空文件夹。

```
>>>os.rmdir("d:\\python\\ch5files")
>>>os.rmdir("d:\\python")
>>>os.path.exists("d:\\python")              #运行结果为False
```

Python的os.path模块包含许多与文件名和文件路径相关的函数。在上述示例中，我们使用了os.path.exists()函数来判断文件夹是否存在。需要注意的是，os.path是os模块的一个子模块，因此只需执行import os即可导入它。

3. 列出目录内容

通过使用os.listdir()函数，可以获取指定路径下所有文件和文件夹的名称列表。以下是具体操作步骤。

(1) 使用os.mkdir()函数创建一个新的目录：

```
>>>os.mkdir("d:\\python1\\ch5files")
```

(2) 调用os.listdir()函数来查看d:\python1路径下的目录内容：

```
>>>os.listdir("d:\\python1")
```

此时，由于ch5files文件夹是新创建的且为空，所以返回的列表是空的。之后，创建一个名为data1.txt的文件，并写入一些数据：

```
>>>dataFile = open("d:\\python1\\data1.txt", "w")
>>>for n in range(26):
    dataFile.write(chr(n + 65))
>>>dataFile.close()
```

(3) 最后，再次调用os.listdir()函数来查看更新后的目录内容：

```
>>>os.listdir("d:\\python1")
```

执行上述代码后，返回的列表中包含了子文件夹ch5files和文件data1.txt的名称。

```
['ch5files', 'data1.txt']
```

以上步骤在创建python1文件夹时，该文件夹是空的，因此返回一个空列表。随着在文件夹下创建子文件夹ch5files和文件data1.txt，再次调用os.listdir()将返回包含这两个新创建项目的列表。

4. 修改当前目录

通过os.chdir()函数，可以轻松地改变当前的工作目录。以下是具体的操作步骤。

(1) 使用os.chdir()函数将当前工作目录更改为d:\python1：

```
os.chdir("d:\\python1")
```

(2) 调用os.listdir()函数列出当前工作目录的内容：

```
os.listdir(".")          #.代表当前工作目录
```

执行上述代码后，将返回：

```
['ch5files', 'data1.txt']
```

5. 查找匹配文件或文件夹

使用glob()函数可以查找匹配特定模式的文件或文件夹。glob()函数使用类似Unix shell的规则进行匹配。表5-3所示为glob()函数中使用的匹配规则。

表5-3　glob()函数使用的匹配规则

符　号	描　　述
*	匹配任意数量的任意字符
?	匹配单个任意字符
[字符列表]	匹配字符列表中的任一字符
[!字符列表]	匹配不在字符列表中的任意字符

以下是使用glob()函数的示例：

```
import glob
glob.glob("d*")              # 查找以'd'开头的文件或文件夹
glob.glob("d????")           # 查找以'd'开头且总长度为 5 个字符的文件或文件夹
glob.glob("[abcd]*")         # 查找以'abcd'中任一字符开头的文件或文件夹
glob.glob("[!abd]*")         # 查找不以'a'、'b'或'd'中任一字符开头的文件或文件夹
```

5.2.3　文件操作

os.path模块主要用于获取文件的属性，在编程中非常常用。

1. 获取路径和文件名

○　os.path.dirname(path)：返回path参数中的路径名称字符串。

○　os.path.basename(path)：返回path参数中的文件名。

○　os.path.split(path)：返回path参数的路径名称和文件名组成的字符串元组。

例如，有一个文件路径helloFilePath：

```
>>>helloFilePath = " d:\\python\\ch5files\\hello.txt "
```

使用os.path.dirname获取路径：

```
>>>os.path.dirname(helloFilePath)
```

输出结果为：

```
'd:\\python\\ch5files'
```

使用os.path.basename获取文件名：

```
>>>os.path.basename(helloFilePath)
```

输出结果为：

```
'hello.txt'
```

使用os.path.split同时获取路径和文件名：

```
>>>os.path.split(helloFilePath)
```

输出结果为：

```
('d:\\python\\ch5files', 'hello.txt')
```

如果希望获得路径中每一个文件夹的名字，可以使用字符串方法split()，通过os.path.sep对路径进行正确的分隔。这样可以方便地访问路径中的各个部分。

2. 检查路径的有效性

在Python中，如果尝试操作一个不存在的路径，许多函数可能会导致程序崩溃或报错。为了解决这个问题，os.path模块提供了一些函数来帮助检查路径是否存在。

- ○ os.path.exists(path)：此函数用于检查指定的path是否存在。如果文件或文件夹存在，则返回True；否则返回False。
- ○ os.path.isfile(path)：此函数用于判断指定的path是否存在，并且是一个文件。如果条件满足，则返回True；否则返回False。
- ○ os.path.isdir(path)：此函数用于判断指定的path是否存在，并且是一个目录。如果条件满足，则返回True；否则返回False。

3. 查看文件大小

os.path模块中的os.path.getsize()函数能够让我们查看文件的大小。结合之前提到的os.path.listdir()函数，我们可以有效地统计一个文件夹的总大小。

具体来说，os.path.getsize(path)函数返回指定path的文件大小，单位是字节。通过遍历文件夹中的所有文件，并使用os.path.getsize()获取每个文件的大小，我们可以累加这些值来得到整个文件夹的大小。这种方法为我们提供了一个便捷的途径来监控和管理磁盘空间使用情况。

【例5-8】统计d:\python文件夹下所有文件的大小。

```
import os
totalSize = 0                    # 初始化总大小变量
os.chdir("d:\\python")           # 切换到目标文件夹
for fileName in os.listdir(os.getcwd()):        # 遍历当前工作目录中的所有文件
    totalSize += os.path.getsize(fileName)      # 累加每个文件的大小
print(totalSize)                 # 打印总大小
```

4. 重命名文件

os.rename()函数能够用于重命名文件或文件夹。

```
os.rename("d:\\python\\hello.txt", "d:\\python\\helloworld.txt")
```

5. 复制文件和文件夹

shutil模块提供了一组强大的函数，用于复制、移动、重命名和删除文件及文件夹，这在文件备份等操作中非常有用。

- ○ shutil.copy(source, destination)：用于复制单个文件。

○ shutil.copytree(source, destination)：用于复制整个文件夹，包括其内的所有文件和子文件夹。

例如，要将d:\python文件夹复制为新的d:\python-backup文件夹，可以使用以下代码：

```
import shutil
shutil.copytree("d:\\python", "d:\\python-backup")          # 复制整个文件夹
for fileName in os.listdir("d:\\python-backup"):            # 列出复制后的文件夹中的文件名
    print(fileName)
```

在使用这些函数之前，需要先导入shutil模块。shutil.copytree()函数能够复制包括子文件夹在内的所有文件夹内容。

例如，以下代码将一个文件复制到新备份文件夹中：

```
shutil.copy("d:\\python1\\data1.txt", "d:\\python-backup")
shutil.copy("d:\\python1\\data1.txt", "d:\\python-backup\\data-backup.txt")
```

在shutil.copy()函数中，第二个参数destination可以是一个文件夹，表示将文件复制到该新文件夹中；也可以是包含新文件名的路径，表示在复制的同时重命名文件。

6. 移动和重命名文件和文件夹

shutil.move(source, destination)函数用于移动文件或文件夹，其用法与shutil.copy()函数类似。参数destination可以是一个包含新文件名的路径，也可以仅是一个文件夹。

以下是使用shutil.move()函数的两个示例：

```
shutil.move("d:\\python1\\data1.txt", "d:\\python1\\ch5files")
shutil.move("d:\\python1\\data1.txt", "d:\\python1\\ch5files\\data2.txt")
```

需要注意的是，无论是使用shutil.copy()函数还是shutil.move()函数，提供的路径参数必须有效，否则Python会抛出错误。

此外，如果目标路径中已存在与指定新文件名相同的文件，那么该文件将被覆盖。因此，在使用shutil.move()函数时应该格外小心，以避免意外覆盖重要文件。

7. 删除文件和文件夹

os模块和shutil模块都提供了用于删除文件或文件夹的函数。

os.remove(path)/os.unlink(path)：用于删除指定路径的文件。例如：

```
os.remove("d:\\python-backup\\data-backup.txt")
os.path.exists("d:\\python-backup\\data-backup.txt")        # 返回False
```

os.rmdir(path)：如前所述，os.rmdir()函数只能删除空文件夹。

shutil.rmtree(path)：该函数用于删除整个文件夹，包括其中的所有文件及子文件夹。例如：

```
shutil.rmtree("d:\\python1")
os.path.exists("d:\\python1")                               # 返回False
```

这些函数会从硬盘中彻底删除文件或文件夹，且删除操作不可恢复，因此在执行删除操作时应特别谨慎，以避免意外丢失重要数据。

8. 遍历目录树

要处理文件夹及其子文件夹中的所有文件，可以使用os.walk()函数。该函数将返回指定路径下所有文件和子目录的信息元组。

【例5-9】演示显示"d:\技术资料"文件夹下的所有文件及子目录。

```
import os
list_dirs = os.walk("d:\\技术资料")                    # 返回一个元组
print(list(list_dirs))
for folderName, subFolders, fileNames in os.walk("d:\\技术资料"):
    print("当前目录: " + folderName)
    for subFolder in subFolders:
        print(folderName + "的子目录是-- " + subFolder)
    for fileName in fileNames:
        print(folderName + "的文件是-- " + fileName)
```

在以上代码示例中，os.walk()会遍历指定目录及其所有子目录，输出当前目录、子目录和文件的名称。

5.3　课后实践

本章主要介绍了如何利用Python进行文本文件的操作，具体内容包括：

(1) 文本对象的打开与关闭。使用open()函数可以创建新的文本文件或打开已有文本文件。使用文本对象的方法close()可以将缓存的文本数据存储到磁盘中，并关闭文本对象。

(2) 文本对象的几种模式：基本的模式包括r(读模式)、w(写模式)和a(追加模式)。这三种模式可以与+和b结合使用，从而实现额外的文本对象功能。

(3) 文本对象的常用方法与属性。

(4) 如何读取文本对象中的数据。可以使用read()、readline()和readlines()等方法读取文本数据：read()方法可以读取指定字节的字符；readline()方法可以逐行读取文本数据；readlines()方法以文本中的每行字符作为元素构建一个列表。

(5) 如何向文本对象写入数据。可以使用write()和writelines()方法写入文本数据；write()方法用于写入目标字符串；writelines()方法用于写入由字符串构成的列表。

(6) 几种典型的文件和文件夹操作。本章最后介绍了文件夹操作的几种典型应用，包括创建新目录、删除目录、列出目录内容、修改当前目录、查找匹配文件或文件夹、获取路径和文件名、检查路径的有效性、查看文件大小、重命名文件、复制文件和文件夹、移动和重命名文件和文件夹、删除文件和文件夹、遍历目录树等。

下面用户可以通过完成一些练习复习并巩固所学的知识。

一、应用实例

【例5-10】 生成随机数，并将结果写入文本文件。

分析：使用random模块中的randint()方法生成1～122的随机数，以产生对应字符的ASCII码。程序将逐一将满足以下条件的字符(包括大写字母、小写字母、数字以及一些特殊符号如\n、\r、*、&、^和$)写入文本文件d:\test.txt 中，直到写入的字符数量达到10001个时停止。

```python
import random
# 打开文件 test.txt，使用写入模式
f = open('test.txt', 'w')
while True:
    # 生成1到122之间的随机数
    i = random.randint(1, 122)
    # 将随机数转换为字符
    x = chr(i)
    # 检查字符是否符合条件
    if x.isupper() or x.islower() or x.isdigit() or x in ['\n', '\r', '*', '&', '^', '$']:
        f.write(x)                              # 写入字符
        # 检查当前文件的长度是否超过10000
        if f.tell() > 10000:
            break                               # 达到条件后退出循环
# 关闭文件
f.close()
```

【例5-11】 逐个字节输出例5-10生成的test.txt文件的前50个字节和后100个字节字符。

分析：可以使用read(100)方法直接读取文件的前50个字节字符。使用seek(-100, 2)方法将文件指针移动到文件的最后100个字节位置，然后使用read(100)方法读取最后100个字节字符。

```python
with open('d:/test.txt', 'rb') as f:            # 使用'rb'以字节模式打开文件
    # 读取前 100 个字节的字符
    a = f.read(50)
    # 将文件指针移动到最后100个字节的位置
    f.seek(0, 2)                                 # 移动到文件末尾
    file_size = f.tell()                         # 获取文件大小
    if file_size < 100:
        f.seek(0)                                # 如果文件小于100字节，则从文件开头读取
    else:
        f.seek(-100, 2)                          # 否则移动到倒数100字节
    # 读取最后100个字节的字符
    b = f.read(100)
# 输出读取的内容
print(a)
print(b)
```

输出结果：

```
b'X&O&BAaYbY^zo^sJ1MHP4DyTD1a9qF8eQWQAcroutIsaFo6rSo'
b'Kf^t\rmibGeVRHEGfeyZ$I$SkH2MQpe^e4fDnU&EXlJQof0NhhfyGJRLMGavQ\r\nnBjQg\r\rx3XNU
fRMNcR3c9NUNsKVHcII742kjYJ'
```

【例5-12】逐行输出test.txt文件的所有字符。

分析：有多种方法可以实现逐行输出文件内容，例如使用readlines()方法生成一个列表，或者直接迭代文件对象。本例将给出4种实现方法。

方法1：

```
f = open('d:/test.txt', 'r')
a_list = f.readlines()              # 读取所有行并生成列表
for x in a_list:
    print(x)
f.close()
```

方法2：

```
f = open('d:/test.txt', 'r')
for x in f:
    print(x)                        # 直接打印每一行
f.close()
```

方法3：

```
f = open('d:/test.txt', 'r')
for x in f.xreadlines():            # 在Python 3.x中使用xreadlines()
    print(x)
f.close()
```

方法4：

```
f = open('d:/test.txt', 'r')
while True:
    line = f.readline()            # 逐行读取
    if not line:                   # 如果没有更多行，退出循环
        break
    else:
        print(line)
f.close()
```

【例5-13】复制test.txt文件中的文本数据，生成一个新的文本文件

分析：要复制文本文件的内容，可以以读模式打开源文件，将所有字符读取到一个变量中，然后以写模式新建一个文件，将内容写入该文件。另一种方法是逐行或逐字节地读取源文件并写入新文件。

```
f = open('d:/test.txt', 'r')              # 以读模式打开源文件
g = open('d:/test_1.txt', 'w')            # 以写模式新建目标文件
a = f.read()                              # 读取源文件的所有内容
g.write(a)                                # 将内容写入目标文件
f.close()                                 # 关闭源文件
g.close()                                 # 关闭目标文件
```

【例5-14】 统计test.txt文件中大写字母、小写字母和数字出现的频率

分析：可以使用字符串对象的内置方法isupper()、islower()和isdigit()来判断字符的类别。另一种方法是直接检查字符是否在大写字母、小写字母和数字的对应范围内。

```
f = open('d:/test.txt', 'r')              # 以读模式打开文件
u, i, d = 0, 0, 0                         # 初始化大写字母、小写字母和数字计数器
while True:
    a = f.read(1)                         # 逐个字符读取文件
    if not a:                             # 如果没有更多字符，退出循环
        break
    if a.isupper():                       # 判断是否为大写字母
        u += 1
    elif a.islower():                     # 判断是否为小写字母
        i += 1
    elif a.isdigit():                     # 判断是否为数字
d += 1
f.close()                                 # 关闭文件
print('大写字母有%d个，小写字母有%d个，数字有%d个' % (u, i, d))
```

输出结果：

```
大写字母有3712个，小写字母有3798个，数字有1504个
```

【例5-15】 将test.txt文件中所有小写字母转换为大写字母，并保存至文件test_copy.txt中。

分析：首先，以写模式创建一个空文本文件test_copy.txt，然后以读模式打开文本文件test.txt。接着，创建一个字符串变量temp用于保存转换后的字符串。与例5-14类似，判断字符是否属于小写字母，如果是，则使用字符串对象的upper()方法转换为大写字母。

```
f = open('d:/test.txt', 'r')              # 以读模式打开原始文件
    g = open('d:/test_copy.txt', 'w')     # 以写模式创建新文件
    temp = ''                             # temp用于保存新文件的字符串
    while True:
        a = f.read(1)                     # 逐个字符读取文件
        if not a:                         # 如果没有更多字符，退出循环
            break
        if a.islower():                   # 如果是小写字母
            b = a.upper()                 # 转换为大写字母
```

```
        temp += b                            # 附加到temp
    else:
        temp += a                            # 如果不是小写字母，直接附加到temp
    g.write(temp)                            # 将转换后的内容写入新文件
    f.close()                                # 关闭原始文件
    g.close()                                # 关闭新文件
```

【例5-16】批量更改文件名。

分析：本程序的功能是对指定目录下的所有文件(包括子目录中的文件)进行处理，将所有符合特定后缀的文件按照指定的命名方式进行重命名。

(1) 遍历目录中的文件；

(2) 获取文件后缀名；

(3) 递归遍历子目录中的文件。

```python
# -*- coding: UTF-8 -*-
import os
import time
# 批量文件重命名
def batch_rename(path):
    global img_num
    if not os.path.isdir(path) and not os.path.isfile(path):
        return False
    if os.path.isfile(path):
        # 分割出目录与文件名
        file_path = os.path.split(path)
        # 分割出文件名与文件扩展名
        lists = file_path[1].split('.')
        # 检查文件是否有扩展名
        if len(lists) < 2:
            return                           # 没有扩展名，直接返回
        # 取出后缀名，转换为小写
        file_ext = lists[-1].lower()
        img_ext = ['bmp', 'jpeg', 'gif', 'psd', 'png', 'jpg']
        # 如果文件后缀在指定的后缀列表中，则进行重命名
        if file_ext in img_ext:
            new_name = os.path.join(file_path[0], lists[0] + '_cn.' + file_ext)
            if not os.path.exists(new_name):             # 检查目标文件是否存在
                os.rename(path, new_name)
                img_num += 1
    elif os.path.isdir(path):
        # 遍历子目录，递归调用
        for item in os.listdir(path):
            batch_rename(os.path.join(path, item))
```

```
if __name__ == "__main__":
    img_dir = r'd:\images'                      # 指定需要处理的根目录
    start = time.time()
    img_num = 0
    batch_rename(img_dir)
    print('总共处理了 %d 张图片，耗时：%.2f 秒。' % (img_num, time.time() - start))
```

输出结果：

总共处理了 7 张图片，耗时：0.01 秒。

二、思考练习

1. 将字符串"abcdef123456地球"存入D:\test.txt文件，并查看该文件的长度(字节数)。

2. 打开上一题生成的test.txt文件，在文件头部插入"这是插入的内容"，然后在文件尾部添加"这是添加的内容"。

3. 将第2题生成的D:\test.txt文件复制到C:\test_3.txt。

4. 打印第2题生成的D:\test.txt文件的属性。

5. 编写程序生成九九乘法表，并将其写入到文本文件D:\ 99Table.txt中。

6. 编写程序，提示用户输入字符串。将所输入的字符串以及对应字符串的长度写入D:\test_6.txt中。

第6章

面向对象程序设计

面向对象程序设计(Object Oriented Programming，OOP)主要针对大型软件的设计理念，旨在使软件开发更加灵活，同时有效支持代码复用和设计复用，并提升代码的可读性和可扩展性。面向对象程序设计的一个关键思想是将数据及其操作封装在一起，形成一个相互依存、不可分割的整体，即对象。通过对相同类型的对象进行分类和抽象，我们可以提炼出共同特征，进而形成类。面向对象程序设计的核心在于如何合理地定义和组织这些类及其之间的关系。

本章将介绍面向对象程序设计的基本特性，包括类和对象的定义，以及类的继承、派生和多态等概念。

6.1 面向对象程序设计基础

面向对象程序设计(Object Oriented Programming，OOP)是一种相对于结构化程序设计的新方法，它以"对象"作为程序代码结构的基础和核心元素。OOP将数据和对数据的操作结合在一起，视其为相互依存、不可分割的整体进行处理。通过数据抽象和信息隐藏技术，OOP将对象及其操作抽象为一种新的数据类型——类。简而言之，对象是现实世界中的一个实体，而类则是对对象的抽象和概括。

在现实生活中，几乎每一个相对独立的事物都可以视为一个对象，例如一个人、一辆车或一台计算机。对象是具有特定特性和功能的具体事物的抽象。每个对象都具有描述其特征的属性和附属于它的行为。例如，一辆车的属性包括颜色、轮胎数量和座椅数量，而它的行为则包括启动、行驶和停止。一个人的特征可以由姓名、性别、年龄、身高和体重等描述，其行为则包括走路、说话、学习和开车。

在制造一台计算机时，通常不是先生产主机再生产显示器、键盘和鼠标，而是同时设计和生产这些组件，最后将它们组装在一起。这些部件通过预先设计好的接口连接，以便协同工作。这正是面向对象程序设计的基本思路。

每个对象都有一个类型，类是创建对象实例的模板，是对对象的抽象和概括，包含对所创建对象的属性描述和行为特征的定义。例如，马路上的每一辆汽车都是一个汽车对象，它们都属于同一个汽车类。在这个类中，车身颜色是属性，而启动则是方法，保养或报废则是事件。

面向对象程序设计是一种计算机编程架构，具有以下三个基本特性。

1. 封装性

封装性(Encapsulation)是将数据及与其相关的操作集合在一起，形成一个完整的实体——对象。用户不需要了解对象行为的实现细节，只需通过对象提供的外部接口来访问其功能。封装的目的是将对象的使用者与设计者分离，用户只需按照设计者提供的协议与对象进行交互，而无需关注对象的内部实现。例如，我们可以创建一个接口，只要该接口保持不变，即使我们完全重写了指定方法的代码，应用程序依然能够与对象正常交互。

以电视机为例，电视机作为一个类，其中我们家里的电视机就是这个类的一个对象。它具有声音、颜色、亮度等一系列属性。如果需要调节声音等属性，用户只需通过一些按钮或旋钮进行操作。同时，这些按钮或旋钮也可以用来控制电视的开关、换台等功能。当进行这些操作时，用户并不需要了解电视机的内部结构，而是通过生产厂家提供的通用开关和接口来实现。

面向对象方法的封装性有效地防止外部事物随意访问对象的内部属性(公有属性除外)，从而避免了外部错误对对象的影响。这大大减轻了软件开发过程中的错误排查工作量，降低了排错的难度。同时，封装隐藏了程序设计的复杂性，提高了代码的重用性，降低了软件开发的难度。

2. 继承性

继承性(Inheritance)是指在面向对象程序设计中，从已有类(基类)派生出新类(派生类)的机制。派生类不需要重新定义父类(基类)中已定义的属性和行为，而是自动继承其所有属性和行为。派生类不仅继承了父类的属性和行为，还可以定义自己独特的属性和行为。当派生类又被更下层的子类继承时，它所继承的属性和行为将继续被下一级子类继承。

这种继承机制实现了代码的重用，有效缩短了程序的开发周期，使得软件开发更加高效。

3. 多态性

多态性(Polymorphism)是面向对象程序设计中的一个重要特性，指的是基类中定义的属性或行为在派生类中可以表现出不同的数据类型或行为特性。这意味着同样的消息可以根据接收消息的对象不同而采用多种不同的处理方式。

Python充分体现了面向对象程序设计的思想，是一种真正的高级动态编程语言。它全面支持面向对象的基本特性，如封装、继承和多态，以及基类方法的覆盖或重写。但与其他面向对象语言不同的是，Python对象的概念非常广泛。在Python中，几乎所有内容都可以被视为对象，包括内置数据类型如字符串、列表、字典和元组等，它们都具有与类相似的语法和用法。

6.2　类和对象

在Python中，使用class关键字来定义类。class关键字后面接一个空格，然后是类名，最后以冒号结束，接着换行并定义类的内部实现。通常，类名的首字母应大写，尽管可以根据用户的个人习惯来命名，但一般推荐遵循命名惯例，并在整个系统设计与实现中保持风格一致。这一点在团队合作中尤为重要。

6.2.1　定义和使用类

1. 类定义

在创建类时，以变量形式表示的对象属性称为数据成员或属性(成员变量)，而以函数形式表示的对象行为称为成员函数(成员方法)。这些属性和方法统称为类的成员。

类定义的最简单形式如下：

```
class 类名:
    属性(成员变量)
    属性1
    属性2
    ...
    成员函数(成员方法)
```

【例6-1】定义一个Person类。

```
class Person:
    num = 1                        # 成员变量(属性)
```

```
    def SayHello(self):              # 成员函数
        print("Hello!")              # 输出字符串"Hello!"
```

在Person类中，定义了一个成员函数SayHello(self)，用于输出字符串"Hello!"。需要注意的是，Python使用缩进来标识类的定义和代码块。

(1) 成员函数(成员方法)。在Python中，函数和成员方法有区别的。成员方法通常指与特定实例绑定的函数。当通过对象调用成员方法时，对象本身会作为第一个参数传递给该方法，而普通函数则不具备这一特性。

(2) self。在成员函数SayHello()中，我们可以看到一个参数self。这是类的成员函数与普通函数之间的主要区别之一。类的成员函数必须包含一个名为self的参数，并且该参数必须位于参数列表的开头。self代表类的实例(对象)自身，允许通过self引用类的属性和其他成员函数。

在类的成员函数中访问实例属性时，需要使用self前缀。然而，当通过对象名调用对象的成员函数时，外部并不需要显式传递这个参数。如果通过类名直接调用对象成员函数，则需要显式为self参数传值。

2. 对象定义

对象是类的实例。如果将人类视为一个类，那么某个具体的人就是一个对象。要访问对象中的数据成员或成员方法，必须首先定义具体的对象，并通过"对象名.成员"的方式进行访问。

在Python中，创建对象的语法如下：

```
对象名 = 类名()
```

例如，在例6-1所示代码下定义一个Person类的对象p：

```
p = Person()                        # 创建Person类的实例
p.SayHello()                        # 访问成员函数SayHello()
```

运行结果如下：

```
Hello!
```

6.2.2 构造函数

类可以定义一个特殊的方法__init__()(构造函数，以两个下画线"__"开头和结束)。当类被实例化时，__init__()方法会自动被调用，以初始化新生成的类实例。构造函数通常用于设置对象的数据成员初始值或进行其他必要的初始化工作。如果用户没有定义构造函数，Python将提供一个默认的构造函数。

【例6-2】定义了一个复数类Complex，构造函数用于初始化对象变量。

```
class Complex:
    def __init__(self, realpart, imagpart):  # 构造函数
        self.r = realpart                     # 初始化实部
```

```
        self.i = imagpart                        # 初始化虚部
x = Complex(3.0, -4.5)
print(x.r, x.i)
```

运行结果如下：

```
3.0 -4.5
```

6.2.3　析构函数

在Python中，类的析构函数是__del__()，用于释放对象占用的资源，并在Python回收对象空间之前自动执行。如果用户没有定义析构函数，Python将提供一个默认的析构函数来进行必要的清理工作。例如：

```
class Complex:
    def __init__(self, realpart, imagpart):        # 构造函数
        self.r = realpart                          # 初始化实部
        self.i = imagpart                          # 初始化虚部
    def __del__(self):                             # 析构函数
        print("Complex 对象已被销毁")
x = Complex(3.0, -4.5)
print(x.r, x.i)
del x                                              # 触发析构函数
```

运行结果如下：

```
3.0 -4.5
Complex 对象已被销毁
```

在删除对象变量x之前，x是存在的，其在内存中的标识为0x01F87C90。执行del x语句后，x对象变量将不再存在，系统会自动调用析构函数，因此会输出"Complex 对象已被销毁"。

6.2.4　实例属性和类属性

属性(成员变量)有两种类型：实例属性和类属性(类变量)。

○　实例属性是在构造函数__init__()中定义的，定义时以self作为前缀。

○　类属性是在类的方法外部定义的属性。

在主程序中(即类的外部)，实例属性属于特定的实例(对象)，只能通过对象名进行访问；而类属性属于整个类，可以通过类名访问，也可以通过对象名访问，并且是所有实例共享的。

【例6-3】 定义一个含有实例属性(姓名name、年龄age)和类属性(人数num)的Person类。

```
class Person:
    num = 1 # 类属性
```

```
    def __init__(self, name, age):              # 构造函数
        self.name = name                        # 实例属性
        self.age = age
    def SayHello(self):                         # 成员函数
        print("你好，我是", self.name)
    def PrintName(self):                        # 成员函数
        print("姓名：", self.name, "年龄：", self.age)
    def PrintNum(self):                         # 成员函数
        print("人数：", Person.num)             # 访问类属性，不需要使用self
# 主程序
P1 = Person("王燕", 44)                          # 创建实例P1
P2 = Person("王刚", 39)                          # 创建实例P2
P1.PrintName()                                  # 打印P1的姓名和年龄
P2.PrintName()                                  # 打印P2的姓名和年龄
Person.num = 2                                  # 修改类属性
P1.PrintNum()
P2.PrintNum()
```

运行结果如下：

```
姓名：王燕 年龄：44
姓名：王刚 年龄：39
人数：2
人数：2
```

num变量是一个类变量，它的值将在该类的所有实例之间共享。你可以在类内部或类外部通过Person.num访问它。

在类的成员函数(方法)中，可以调用类的其他成员函数，并且可以访问类属性和实例属性。

在Python中，一个特别的特性是可以动态地为类和对象增加成员。这一点与许多其他面向对象编程语言不同，同时也是Python动态类型特征的重要体现。

【例6-4】为Car类动态增加属性name和成员方法setSpeed()。

```
import types
class Car:
    price = 100001                             # 定义类属性price
    def __init__(self, color):                 # 构造函数
        self.color = color                     # 定义实例属性color
car1 = Car("王燕")                              # 创建car1实例
car2 = Car("王刚")                              # 创建car2实例
print(car1.color, Car.price)
Car.price = 110011                             # 修改类属性price
Car.name = "AA"                                # 增加类属性name
car1.color = "王平"                             # 修改实例属性color
```

```
print(car2.color, Car.price, Car.name)
print(car1.color, Car.price, Car.name)
def setSpeed(self, s):
    self.speed = s                      # 定义成员方法setSpeed
car1.setSpeed = types.MethodType(setSpeed, car1)
car1.setSpeed(80)
print(car1.speed)
```

运行结果如下：

```
王燕 100001
王刚 110011 AA
王平 110011 AA
80
```

(1) 在Python中，可以使用以下函数来访问和操作对象的属性：

○ getattr(obj, name)：访问对象的属性。

○ hasattr(obj, name)：检查对象是否存在指定的属性。

○ setattr(obj, name, value)：设置对象的属性。如果属性不存在，则会创建一个新属性。

○ delattr(obj, name)：删除对象的指定属性。

例如：

```
hasattr(car1, 'color')                  # 如果存在'color'属性，则返回True
getattr(car1, 'color')                  # 返回'color'属性的值
setattr(car1, 'color', 8)               # 添加属性'color'，并将其值设置为8
delattr(car1, 'color')                  # 删除属性'color'
```

(2) Python中内置了一些类属性，主要包括：

○ __dict__：类的属性字典，包含类的数据属性。

○ __doc__：类的文档字符串。

○ __name__：类的名称。

○ __module__：类定义所在的模块。如果类位于主程序中，类的全名为'__main__.className'；如果类位于一个导入的模块mymod中，则className.__module__的值为mymod。

○ __bases__：包含类的所有父类的元组。

以下是一个使用内置类属性的示例。

```
class Employee:
    """所有员工的基类"""
    empCount = 0
    def __init__(self, name, salary):
        self.name = name
        self.salary = salary
```

```
        Employee.empCount += 1                    #增加员工计数
    def displayCount(self):
        print("Total Employees: %d" % Employee.empCount)
    def displayEmployee(self):
        print("Name: ", self.name, ", Salary: ", self.salary)
print("Employee.__doc__:", Employee.__doc__)
print("Employee.__name__:", Employee.__name__)
print("Employee.__module__:", Employee.__module__)
print("Employee.__bases__:", Employee.__bases__)
```

执行以上代码输出结果如下：

```
Employee.__doc__: 所有员工的基类
Employee.__name__: Employee
Employee.__module__: __main__
Employee.__bases__: (<class 'object'>,)
```

在以上示例中，定义了一个Employee类，并演示了如何访问类的内置属性。

6.2.5 私有成员与公有成员

在Python中，并没有严格的访问控制机制来保护私有成员。通过以下方式定义属性时，可以区分私有属性与公有属性：

○ 如果属性名以两个下画线"__"开头，则表示该属性为私有属性。

○ 否则，属性为公有属性。

私有属性不能在类的外部直接访问，必须通过调用对象的公有成员方法进行访问，或者使用Python支持的特殊方式。Python提供了一种特殊方式来访问私有属性，这对于程序的测试和调试非常有用。访问私有成员的方式如下：

```
对象名._类名__私有成员
```

例如，要访问Car类中的私有成员__weight，可以使用以下方式：

```
car1._Car__weight
```

私有属性的设计目的是为了实现数据封装和保密，通常只能在类的成员方法(类的内部)中使用。虽然Python支持从外部直接访问类的私有成员，但并不推荐这样做。公有属性则可以被公开使用，既可以在类的内部访问，也可以在外部程序中使用。

【例6-5】为Car类定义私有成员。

```
class Car:
    price = 100000                         # 定义类属性
    def __init__(self, c, w):
        self.color = c                     # 定义公有属性color
        self.__weight = w                  # 定义私有属性__weight
```

```
# 主程序
car1 = Car("Red", 10.5)
car2 = Car("Blue", 11.8)
print(car1.color)
print(car1._Car__weight)
print(car1.__weight)                    # 这行代码会导致 AttributeError
```

输出结果：

```
Red
10.5
AttributeError: 'Car' object has no attribute '__weight'
```

上例所示代码的最后一句因为不能直接访问私有属性，所以导致了AttributeError: 'Car' object has no attribute '__weight'的错误提示。而公有属性color可以直接访问。

在IDLE环境中，当在对象或类名后加上一个圆点".",稍等片刻即可自动列出所有公开成员，模块也具有相同的特性。如果在圆点"."后再加一个下画线，则会列出该对象或类的所有成员，包括私有成员。

在Python中，以下画线开头的变量名和方法名具有特殊含义，特别是在类定义中。使用下画线作为变量名和方法名的前缀或后缀，表示类的特殊成员。

- ⭕ _xxx：这样的成员被称为保护成员。它们不能通过from module import *的方式导入，仅能被类及其子类内部的方法(函数)访问。

- ⭕ xxx：这类成员是系统定义的特殊成，通常用于实现特定功能。

- ⭕ __xxx：类中的私有成员，仅能被该类内部的方法(函数)访问。子类的内部方法也无法直接访问这些私有成员。然而，在对象外部，可以通过特定的方式访问这些私有属性，例如使用"对象名._类名__xxx"的形式。需要注意的是，Python中并不存在严格意义上的私有成员。

6.2.6 方法

在类中定义的方法可以大致分为三类：公有方法、私有方法和静态方法。其中，公有方法和私有方法都是与对象关联的。私有方法的名称以两个下画线"__"开头。每个对象都有自己的公有方法和私有方法，这两类方法可以访问属于类和对象的成员。

- ⭕ 公有方法：可以通过对象名直接调用。

- ⭕ 私有方法：不能通过对象名直接调用，只能在对象的其他方法中通过self进行调用，或者在外部通过Python支持的特殊方式访问。如果需要通过类名调用属于对象的公有方法，则必须显式传递一个对象名作为该方法的self参数，以明确指定访问哪个对象的数据成员。

- ⭕ 静态方法：可以通过类名和对象名调用，但不能直接访问对象的成员，只能访问属于类的成员。

【例6-6】公有方法、私有方法和静态方法的定义与调用的示例。

```
class Fruit:
    price = 0
    def __init__(self):
        self._color = 'Red'              # 定义和设置私有属性color
        self._city = 'Nanjing'           # 定义和设置私有属性city
    def _outputColor(self):              # 定义私有方法outputColor
        print(self._color)               # 访问私有属性color
    def _outputCity(self):               # 定义私有方法outputCity
        print(self._city)                # 访问私有属性city
    def output(self):                    # 定义公有方法output
        self._outputColor()              # 调用私有方法outputColor
        self._outputCity()               # 调用私有方法outputCity
    @staticmethod
    def getPrice():                      # 定义静态方法getPrice
        return Fruit.price
    @staticmethod
    def setPrice(p):                     #定义静态方法setPrice
        Fruit.price = p
# 主程序
apple = Fruit()
apple.output()
print(Fruit.getPrice())
# 设置静态方法
Fruit.setPrice(9)
print(Fruit.getPrice())
```

输出结果：

```
Red
Nanjing
0
9
```

6.3 类的继承和多态

继承是为了代码复用和设计复用而设计的，是面向对象程序设计的重要特性之一。当设计一个新类时，如果能够继承一个已有的、设计良好的类并进行二次开发，无疑会大幅度减少开发工作量。

6.3.1 类的继承

类继承的语法如下:

```
class 派生类名(基类名):          # 基类名写在括号内
    派生类成员
```

在继承关系中,已有的、设计良好的类称为父类或基类,新设计的类称为子类或派生类。派生类可以继承父类的公有成员,但不能继承其私有成员。

在Python中,继承有以下几个特点。

(1) 构造函数调用:在继承关系中,基类的构造函数(__init__()方法)不会被自动调用。需要在派生类的构造函数中显式调用基类的构造函数。

(2) 调用基类方法:如果需要在派生类中调用基类的方法,可以通过"基类名.方法名()"的方式来实现。这时需要加上基类的类名前缀,并且必须带上self参数。这与在类中调用普通函数时无须带上self参数的情况不同。此外,也可以使用内置函数super()来实现调用基类的方法。

(3) 方法查找顺序:Python在查找方法时总是首先查找对应类型的方法。如果在派生类中找不到对应的方法,才会向基类逐个查找。这意味着Python优先在当前类中查找调用的方法,找不到时才去基类中查找。

【例6-7】类的继承应用示例。

```
class Parent:                        # 定义父类
    parentAttr = 100
    def __init__(self):
        print("调用父类构造函数")
    def parentMethod(self):
        print("调用父类方法")
    def setAttr(self, attr):
        Parent.parentAttr = attr
    def getAttr(self):
        print("父类属性: ", Parent.parentAttr)
class Child(Parent):                 # 定义子类
    def __init__(self):
        super().__init__()
        print("调用子类构造函数")
    def childMethod(self):
        print("调用子类方法 childMethod")
# 主程序
c = Child()                          # 实例化子类
c.childMethod()                      # 调用子类的方法
c.parentMethod()                     # 调用父类方法
c.setAttr(350)                       # 设置父类属性
c.getAttr()                          # 再次调用父类的方法以获取属性值
```

输出结果：

```
调用父类构造函数
调用子类构造函数
调用子类方法 childMethod
调用父类方法
父类属性： 350
```

【例6-8】设计Person类并派生Student类示例。

```python
# 定义基类：Person类
class Person(object):
# 基类必须继承于object，以便在派生类中使用super()函数
    def __init__(self, name="", age=20, sex=""):
        self.setName(name)
        self.setAge(age)
        self.setSex(sex)
    def setName(self, name):
        if type(name) != str:                    # 检查名字类型
            print('姓名必须是字符串。')
            return
        self._name = name
    def setAge(self, age):
        if type(age) != int:                     # 检查年龄类型
            print('年龄必须是整型。')
            return
        self._age = age
    def setSex(self, sex):
        if sex != '男' and sex != '女':
            print('性别输入错误。')
            return
        self._sex = sex
    def show(self):
        print('姓名： ', self._name, '年龄： ', self._age, '性别： ', self._sex)
# 定义子类：Student类，增加一个入学年份私有属性
class Student(Person):
    def __init__(self, name="", age=20, sex="", schoolyear=2025):
        # 调用基类构造方法初始化基类的数据成员
        super(Student, self).__init__(name, age, sex)
        self.setSchoolyear(schoolyear)           # 初始化派生类的数据成员
    def setSchoolyear(self, schoolyear):
        self._schoolyear = schoolyear
    def show(self):
        # 调用基类show()方法
        super(Student, self).show()
```

```
        print('入学年份：', self._schoolyear)
# 主程序
if __name__ == "__main__":
    zhangsan = Person('张华', 17, '男')
    zhangsan.show()
    lisi = Student('王燕', 18, '女', 2025)
    lisi.show()
    # 调用继承的方法修改年龄
    lisi.setAge(19)
    lisi.show()
```

输出结果：

```
姓名：张华 年龄：17 性别：男
姓名：王燕 年龄：18 性别：女
入学年份：2025
姓名：王燕 年龄：19 性别：女
入学年份：2025
```

在需要判断类之间的关系或某个对象实例属于哪个类时，可以使用issubclass()或isinstance()函数进行检测。

- ○ issubclass(sub, sup)是一个布尔函数，用于判断类sub是否为类sup的子类或其子孙类。如果是，则返回True。
- ○ isinstance(obj, Class)是一个布尔函数，如果obj是Class类的实例或其子类的实例，则返回True。

应用示例：

```
class Foo(object):
    pass
class Bar(Foo):
    pass
a = Foo()
b = Bar()
print(type(a) == Foo)          # True，type()函数返回对象的类型
print(type(b) == Foo)          # False
print(isinstance(b, Foo))      # True
print(issubclass(Bar, Foo))    # True
```

6.3.2 类的多继承

在Python中类可以继承多个基类。继承的基类列表紧跟在类名之后。多继承的语法如下：

```
class SubClassName(ParentClass1[, ParentClass2, ...]):
    派生类的成员
```

例如，定义类C继承自基类A和B的示例如下：

```
class A:                          # 定义类A
    ...
class B:                          # 定义类B
    ...
class C(A, B):                    # 派生类C继承自类A和类B
    ...
```

6.3.3　方法重写

方法重写只能在继承关系中进行。它指的是当派生类继承了基类的方法后，如果基类的方法无法满足特定需求，可以在派生类中重新定义(重写)基类的方法。

【例6-9】重写父类(基类)的方法示例。

```
class Animal:                     # 定义父类
    def run(self):
        print("Animal is running...")   # 调用父类方法

class Cat(Animal):                # 定义子类
    def run(self):
        print("Cat is running...")      # 调用子类方法
class Dog(Animal):                # 定义子类
    def run(self):
        print("Dog is running...")      # 调用子类方法
c = Cat()                         # 创建子类实例
c.run()                           # 子类调用重写的方法
```

输出结果：

```
Cat is running...
```

当子类Dog和父类Animal都存在相同的run()方法时，我们称子类的run()方法覆盖了父类的run()方法。在代码运行时，始终会调用子类的run()方法。这种特性使我们能够享受到继承的另一个好处——多态。

6.3.4　多态

通俗来说，多态是指将一个子类对象当作其父类对象来使用，因为子类对象继承了父类的所有方法和属性。例如，在异常处理时，我们曾经使用父类异常来代替子类异常，以实现捕获多种类型的异常。下面通过示例来展示多态的使用。

```
class Animal(object):
    def speak(self):
        print(self.words)
class Cat(Animal):
```

```
        def __init__(self):
            self.words = "Meow"
    class Dog(Animal):
        def __init__(self):
            self.words = "Woof"
    def speak(animal):
        animal.speak()
    # 创建Cat和Dog类的实例
    cat = Cat()
    dog = Dog()
    # 调用speak方法
    speak(cat)              # 输出: Meow
    speak(dog)              # 输出: Woof
```

输出结果：

```
Meow
Woof
```

以上示例中，在speak函数中调用了Animal类的speak方法，而Cat和Dog都继承自Animal类，因此它们都具备speak方法。我们可以将Cat和Dog的实例当作父类类型来使用。

在编译型的面向对象语言中，多态是非常重要的特性，它为代码提供了极大的灵活性。而Python是一种动态解释型语言，类的属性和方法只有在运行时才会被检查。因此，Python中并不存在严格意义上的多态。只要一个类具有某个属性或方法，我们就可以通过类似多态的方式来使用它。举个例子，在上面的示例代码中，即便一个与Animal类没有任何关系的类实例也拥有speak方法，代码仍然能够正常运行并不会报错。

6.3.5　运算符重载

在Python中，可以通过运算符重载实现对象之间的运算。Python将运算符与类的方法关联起来，每个运算符对应一个函数方法。因此，运算符重载实际上就是实现这些特殊方法。常用的运算符与对应函数方法的关系如表6-1所示。

表6-1　Python中运算符与函数方法的对应关系

函 数 方 法	重载的运算符	说　　明	举　　例
__add__	+	加法	Z=X+Y,X+=Y
__sub__	-	减法	Z=X-Y,X-=Y
__mul__	*	乘法	Z=X*Y,X *=Y
__truediv__	/	除法	Z = X / Y,X/=Y
__floordiv__	//	取整除	Z=X//Y

（续表）

函 数 方 法	重载的运算符	说　　明	举　　例
__lt__	<	小于	X<Y
__eq__	=	等于	X=Y
__len__	长度	获取长度	Len(X)
__str__	输出	字符串输出	print(X),str(X)
__or__	或	或运算	X | Y,X | = X

在Python中，可以通过在类中实现特定的方法来重载运算符。

【例6-10】 对Vector类重载运算符的示例。

```python
class Vector:
    def __init__(self, a, b):
        self.a = a
        self.b = b
    def __str__(self):
        # 重写__str__方法，打印Vector对象的实例信息
        return 'Vector(%d, %d)' % (self.a, self.b)
    def __add__(self, other):
        # 重载加法+运算符
        return Vector(self.a+other.a, self.b+other.b)
    def __sub__(self, other):
        # 重载减法-运算符
        return Vector(self.a-other.a, self.b-other.b)
# 主程序
v1 = Vector(2, 10)
v2 = Vector(5,-2)
print(v1 + v2)
```

输出结果：

```
Vector(7, 8)
```

如上所示，只要在Vector类中实现了__add__()方法，就可以对Vector对象实例执行加法运算。同样地，重载__sub__()方法后，可以对 Vector 对象执行减法运算。

6.4　课后实践

本章深入探讨了面向对象程序设计(OOP)的基本概念和实现方法，重点介绍了三个基本特性：封装性、继承性和多态性。封装性确保数据的安全与隐藏，继承性支持类之间

的层次关系和代码重用，而多态性则使对象能够以不同方式响应相同的消息。本章还详细讲解了类和对象的定义与使用，包括如何定义类及其对象，以及构造函数和析构函数的作用，同时强调了实例属性与类属性的区别，讨论了私有成员与公有成员的概念，以确保数据的隐私性和访问控制。此外，还介绍了类的继承机制，包括单继承和多继承，研究了方法重写的实现方式，并探讨了如何通过多态性增强代码的灵活性。最后，运算符重载的实现使得自定义对象可以像基本数据类型一样操作，从而进一步提升了程序的可读性和可维护性。

一、应用实例

【例6-11】定义一个Person类(该类包含以下数据成员：name、age和sex。同时，定义以下成员方法：getName()、getAge()和getSex())。

```python
class Person:
    """Person类"""
    def __init__(self, name, age, sex):
        print('进入 Person 的初始化')
        self.name = name
        self.age = age
        self.sex = sex
        print('离开 Person 的初始化')
    def getName(self):
        return self.name
    def getAge(self):
        return self.age
    def getSex(self):
        return self.sex
# 创建一个Person类的实例p
p = Person('王燕', 18, '女')              # p是所创建对象的引用
# 说明：创建类对象时调用了__init__(self, name, age, sex)

# 输出对象的属性
print(p.getName())                       # 输出：王燕
print(p.getAge())                        # 输出：18
print(p.getSex())                        # 输出：女
```

输出结果：

```
进入 Person 的初始化
离开 Person 的初始化
王燕
18
女
```

【例6-12】 定义Dot类及其扩展。

分析：一些规则的平面几何对象具有许多共同的属性和行为，例如，可以用特定的颜色绘制，有中心点，可以计算周长和面积等。可以定义一个通用的点类 Dot 来建模所有几何对象。该类包括以下属性：

- x坐标
- y坐标
- color绘图颜色

并且提供适用于这些属性的get()和set()方法。此外，定义计算面积的方法getArea()和计算周长的方法getPerimeter()。接着，通过继承扩展为圆类Circle和矩形类Rectangle。

```python
import math
class Dot:
    def __init__(self, x=0, y=0, color='black'):
        # 初始化方法
        self._x = x                          # 中心坐标：x坐标
        self._y = y                          # 中心坐标：y坐标
        self._color = color                  # 绘图颜色
    def getCoordinates(self):
        return (self._x, self._y)
    def setCoordinates(self, x, y):
        self._x = x
        self._y = y
    def getArea(self):
        pass
    def getPerimeter(self):
        pass
    def __str__(self):
        return "中心坐标 (%s, %s)，绘图颜色: %s" % (self._x, self._y, self._color)
class Circle(Dot):
    def __init__(self, radius):
        super().__init__()
        self._radius = radius
    def getRadius(self):
        return self._radius
    def setRadius(self, radius):
        self._radius = radius
    def getArea(self):
        return math.pi * (self._radius ** 2)
    def getPerimeter(self):
        return 2 * math.pi * self._radius
    def printCircle(self):
        return super().__str__() + " 半径: " + str(self._radius)
class Rectangle(Dot):
```

```
    def __init__(self, width, height):
        super().__init__()
        self._width = width
        self._height = height
    def getWidthHeight(self):
        return (self._width, self._height)
    def setWidthHeight(self, width, height):
        self._width = width
        self._height = height
    def getArea(self):
        return self._width * self._height
    def getPerimeter(self):
        return 2 * (self._width + self._height)
```

CircleRectangle.py中的代码定义了点类Dot、圆类Circle和矩形类Rectangle。接下来的TestCircleRectangle.py代码用于测试Circle和Rectangle类的对象。在该代码中，分别创建了Circle和Rectangle的实例，并调用了它们的getArea()和getPerimeter()方法。__str__()方法继承自Dot类，并可以从Circle和Rectangle对象上调用。

```
from CircleRectangle import Dot, Circle, Rectangle
def main():
    circle = Circle(3)
    print("一个圆: ", circle)                              # 这里的circle等同于circle.__str__()
    print("半径是: " + str(circle.getArea()))
    print("周长是: " + str(circle.getRadius()))
    print("面积是: " + str(circle.getPerimeter()))


    rectangle = Rectangle(4, 2)                           # 实例化一个矩形
    rectangle.setCoordinates(1, 1)                        # 设置矩形的中心
    print("一个矩形: ", rectangle)

    print("宽和高是: " + str(rectangle.getWidthHeight()))
    print("面积是: " + str(rectangle.getArea()))
    print("周长是: " + str(rectangle.getPerimeter()))


main()
```

TestCircleRectangle.py代码的运行结果如下：

```
一个圆: 中心坐标 (0, 0)，绘图颜色: black
半径是: 3
面积是: 28.274333882308138
周长是: 18.84955592153876
一个矩形: 中心坐标 (1, 1)，绘图颜色: black
宽和高是: (4, 2)
```

面积是：8
周长是：12

　　__str__()方法并没有在Circle类中定义，但它在Dot类中定义。由于Circle类是Dot类的子类，因此Circle对象可以调用__str__()方法。

　　__str__()方法用于显示Dot对象的x、y和color属性。Dot对象的x、y和color的默认值分别为0、0和'black'。因此，继承自Dot类的Circle对象的x、y和color的默认值也为0、0和'black'。

二、思考练习

　　1. 简述类与对象的关系。

　　2. 简述面向对象程序设计的概念及类和对象的关系。在 Python语言中如何声明类和定义对象？

　　3. 简述面向对象程序设计中继承与多态性的作用是什么？

　　4. 定义一个圆柱体类Cylinder，包含底面半径和高两个属性(数据成员)，以及一个用于计算圆柱体体积的方法。然后编写相关程序以测试该功能。

　　5. 定义一个学生类，类属性包括姓名、年龄和成绩(高等数学、C语言、大学英语)；类方法包括获取学生姓名get_name()，获取学生年龄get_age()，以及返回三门科目中最高分数get_course()。

　　6. 为学校图书管理系统设计一个管理员类和一个学生类。管理员类应包含工号、年龄、姓名和工资等信息；学生类应包含学号、年龄、姓名、所借图书及借书日期等信息。最后，编写一个测试程序以验证这些类的功能(建议：尝试引入一个基类，使用继承来简化设计)。

第 7 章

Python GUI 编程

到目前为止，本书中涉及的所有输入和输出都是简单的文本格式。然而，现代计算机和程序广泛使用图形界面。为此，本章将以Tkinter模块为例，学习如何创建一些简单的GUI(图形用户界面)，使我们编写的程序具备窗体、按钮等常见的图形界面元素。

7.1 Python GUI库

表7-1所示为常用的Python GUI库。

表7-1 常用的Python GUI库

库 名 称	说 明
Tkinter	Tkinter模块(Tk接口)是Python的标准Tk GUI工具包接口。可以在大多数UNIX平台上使用，适用于Windows和macOS系统。Tk8.0的后续版本支持本地窗口风格，并在绝大多数平台上运行良好。Tkinter是内置于 Python安装包中的，安装Python后即可直接导入。IDLE也是基于Tkinter开发的，适合快速创建简单的图形界面应用
wxPython	wxPython是一款开源软件，提供了优秀的GUI图形库，允许Python程序员方便地创建完整、功能丰富的GUI用户界面
Jython	Jython允许与Java进行无缝集成，使用Java的模块并具备Python中所有不依赖于C语言的模块。用户界面可以使用Swing、AWT或SWT，可动态或静态编译成Java字节码

总体而言，Tkinter是Python的标准GUI库，因其易用性和内置特性，特别适合快速开发简单的图形界面应用。

7.1.1 创建Windows窗口

我们从最简单的Windows窗口开始。

【例7-1】编写程序，使用Tkinter创建一个Windows窗口的GUI程序。

```
import tkinter                      # 导入Tkinter 模块
win = tkinter.Tk()                  # 创建Windows窗口对象
win.title('一个 GUI 程序')          # 设置窗口标题
win.mainloop()                      # 进入消息循环，显示窗口
```

程序运行结果如图7-1所示。

图 7-1 使用 Tkinter 创建一个窗口

在创建Windows窗口对象后，可以使用geometry()方法来设置窗口的大小，格式如下：

窗口对象.geometry(size)

其中，size用于指定窗口的大小，格式如下：

宽度×高度

【例7-2】编写程序，显示一个初始大小为800×600的Windows 窗口。

```
from tkinter import *
win = Tk()
win.geometry("800x600")                    # 设置窗口大小为800x600
win.title('一个 GUI 程序')
win.mainloop()
```

此外，还可以使用minsize()方法设置窗口的最小尺寸，以及使用maxsize()方法设置窗口的最大尺寸，方法格式如下：

窗口对象.minsize(最小宽度, 最小高度)
窗口对象.maxsize(最大宽度, 最大高度)

例如：

```
win.minsize(400, 300)                       # 设置窗口的最小尺寸为400×300
win.maxsize(1440, 800)                      # 设置窗口的最大尺寸为1440×800
```

Tkinter提供了许多组件供用户使用(如表7-5所示)。

7.1.2　几何布局管理器

Tkinter的几何布局管理器(geometry manager)用于组织和管理父组件(通常是窗口)中子组件的布局方式。Tkinter提供了三种不同风格的几何布局管理器：pack、grid和place。

1. pack 几何布局管理器

pack几何布局管理器采用块状的方式组织组件。它根据组件创建的顺序，将子组件依次放置，广泛应用于快速生成界面的设计中。

通过调用子组件的pack()方法，可以在其父组件中使用pack布局：

pack(option=value, ...)

pack()方法提供了多个参数选项，如表7-2所示。

表7-2　pack()方法提供的参数选项

选 项	描 述	取 值 范 围
side	停靠在父组件的哪一边上	'top'(默认值), 'bottom', 'left', 'right'
anchor	组件的锚点位置	'n', 's', 'e', 'w', 'nw', 'sw', 'se', 'ne', 'center'(默认值)
fill	填充空间	'x', 'y', 'both', 'none'

(续表)

选 项	描 述	取 值 范 围
expand	扩展空间	0或1
ipadx	组件内部在x方向上填充的大小	单位为c(厘米)、m(毫米)、i(英寸)、p(打印机的点)
ipady	组件内部在y方向上填充的大小	
padx	组件外部在x方向上填充的大小	
pady	组件外部在y方向上填充的大小	

【例7-3】编写程序，使用pack几何布局管理器的GUI程序。

```
import tkinter
root = tkinter.Tk()
label = tkinter.Label(root, text='Hello, Python')
label.pack()                              # 将Label组件添加到窗口中显示
button1 = tkinter.Button(root, text='BUTTON1')   # 创建文字为'BUTTON1'的Button组件
button1.pack(side=tkinter.LEFT)           # 将button1组件添加到窗口中，左侧停靠
button2 = tkinter.Button(root, text='BUTTON2')   # 创建文字为'BUTTON2'的Button组件
button2.pack(side=tkinter.RIGHT)          # 将button2组件添加到窗口中，右侧停靠
root.mainloop()
```

程序运行结果如图7-2所示。

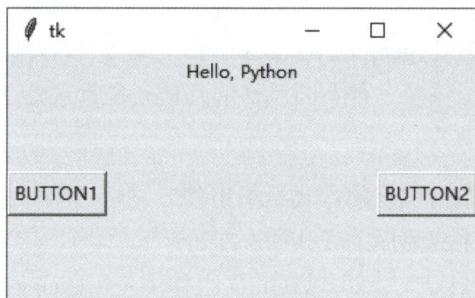

图 7-2   pack 几何布局管理示例

2. grid 几何布局管理器

grid几何布局管理器采用表格结构来组织组件。子组件的位置由行和列确定的单元格决定，并且子组件可以跨越多行或多列。在每一列中，列宽由该列中最宽的单元格决定。使用 grid 布局非常适合表格形式的布局，可以实现复杂的界面，因此被广泛应用。

要在其父组件中使用grid进行几何布局，可以调用子组件的grid()方法，如下所示：

```
grid(option=value, ...)
```

grid()方法提供了如表7-3所示的若干参数选项。

表7-3 grid()方法提供的参数选项

选 项	描 述	取 值 范 围
sticky	组件紧贴所在单元格的某一边角,对应东南西北及四个角	'n', 's', 'e', 'w', 'nw', 'sw', 'ne', 'center'(默认值)
row	单元格行号	整数
column	单元格列号	整数
rowspan	行跨度	整数
columnspan	列跨度	整数
ipadx	组件内部在x方向上填充的空间大小	单位为c(厘米)、m(毫米)、i(英寸)、p(打印机的点)
ipady	组件内部在y方向上填充的空间大小	
padx	组件外部在x方向上填充的空间大小	
pady	组件外部在y方向上填充的空间大小	

  grid方法中两个最重要的参数分别是row和column,用于指定子组件放置的位置。如果未指定row,子组件将被放置到第一个可用的行上;如果未指定column,则默认使用第0列(首列)。

【例7-4】编写程序,使用grid几何布局管理器的GUI程序。

```
from tkinter import *
root = Tk()
# 200x200代表初始化时主窗口的大小,280, 280代表窗口的初始位置
root.geometry('200x200+280+280')
root.title('计算器示例')

# Grid网格布局
L1 = Button(root, text='1', width=5, bg='yellow')
L2 = Button(root, text='2', width=5)
L3 = Button(root, text='3', width=5)
L4 = Button(root, text='4', width=5)
L5 = Button(root, text='5', width=5, bg='green')
L6 = Button(root, text='6', width=5)
L7 = Button(root, text='7', width=5)
L8 = Button(root, text='8', width=5)
L9 = Button(root, text='9', width=5, bg='yellow')
L0 = Button(root, text='0', width=5)
Lp = Button(root, text='.')

# 按钮放置
```

```
L1.grid(row=0, column=0) # 按钮放置在第0行第0列
L2.grid(row=0, column=1) # 按钮放置在第0行第1列
L3.grid(row=0, column=2) # 按钮放置在第0行第2列
L4.grid(row=1, column=0) # 按钮放置在第1行第0列
L5.grid(row=1, column=1) # 按钮放置在第1行第1列
L6.grid(row=1, column=2) # 按钮放置在第1行第2列
L7.grid(row=2, column=0) # 按钮放置在第2行第0列
L8.grid(row=2, column=1) # 按钮放置在第2行第1列
L9.grid(row=2, column=2) # 按钮放置在第2行第2列
L0.grid(row=3, column=0, columnspan=2, sticky='EW')  # 跨2列，左右贴紧
Lp.grid(row=3, column=2, sticky='EW')                # 左右贴紧

root.mainloop()
```

程序运行结果如图7-3所示。

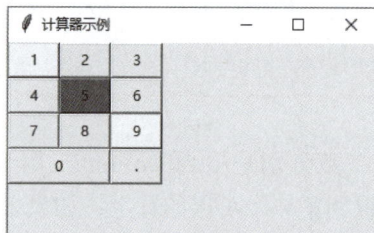

图 7-3　grid 几何布局管理示例

3. place 几何布局管理器

place几何布局管理器允许用户精确指定组件的大小和位置。它的主要优点在于能够对组件的位置进行精确控制。然而，其不足之处在于，当窗口大小发生变化时，子组件无法灵活调整大小以适应新的窗口尺寸。

使用place()方法配置子组件时，子组件在其父组件中将采用place布局，语法如下：

```
place(option=value, ...)
```

place()方法提供了一系列参数选项，如表7-4所示，用户可以直接对这些参数选项赋值进行修改。

表7-4　place()方法提供的参数选项

选　项	描　述	取　值　范　围
x, y	组件在父组件中的绝对位置坐标	从0开始的整数
relx, rely	组件在父组件中的相对位置坐标	取值范围为0到1.0
height, width	组件的高度和宽度，单位为像素	正整数
anchor	对齐方式，指定组件相对于其位置的角落	可选值包括：n(北)、s(南)、e(东)、w(西)，默认值为'center'

例如，以下代码将一个Label标签放置在相对坐标(0.5, 0.5)处，另一个Label标签放置在绝对坐标(50, 0)的位置。需要注意的是，Python的坐标系以左上角为原点(0, 0)，向右为x轴正方向，向下为y轴正方向，这与数学中的几何坐标系有所不同，用户务必注意这一点。

```python
from tkinter import Tk, Label
root = Tk()

# 创建第一个Label，文本为"Hello Place"
label1 = Label(root, text='Hello Place')
# 使用相对坐标(0.5, 0.5)将Label放置在(0.5*sx, 0.5*sy)的位置上
label1.place(relx=0.5, rely=0.5, anchor='center')

# 创建第二个Label，文本为"Hello Place 2"
label2 = Label(root, text='Hello Place 2')
# 使用绝对坐标将Label放置在(50, 0)的位置上
label2.place(x=50, y=0)

root.mainloop()
```

程序运行结果如图7-4所示。

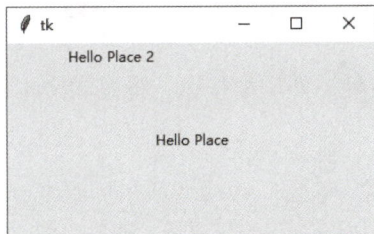

图 7-4　Label 标签应用示例

【例7-5】使用place几何布局管理器的GUI示例(创建用户登录窗口)。

```python
from tkinter import *

root = Tk()
root.title("登录")
root['width'] = 200
root['height'] = 120

# 用户名标签
Label(root, text='用户名', width=6).place(x=1, y=1)   # 绝对坐标(1, 1)
# 用户名输入框
Entry(root, width=20).place(x=45, y=1)                # 绝对坐标(45, 1)
# 密码标签
Label(root, text='密码', width=6).place(x=1, y=20)     # 绝对坐标(1, 20)
# 密码输入框
```

```
Entry(root, width=20, show='*').place(x=45, y=20)          # 绝对坐标(45, 20)
# 登录按钮
Button(root, text='登录', width=8).place(x=40, y=40)        # 绝对坐标(40, 40)
# 取消按钮
Button(root, text='取消', width=8).place(x=110, y=40)       # 绝对坐标(110, 40)

root.mainloop()
```

程序运行结果如图7-5所示。

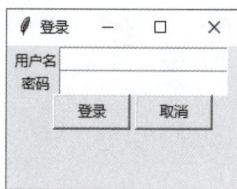

图 7-5　用户登录窗口

在这段代码中，我们创建了一个简单的登录界面，包括用户名和密码输入框，以及"登录"和"取消"按钮。通过使用place()方法，能够精确控制每个组件在窗口中的位置。

7.2　常用Tkinter组件的使用

常用Tkinter组件提供了多种控件，如按钮、标签和文本框等，可以方便开发者构建功能丰富的GUI应用程序。

7.2.1　Tkinter组件

Tkinter提供了多种组件，这些组件通常被称为控件或部件，如表 7-5所示。

表7-5　Tkinter组件

组　件	描　　　述
Button	按钮控件：在程序中显示按钮
Canvas	画布控件：用于显示图形元素，如线条或文本
Checkbutton	多选框控件：用于提供多项选择的选项
Entry	输入控件：用于显示简单的文本内容
Frame	框架控件：用于在屏幕上显示一个矩形区域，通常作为容器
Label	标签控件：用于显示文本和位图
Listbox	列表框控件：用于显示一个字符串列表给用户
Menubutton	菜单按钮控件：用于显示菜单项

(续表)

组　件	描　述
Menu	菜单控件：用于显示菜单栏、下拉菜单和弹出菜单
Message	消息控件：用于显示多行文本，类似于Label
Radiobutton	单选按钮控件：用于显示单选按钮的状态
Scale	范围控件：用于显示数值刻度，限定范围的数字区间
Scrollbar	滚动条控件：用于内容超过可视区域时的滚动，如列表框
Text	文本控件：用于显示多行文本
Toplevel	容器控件：用于提供一个单独的对话框，类似于Frame
Spinbox	输入控件：与 Entry 类似，但可以指定输入范围值
PanedWindow	窗口布局管理插件：可以包含一个或多个子控件
LabelFrame	简单的容器控件：通常用于复杂的窗口布局
tkMessageBox	用于显示应用程序的消息框

通过组件类的构造函数可以创建其对象实例。例如：

```
from tkinter import *
root = Tk()
button1 = Button(root, text="确定")                # 按钮组件的构造函数
```

7.2.2 标准属性

组件的标准属性是所有组件(控件)的共同属性，例如大小、字体和颜色等。常用的标准属性见表7-6。

表7-6　Tkinter组件的标准属性

属　性	描　述
dimension	控件的大小
color	控件的颜色
font	控件的字体
anchor	锚点(内容停靠位置)，对应于东南西北及四个角
relief	控件的样式
bitmap	内置位图包括：error、gray75、gray50、gray25、gray12、info、questhead、hourglass、question和warning，自定义位图为.xbm格式文件
cursor	光标类型

(续表)

属　性	描　述
text	显示的文本内容
state	设置组件状态：正常(normal)、激活(active)、禁用(disabled)

可以通过以下方式之一设置组件属性：

```
button1 = Button(root, text="确定")          # 按钮组件的构造函数
button1.config(text="确定")                  # 使用组件对象的config方法设置属性
button1['text'] = "确定"                     # 通过属性赋值的方式设置组件文本
```

7.2.3　标签

Label组件用于在窗口中显示文本或位图。常用属性如表7-7所示。

表7-7　Tkinter Label组件常用属性

属　性	描　述
width	指定Label的宽度
height	指定Label的高度
compound	指定文本与图像在Label上的显示方式，默认值为None。当指定image/bitmap时，文本(text)将被覆盖，只显示图像。可用值如下：left(图像居左)、right(图像居右)、top(图像居上)、bottom(图像居下)和 center(文字覆盖在图像上)
wraplength	指定在多少单位后开始换行，用于多行显示文本
justify	指定多行文本的对齐方式。可用值为left(左对齐)或right(右对齐)
anchor	指定文本(text)或图像(bitmap/image)在Label中的显示位置(如图7-6所示，其他组件同样适用)。对应于东南西北及四个角的可用值如下：e(垂直居中，水平居右)、w(垂直居中，水平居左)、n(垂直居上，水平居中)、s(垂直居下，水平居中)、ne(垂直居上，水平居右)、se(垂直居下，水平居右)、sw(垂直居下，水平居左)、nw(垂直居上，水平居左)以及 center(默认值，垂直居中，水平居中)
image	显示自定义图片，例如.png、.gif格式的文件
bitmap	显示内置的位图

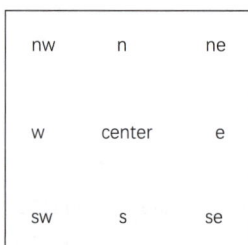

图 7-6　anchor 属性的显示位置

【**例7-6**】Label组件应用示例。

```python
from tkinter import *

# 创建窗口对象
win = Tk()
win.title("一个窗口")                    # 设置窗口标题

# 创建文本为"Hello!"的Label组件，锚点设置为左上角
lab1 = Label(win, text='Hello!', anchor='nw')
lab1.pack()                             # 显示Label组件

# 创建显示内置的疑问符位图的Label组件
lab2 = Label(win, bitmap='question')
lab2.pack()                             # 显示Label组件

# 显示自定义图片
bm = PhotoImage(file='d:\PPT/p1.png')
lab3 = Label(win, image=bm)
lab3.pack()                             # 显示Label组件

win.mainloop()
```

程序运行结果如图7-7所示。

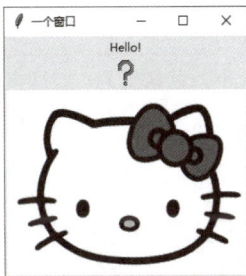

图 7-7　Label 组件应用示例

在这个示例中，创建了一个窗口并在其中添加了三个Label组件：第一个显示文本"Hello!"，第二个显示内置的疑问符号位图，第三个显示自定义的图片。

7.2.4　按钮

Button组件是标准的Tkinter控件，用于实现各种类型的按钮。按钮可以包含文本或图像，并可以通过command属性将函数或方法与按钮关联。当按钮被按下时，会自动调用指定的函数或方法。按钮可以仅显示单行文本，也支持跨多行显示。此外，文本中的某个字符可以通过下画线来标记，以指示对应的键盘快捷键。

Tkinter Button 组件的属性和方法如表7-8和表7-9所示。

表7-8　Tkinter Button组件常用属性

属　性	描　　述
text	显示按钮的文本内容
command	指定按钮的事件处理函数
compound	指定文本与图像的位置关系
bitmap	指定要显示的位图
focus_set	设置当前组件为获得焦点
master	表示按钮的父窗口
bg	设置按钮的背景颜色
fg	设置按钮的前景颜色
font	设置按钮的字体大小
height	设置按钮的显示高度。未设置时，按钮大小会根据内容自动调整
relief	设置按钮的外观装饰边界类型，默认值为平面。可选值包括：flat、groove、raised、ridge、solid、sunken
width	设置按钮的显示宽度。未设置时，按钮大小会根据内容自动调整
wraplength	设置每行最多字符数的限制，默认为0(不限制换行)
state	设置按钮的状态：正常(normal)、激活(active)、禁用(disabled)
anchor	设置按钮文本在控件上的显示位置。可用值包括：n(north)、s(south)、w(west)、e(east)及其组合(如：ne、nw、se、sw)
bd	设置按钮的边框大小，默认值为1或2像素
textvariable	设置按钮可变的文本内容所对应的变量

表7-9　Tkinter Button组件的方法

方　法	描　　述
flash()	按钮在活动颜色(active color)和正常颜色(normal color)之间闪烁几次，disabled状态无效
invoke()	调用按钮的command属性指定的回调函数

【例7-7】创建一个包含4个Button的示例程序(在这个程序中，创建4个Button按钮，并为它们设置多种不同的属性，包括width、height、relief、bg、bd、fg、state、bitmap、command和anchor等)。

```
from tkinter import *
from tkinter.messagebox import *

# 创建主窗口
```

```
root = Tk()
root.title("Button Test")

# 定义按钮回调函数
def callback():
    showinfo("Python Command", "欢迎使用 Python!")

# 创建第一个Button，设置多个属性
Button(root, text="背景为灰色的按钮", width=26, relief=GROOVE, bg="grey").pack()
# 创建第二个Button，设置高度、宽度以及文本显示位置
Button(root, text="设置按钮高度宽度以及文字显示位置", anchor='sw', width=33, height=3).pack()
# 创建第三个Button，设置为禁用状态
Button(root, text="禁用状态的按钮", width=33, state=DISABLED).pack()
# 创建第四个Button，设置位图并放置于左边
Button(root, text="bitmap在按钮的左边", compound='left', bitmap="error").pack()
# 创建第五个Button，设置命令事件
Button(root, text="设置命令事件调用", fg="blue", bd=2, width=28, command=callback).pack()

root.mainloop()
```

程序运行结果如图7-8所示。

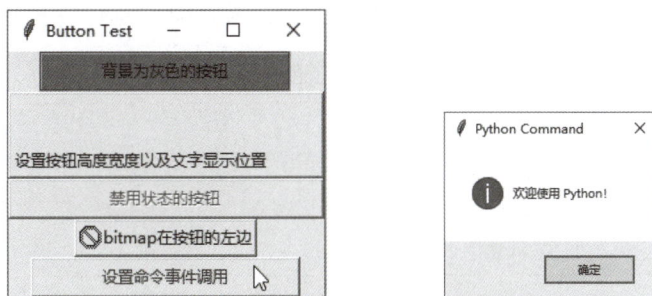

图 7-8 Tkinter Button 组件应用示例

如果想要获取组件的所有属性，可以使用以下命令列举：

```
from tkinter import *
root = Tk()
button1 = Button(root, text="确定")              # 创建按钮组件
print(button1.keys())                             # 使用keys()方法列举组件的所有属性
```

运行上述代码后，将会输出以下结果：

```
['activebackground', 'activeforeground', 'anchor', 'background', 'bd', 'bg', 'bitmap', 'borderwidth', 'command',
'compound', 'cursor', 'default', 'disabledforeground', 'fg', 'font', 'foreground', 'height', 'highlightbackground',
'highlightcolor', 'highlightthickness', 'image', 'justify', 'overrelief', 'padx', 'pady', 'relief', 'repeatdelay',
'repeatinterval', 'state', 'takefocus', 'text', 'textvariable', 'underline', 'width', 'wraplength']
```

7.2.5 单行/多行文本框

Entry单行文本框主要用于输入单行内容和显示文本，便于将用户参数传递给程序。下面通过一个简单的程序示例，演示如何使用该组件来实现摄氏度与华氏度的转换。

1. 创建和显示 Entry 对象

创建Entry对象的基本方法如下：

Entry对象 = Entry(Window窗口对象)

要显示Entry对象，可以使用以下方法：

Entry对象.pack()

2. 获取 Entry 组件的内容

可以使用get()方法来获取Entry单行文本框内输入的内容。

3. Entry 的常用属性

Entry的常用属性如表7-10所示。

表7-10　Tkinter Entry组件常用属性

属　性	描　　　述
show	如果设置为字符*，则输入的文本在文本框内显示为*，常用于密码输入
insertbackground	设置插入光标的颜色，默认为黑色('black')
selectbackground	设置选中文本的背景色
selectforeground	设置选中文本的前景色
width	组件的宽度(以字符个数为单位)
fg	字体的前景颜色
bg	背景颜色
state	设置组件的状态，默认为normal，可设置为disabled(禁用组件)或readonly(只读)

【例7-8】摄氏度与华氏度转换程序示例。

```
import tkinter as tk

def btnHelloClicked():
    # 事件函数
    cd = float(entryCd.get())              # 获取文本框内输入的内容并转换为浮点数
    # 进行摄氏度到华氏度的转换
    f = cd * 1.8 + 32
```

```
        labelHello.config(text=f"{cd} ℃ = {f} ℉")                # 更新标签显示转换结果


root = tk.Tk()
root.title("温度转换器")
root.geometry("300x200")            # 设置窗口大小为300x200像素
labelHello = tk.Label(root, text="转换 ℃ 到 ℉", height=5, width=20, fg="blue")
labelHello.pack()
entryCd = tk.Entry(root)            # 创建Entry组件
entryCd.pack()
btnCal = tk.Button(root, text="转换温度", command=btnHelloClicked) # 创建按钮
btnCal.pack()


root.mainloop()                     # 启动主事件循环
```

程序运行结果如图7-9所示。

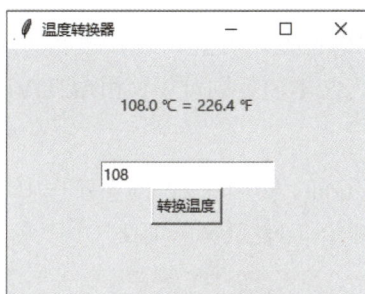

图 7-9　摄氏度和华氏度转换程序

在以上示例程序中，新建了一个Entry组件entryCd。当单击"转换温度"按钮时，通过entryCd.get()获取输入框中的文本内容。由于该内容为字符串类型，因此需要使用float()函数将其转换为数字，然后进行相应的计算，并更新Label的显示内容。

此外，设置或获取Entry组件的内容也可以使用StringVar()对象来实现。将Entry的textvariable属性设置为StringVar()变量后，可以通过StringVar()变量的get()和set()方法读取和输出相应的文本内容。例如：

```
import tkinter as tk                # 导入tkinter模块
root = tk.Tk()                      # 创建主窗口
s = tk.StringVar()                  # 创建一个StringVar()对象
s.set("这是一个测试")                 # 设置文本内容
entryCd = tk.Entry(root, textvariable=s) # Entry组件显示"这是一个测试"
entryCd.pack()                      # 不要忘记将Entry组件添加到窗口中
print(s.get())                      # 打印出"这是一个测试"
root.mainloop()                     # 启动主事件循环
```

同样，Python提供了多行文本框Text组件，用于输入和显示多行内容。Text组件的使用方法与Entry组件类似，用户可以参考Tkinter手册以获取详细信息。

7.2.6 列表框

列表框组件Listbox用于显示多个项目，并允许用户选择一个或多个项目。

1. 创建和显示 Listbox 对象

创建Listbox对象的基本方法如下：

```
Listbox对象 = Listbox(Tkinter Windows窗口对象)
```

显示Listbox对象的方法如下：

```
Listbox对象.pack()
```

2. 插入文本项

可以使用insert()方法向列表框中插入文本项，方法如下：

```
Listbox对象.insert(index, item)
```

其中，index是插入文本项的位置。若要在列表的尾部插入文本项，可以使用END；如果希望在当前选中的位置插入文本项，则可以使用ACTIVE。item是要插入的文本项。

3. 返回选中项索引

使用Listbox对象的curselection()方法可以返回当前选中项目的索引，返回结果为一个元组(需要注意的是，索引从0开始，0表示第一项)：

```
Listbox对象.curselection
```

4. 删除文本项

可以使用Listbox对象的delete(first, last)方法删除指定范围内的项目(如果不指定last参数，则只会删除一个项目)：

```
Listbox对象.delete(first,last)
```

5. 获取项目内容

使用Listbox对象的get(first, last)方法可以返回指定范围内的项目(如果不指定last参数，则仅返回一个项目)：

```
Listbox对象.get(first.last)
```

6. 获取项目个数

使用Listbox对象的size()方法可以获取当前列表框中的项目个数：

```
Listbox对象.size()
```

7. 获取 Listbox 内容

要获取Listbox中的内容，需要使用listvariable属性为Listbox对象指定一个对应的变量。例如：

```
m = StringVar()                          # 创建StringVar对象
listb = Listbox(root, listvariable=m)    # 创建Listbox对象并指定listvariable
listb.pack()                             # 显示Listbox对象
root.mainloop()                          # 启动主事件循环
```

指定后可以使用m.get()方法获取Listbox对象中的内容。

需要注意的是，如果允许用户选择多个项目，可以将Listbox对象的selectmode属性设置为MULTIPLE以实现多选，而将其设置为SINGLE则为单选模式。

【例7-9】创建一个获取Listbox组件内容的示例程序。

```
from tkinter import *
root = Tk()                              # 创建主窗口
m = StringVar()                          # 创建一个StringVar对象
def callbutton1():
    print(m.get())                       # 打印Listbox中的所有内容
def callbutton2():
    for i in lb.curselection():          # 返回选中项的索引，并打印相应的内容
        print(lb.get(i))
root.title("Listbox组件示例")            # 设置窗口标题
lb = Listbox(root, listvariable=m)       # 创建Listbox对象并绑定StringVar
for item in ['鼓楼', '玄武', '栖霞', '秦淮']:    # 向Listbox中插入项目
    lb.insert(END, item)
lb.pack()                                # 显示Listbox
b1 = Button(root, text='获取所有内容', command=callbutton1, width=18)  # 创建按钮
b1.pack()                                # 显示按钮
b2 = Button(root, text='获取选中内容', command=callbutton2, width=18)  # 创建按钮
b2.pack()                                # 显示按钮
root.mainloop()                          # 启动主事件循环
```

执行以上代码后，程序将打开图7-10所示的窗口。在该窗口中单击"获取所有内容"按钮时，将输出：

```
('鼓楼', '玄武', '栖霞', '秦淮')
```

选中"栖霞"选项后，单击"获取选中内容"按钮时，将输出：

```
栖霞
```

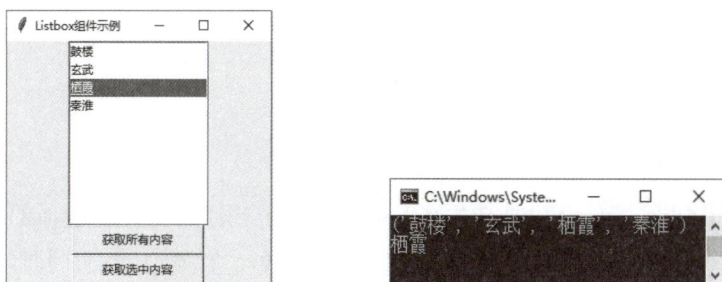

图 7-10　获取 Listbox 组件内容的 GUI 程序示例

【**例7-10**】创建一个GUI程序，该程序可以从一个列表框中选择内容并将其添加到另一个列表框中。

```
from tkinter import *
root = Tk()
def callbutton1():
    for i in listb.curselection():              # 遍历选中项
        listb2.insert(END, listb.get(i))        # 将选中的项添加到右侧列表框
def callbutton2():
    for i in listb2.curselection():             # 遍历选中项
        listb2.delete(i)                        # 从右侧列表框中删除选中的项
# 创建两个列表
li = ['鼓楼', '玄武', '栖霞', '秦淮']
# 创建两个列表框组件
listb = Listbox(root)
listb2 = Listbox(root)
for item in li:                                 # 将左侧列表框组件插入数据
    listb.insert(END, item)
# 将列表框组件放置到窗口对象中
listb.grid(row=0, column=0, rowspan=2)
listb2.grid(row=0, column=2, rowspan=2)
# 创建按钮组件
b1 = Button(root, text="添加 >", command=callbutton1, width=20)      # 创建添加按钮
b2 = Button(root, text="删除 <", command=callbutton2, width=20)      # 创建删除按钮
# 显示按钮组件
b1.grid(row=0, column=1, rowspan=2)
b2.grid(row=1, column=1, rowspan=2)
root.mainloop()
```

程序运行结果如图7-11所示。

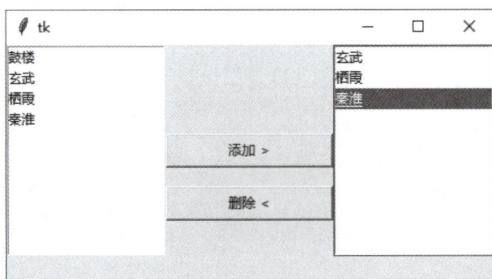

图 7-11　含有两个列表框组件的 GUI 程序

7.2.7　单选按钮和复选框

单选按钮(Radiobutton)和复选框(Checkbutton)分别用于实现选项的单选和多选功能。Radiobutton允许用户在同一组单选按钮中选择一个选项(不能同时选中多个)，而

Checkbutton则允许用户选择一项或多项。

1. 创建和显示 Radiobutton 对象

创建Radiobutton对象的基本方法如下：

Radiobutton对象 = Radiobutton(Window窗口对象, text="Radiobutton组件显示的文本")

显示Radiobutton对象的方法如下：

Radiobutton对象.pack()

可以使用variable属性为Radiobutton组件指定一个对应的变量。当多个Radiobutton组件绑定到同一个变量时，这些组件就形成了一个分组。分组后，需要使用value属性设置每个Radiobutton组件的值，以标识该项目是否被选中。

2. Radiobutton 组件常用属性

Radiobutton组件的常用属性如表7-11所示。

表7-11　Radiobutton组件常用属性

属 性	描 述
variable	单选按钮的索引变量，通过该变量的值确定哪个单选按钮被选中。对于一组单选按钮，所有组件使用同一个索引变量
value	单选按钮选中时变量的值
command	单选按钮被选中时执行的命令(函数)

3. Radiobutton 组件的方法

Radiobutton组件的方法如表7-12所示。

表7-12　Radiobutton组件的方法

方 法	描 述
deselect()	取消选中状态
select()	选择
invoke()	调用与单选按钮command属性关联的回调函数

4. 创建和显示 Checkbutton 对象

创建Checkbutton对象的基本方法如下：

Checkbutton对象 = Checkbutton(Tkinter Window窗口对象, text="Checkbutton组件显示的文本", command=单击Checkbutton按钮所调用的回调函数)

显示Checkbutton对象的方法如下：

Checkbutton对象.pack()

5. Checkbutton 组件常用属性

Checkbutton组件的常用属性如表7-13所示。

表7-13　Checkbutton组件常用属性

属 性	描 述
variable	复选框的索引变量，通过该变量的值确定哪些复选框被选中。每个复选框使用不同的变量，以实现复选框之间的相互独立
onvalue	复选框选中(有效)时变量的值
offvalue	复选框未选中(无效)时变量的值
command	复选框被选中时执行的命令(函数)

6. 获取 Checkbutton 状态

为了获取Checkbutton组件是否被选中，需要使用variable属性为Checkbutton组件指定一个对应的变量。例如：

```
c = tkinter.IntVar()
c.set(2)
check = tkinter.Checkbutton(root, text='同意', variable=c, onvalue=1, offvalue=2)
# 1表示选中，2表示未选中
check.pack()
```

指定变量c后，可以使用c.get()方法获取复选框的状态值。此外，也可以使用c.set()方法设置复选框的状态。例如，设置check复选框对象为未选中状态的代码如下：

```
c.set(2)        # 1表示选中，2表示未选中，设置为2意味着复选框处于未选中状态
```

获取单选按钮(Radiobutton)的状态方法与此类似。

【例7-11】使用Tkinter创建单选按钮(Radiobutton)选择程序。

```
import tkinter
root = tkinter.Tk()
r = tkinter.StringVar()                 # 创建StringVar对象
r.set('1')                              # 设置初始值为'1'，初始选中'鼓楼'

# 创建单选按钮
radio1 = tkinter.Radiobutton(root, variable=r, value='1', text='鼓楼')
radio1.pack()
radio2 = tkinter.Radiobutton(root, variable=r, value='2', text='玄武')
radio2.pack()
radio3 = tkinter.Radiobutton(root, variable=r, value='3', text='栖霞')
radio3.pack()
radio4 = tkinter.Radiobutton(root, variable=r, value='4', text='秦淮')
```

```
radio4.pack()
root.mainloop()
# 获取被选中单选按钮的变量值
print(r.get())
```

程序运行结果如图7-12所示(选中"玄武"选项后打印出2)。

图 7-12　单选按钮 Radiobutton 示例

【例7-12】通过单选按钮和复选框设置文字样式的功能。

```
# coding=gbk
import tkinter as tk
def colorChecked():
    label_1.config(fg=color.get())


def typeChecked():
    textType = typeBold.get() + typeItalic.get()
    if textType == 1:
        label_1.config(font=("Arial", 12, "bold"))
    elif textType == 2:
        label_1.config(font=("Arial", 12, "italic"))
    elif textType == 3:
        label_1.config(font=("Arial", 12, "bold italic"))
    else:
        label_1.config(font=("Arial", 12))
root = tk.Tk()
root.title("设置文本样式")
label_1 = tk.Label(root, text="示例文本", height=3, font=("Arial", 12))
label_1.config(fg="blue")                    # 初始颜色为蓝色
label_1.pack()
color = tk.StringVar()
color.set("blue")                            # 设置初始颜色为蓝色

# 创建颜色选择的单选按钮
tk.Radiobutton(root, text="红色", variable=color, value="red " ,
command=colorChecked).pack(side=tk.LEFT)
    tk.Radiobutton(root, text="蓝色", variable=color, value="blue",
command=colorChecked).pack(side=tk.LEFT)
```

```
    tk.Radiobutton(root, text="绿色", variable=color, value="green",
command=colorChecked).pack(side=tk.LEFT)


    typeBold = tk.IntVar()              # 定义typeBold变量表示文字是否为粗体
    typeItalic = tk.IntVar()            # 定义typeItalic变量表示文字是否为斜体


    # 创建粗体复选框
    tk.Checkbutton(root, text="粗体", variable=typeBold, onvalue=1, offvalue=0,
command=typeChecked).pack(side=tk.LEFT)
    # 创建斜体复选框
    tk.Checkbutton(root, text="斜体", variable=typeItalic, onvalue=2, offvalue=0,
command=typeChecked).pack(side=tk.LEFT)
    root.mainloop()
```

程序运行结果如图7-13(a)所示。

在这段代码中，使用Radiobutton组件来选择文字的颜色，用户在任意时刻只能选择一种颜色。提供了三个单选按钮，分别代表"红色"、"蓝色"和"绿色"，它们共享同一个变量参数color。选择不同的单选按钮会为该变量赋予不同的字符串值，这些值对应于各自的颜色。当任意一个单选按钮被选中时，都会触发colorChecked()函数，该函数负责将标签的文字颜色更新为所选单选按钮所表示的颜色。

文字的粗体和斜体样式则通过复选框来实现。代码定义了typeBold和typeItalic两个变量，分别用于表示文字是否为粗体或斜体。当某个复选框的状态发生变化时，会触发typeChecked()函数。该函数会判断当前哪些复选框被选中，并相应地将文字的字体样式设置为所选样式。选中"粗体"和"斜体"复选框后，窗口中"示例文本"将如图7-13(b)所示。

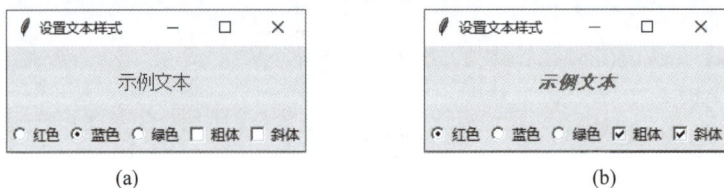

(a)   (b)

图 7-13　设置字体样式运行效果

7.2.8　菜单

在图形用户界面应用程序中，通常会提供菜单功能，这些菜单包含各种按照主题分组的基本命令。图形用户界面应用程序主要包括两种类型的菜单。

- 主菜单：提供窗体的整体菜单系统。用户通过单击主菜单可以展开子菜单，选择相应的命令以执行相关操作。常见的主菜单通常包括"文件""编辑""视图""帮助"等选项。

- 上下文菜单(也称为快捷菜单)：通过鼠标右键单击某个对象时弹出的菜单，通常包含与该对象相关的常用命令，如"剪切""复制""粘贴"等选项。

1. 创建和显示 Menu 对象

创建Menu对象的基本方法如下：

```
Menu对象 = Menu(Windows窗口对象)
```

将Menu对象显示在窗口中的方法如下：

```
Windows窗口对象['menu'] = Menu对象
Windows窗口对象.mainloop()
```

以下是一个使用Menu组件的简单示例：

```
from tkinter import *
root = Tk()
def hello():                          # 菜单项的事件处理函数，每个菜单项可以单独定义
    print("你单击了主菜单")
m = Menu(root)
for item in ['文件', '编辑', '视图']:        # 添加菜单项
    m.add_command(label=item, command=hello)
root['menu'] = m                      # 将主菜单附加到窗口
root.mainloop()
```

程序运行结果如图7-14所示。

图 7-14　使用 Menu 组件应用示例

2. 添加下拉菜单

前面介绍的Menu组件仅创建了主菜单，默认情况下并不包含下拉菜单。可以将一个Menu组件作为另一个Menu组件的下拉菜单，方法如下：

```
Menu对象1.add_cascade(label='菜单文本', menu=Menu对象2)
```

上述语句将Menu对象2设置为Menu对象1的下拉菜单。在创建Menu对象2时，也需要指定它是Menu对象1的子菜单，方法如下：

```
Menu对象2 = Menu(Menu对象1)
```

【例7-13】使用add_cascade()方法为"文件"和"编辑"添加下拉菜单。

```
# coding=gbk
from tkinter import *
```

```
def hello():
    print("已选择子菜单")
root = Tk()
m1 = Menu(root)                    # 创建主菜单

# 创建下拉菜单
filemenu = Menu(m1)
editmenu = Menu(m1)

# 为文件菜单添加项
for item in ['打开', '关闭', '退出']:
    filemenu.add_command(label=item, command=hello)

# 为编辑菜单添加项
for item in ['复制', '剪切', '粘贴']:
    editmenu.add_command(label=item, command=hello)

# 将 filemenu 作为"文件"下拉菜单
m1.add_cascade(label='文件', menu=filemenu)
# 将 editmenu 作为"编辑"下拉菜单
m1.add_cascade(label='编辑', menu=editmenu)

root['menu'] = m1                  # 将主菜单附加到窗口
root.mainloop()
```

程序运行结果如图7-15所示。

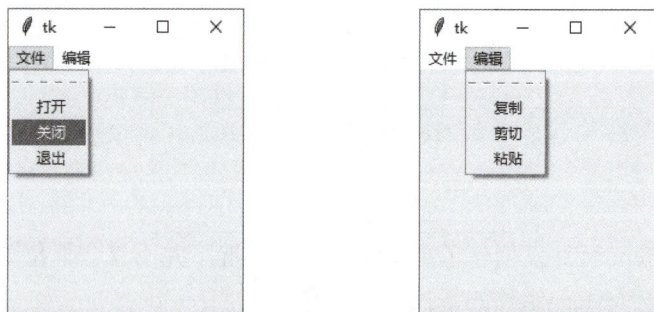

图 7-15　下拉菜单效果

3. 在菜单中添加复选框

使用add_checkbutton()方法可以在菜单中添加复选框，具体方法如下：

菜单对象.add_checkbutton(label='复选框的显示文本', command=菜单命令函数, variable=与复选框绑定的变量)

【例7-14】在"文件"菜单中添加一个"自动保存"复选框。

```
# coding=gbk
from tkinter import *
def hello():
    print(v.get())
root = Tk()
v = IntVar()                         # 使用IntVar来存储复选框的状态
m = Menu(root)
filemenu = Menu(m, tearoff=0)        # 创建文件菜单
for item in ['打开', '关闭', '退出']:
    filemenu.add_command(label=item, command=hello)
m.add_cascade(label='文件', menu=filemenu)
# 添加复选框"自动保存"
filemenu.add_checkbutton(label='自动保存', variable=v, command=hello)
root.config(menu=m)                  # 设置菜单
root.mainloop()
```

程序运行结果如图7-16所示。

图 7-16　下拉菜单中的复选框

4. 在菜单中添加分隔符

使用add_separator()方法可以在菜单中添加分隔符，具体方法如下：

```
菜单对象.add_separator()
```

【例7-15】在"退出"和"自动保存"菜单项间添加分隔符。

```
# coding=gbk
from tkinter import *
def hello():
    print(v.get())
root = Tk()
v = IntVar()                         # 使用IntVar来存储复选框的状态
m = Menu(root)
filemenu = Menu(m, tearoff=0)        # 创建文件菜单
for item in ['打开', '关闭', '退出']:
    filemenu.add_command(label=item, command=hello)
m.add_cascade(label='文件', menu=filemenu)
```

```
# 在"退出"和"自动保存"菜单项之间添加分隔符
filemenu.add_separator()

# 添加复选框"自动保存"
filemenu.add_checkbutton(label='自动保存', variable=v, command=hello)
root.config(menu=m)                    # 设置菜单
root.mainloop()
```

程序运行结果如图7-17所示。

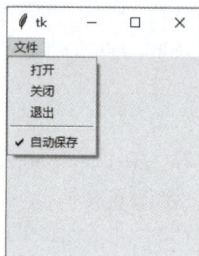

图 7-17　下拉菜单中的分隔符

5. 创建上下文菜单

上下文菜单(也称为快捷菜单)是通过鼠标右击某个对象时弹出的菜单，通常包含与该对象相关的常用命令(例如剪切、复制、粘贴等)。

创建上下文菜单一般遵循以下步骤。

(1) 创建菜单(与创建主菜单相同)，例如：

```
menubar = Menu(root)
menubar.add_command(label='剪切', command=hello1)
menubar.add_command(label='复制', command=hello2)
menubar.add_command(label='粘贴', command=hello3)
```

(2) 绑定鼠标右击事件，并在事件处理函数中弹出菜单，例如：

```
def popup(event):                              # 事件处理函数
    menubar.post(event.x_root, event.y_root)   # 在鼠标右键位置显示菜单
root.bind('<Button-3>', popup)                 # 绑定右键事件
```

【例7-16】 上下文菜单示例。

```
# coding=gbk
from tkinter import *
def popup(event):                              # 右键事件处理函数
    menubar.post(event.x_root, event.y_root)   # 在鼠标右键位置显示菜单
def hello1():
    print("执行剪切命令")
def hello2():
```

```
    print("执行复制命令")
def hello3():
    print("执行粘贴命令")


root = Tk()
root.geometry("300x120")                        # 设置窗口大小


# 创建菜单
menubar = Menu(root)
menubar.add_command(label='剪切', command=hello1)
menubar.add_command(label='复制', command=hello2)
menubar.add_command(label='粘贴', command=hello3)


# 创建Entry组件
s = StringVar()                                 # 创建一个StringVar对象
s.set("上下文菜单示例")                          # 设置初始文本
entry_Cd = Entry(root, textvariable=s)          # 创建Entry组件
entry_Cd.pack()                                 # 添加到窗口


# 绑定右键事件
root.bind('<Button-3>', popup)
root.mainloop()
```

程序运行结果如图7-18所示。

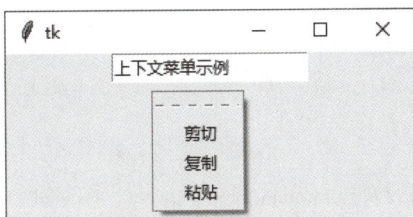

图 7-18　上下文菜单效果

7.2.9　对话框

对话框用于与用户交互并检索信息。Tkinter模块中的子模块包括messagebox、filedialog、colorchooser和simpledialog，这些模块提供了一些通用的预定义对话框。同时，用户也可以通过继承TopLevel类来创建自定义对话框。

1. 文件对话框

Tkinter的子模块filedialog包含了用于打开文件对话框的函数askopenfilename()。该文件对话框允许用户选择某个文件夹中的文件，其使用格式如下：

```
askopenfilename(title='标题', filetypes=[('所有文件', '*.*'), ('文本文件', '*.txt')])
```

○ filetypes：文件过滤器，可以用来筛选特定格式的文件。

◯　title：设置打开文件对话框的标题。

此外，filedialog模块还提供了文件保存对话框函数asksaveasfilename()，其格式如下：

```
asksaveasfilename(title='标题', initialdir='D:\\work', initialfile='hello.py')
```

◯　initialdir：默认保存路径，即文件夹，例如'D:\\work'。

◯　initialfile：默认保存的文件名，例如'hello.py'。

【例7-17】打开和保存文件对话框的程序示例。

```
# coding=gbk
from tkinter import *
from tkinter.filedialog import *


def openfile():
    """按钮事件处理函数：显示打开文件对话框，返回选中文件的路径"""
    r = askopenfilename(title='打开文件', filetypes=[('Python 文件', '*.py'), ('所有文件', '*.*')])
    print(r)


def savefile():
    """按钮事件处理函数：显示保存文件对话框"""
    r = asksaveasfilename(title='保存文件', initialdir='D:\\work', initialfile='hello.py')
    print(r)


# 创建主窗口
root = Tk()
root.title('打开和保存文件对话框示例')              # 设置窗口标题
root.geometry("320x150")                          # 设置窗口大小


# 创建按钮组件
btn1 = Button(root, text='打开文件', command=openfile)     # 创建打开文件按钮
btn2 = Button(root, text='保存文件', command=savefile)     # 创建保存文件按钮


# 布局
btn1.pack(side='left')            # 将按钮1放在左侧
btn2.pack(side='left')            # 将按钮2放在左侧
root.mainloop()
```

程序运行结果如图7-19所示。

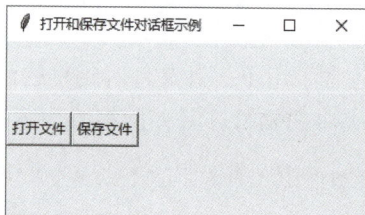

图 7-19　"打开和保存文件对话框示例"窗口

在图7-19所示的窗口中单击"打开文件"按钮，将打开图7-20(a)所示的"打开文件"对话框；单击"保存文件"按钮，将打开图7-20(b)所示的"保存文件"对话框。

(a)   (b)

图 7-20   "打开文件"和"保存文件"对话框

2. 颜色对话框

Tkinter模块的子模块colorchooser包含用于打开颜色对话框的函数askcolor()，该对话框允许用户选择颜色。

【例7-18】颜色对话框程序示例。

```
# coding=gbk
from tkinter import *
from tkinter.colorchooser import *          # 引入colorchooser模块
root = Tk()
# 调用askcolor函数，返回所选颜色的(R，G，B)值和RRGGBB格式的表示
print(askcolor())
root.mainloop()
```

程序运行结果如图7-21所示。

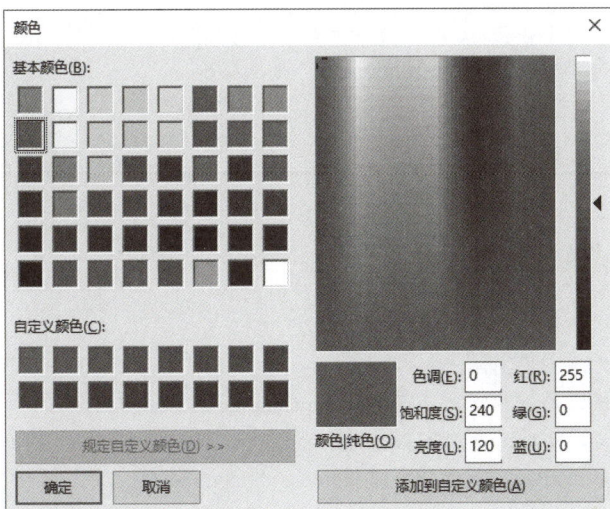

图 7-21   "颜色"对话框

在图7-21所示的对话框中选择一种颜色(例如"红色")，然后单击"确定"按钮，将打印以下结果：

```
((255, 0, 0), '#ff0000')
```

3. 简单对话框

Tkinter模块的子模块simpledialog包含用于打开输入对话框的函数。这些函数允许用户输入数据并返回相应的值。

- askfloat(title, prompt, options)：打开输入对话框，用户可以输入并返回一个浮点数。
- askinteger(title, prompt, options)：打开输入对话框，用户可以输入并返回一个整数。
- askstring(title, prompt, options)：打开输入对话框，用户可以输入并返回一个字符串。

其中，title为对话框的窗口标题；prompt为提示文本信息；options是一个可选参数，包括以下选项。

- Initialvalue(初始值)：对话框中显示的默认值。
- Minvalue(最小值)：输入值的最小限制(适用于askfloat和askinteger)。
- Maxvalue(最大值)：输入值的最大限制(适用于askfloat和askinteger)。

【例7-19】简单对话框程序示例。

```
# coding=gbk
import tkinter
from tkinter import simpledialog

def inputStr():
    r = simpledialog.askstring(' Hello, world!', '输入字符串', initialvalue='Hello, world!')
    print(r)
def inputInt():
    r = simpledialog.askinteger('Python Tkinter', '输入整数')
    print(r)
def inputFloat():
    r = simpledialog.askfloat('Python Tkinter', '输入浮点数')
    print(r)

# 创建主窗口
root = tkinter.Tk()
root.title('简单对话框示例')             # 设置窗口标题
root.geometry("260x80")               # 设置窗口大小

# 创建按钮
btn1 = tkinter.Button(root, text='输入字符串', command=inputStr)
btn2 = tkinter.Button(root, text='输入整数', command=inputInt)
btn3 = tkinter.Button(root, text='输入浮点数', command=inputFloat)
```

```
# 按钮布局
btn1.pack(side='left')
btn2.pack(side='left')
btn3.pack(side='left')
root.mainloop()
```

执行以上代码后，程序将打开图7-22(a)所示的窗口，单击该窗口中的"输入字符串"按钮，将打开图7-22(b)所示的窗口。

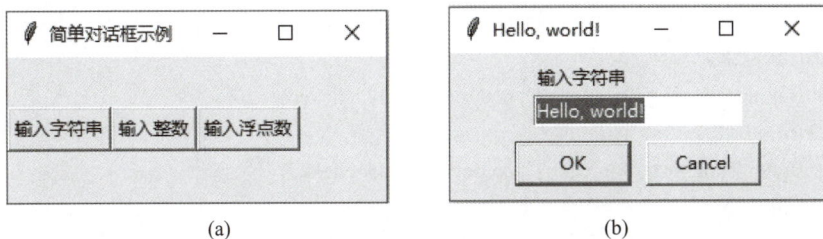

(a)　　　　　　　　　　　　(b)

图 7-22　简单对话框示例

7.2.10　消息窗口

消息窗口(messagebox)用于弹出提示框，以向用户发出警告或询问用户的下一步操作。消息框有多种类型，常用的包括info、warning、error、yesno和okcancel等。不同类型的消息框包含不同的图标、按钮以及弹出时的提示音，以适应不同的使用场景和需求。

【例7-20】消息窗口程序示例。

```
# coding=gbk
import tkinter as tk
from tkinter import messagebox as msgbox
def btn1_clicked():
    msgbox.showinfo("信息", "Showinfo 测试。")
def btn2_clicked():
    msgbox.showwarning("警告", "Showwarning 测试。")
def btn3_clicked():
    msgbox.showerror("错误", "Showerror 测试。")
def btn4_clicked():
    msgbox.askquestion("问题", "Askquestion 测试。")
def btn5_clicked():
    msgbox.askokcancel("确认", "Askokcancel 测试。")
def btn6_clicked():
    msgbox.askyesno("是/否", "Askyesno 测试。")
def btn7_clicked():
    msgbox.askretrycancel("重试", "Askretrycancel 测试。")

# 创建主窗口
root = tk.Tk()
```

```
root.title("消息窗口示例")
root.geometry("260x210")                                    # 设置窗口大小

# 创建各个按钮
btn1 = tk.Button(root, text="显示信息", command=btn1_clicked)
btn1.pack(fill=tk.X)
btn2 = tk.Button(root, text="显示警告", command=btn2_clicked)
btn2.pack(fill=tk.X)
btn3 = tk.Button(root, text="显示错误", command=btn3_clicked)
btn3.pack(fill=tk.X)
btn4 = tk.Button(root, text="询问问题", command=btn4_clicked)
btn4.pack(fill=tk.X)
btn5 = tk.Button(root, text="确认取消", command=btn5_clicked)
btn5.pack(fill=tk.X)
btn6 = tk.Button(root, text="是/否", command=btn6_clicked)
btn6.pack(fill=tk.X)
btn7 = tk.Button(root, text="重试", command=btn7_clicked)
btn7.pack(fill=tk.X)
# 运行主循环
root.mainloop()
```

在上述代码中使用了tkinter库来创建一个简单的GUI界面。在该界面中，用户可以单击不同的按钮来触发相应的消息框，展示不同类型的信息。每个按钮的点击事件都与相应的消息框函数关联，如图7-23所示。

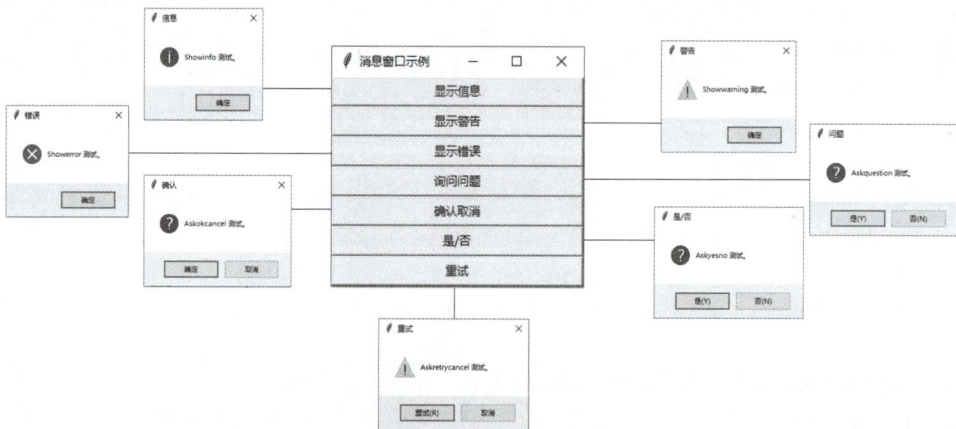

图 7-23　各种消息窗口示例

7.2.11　框架

Frame组件是一个重要的框架组件，用于对其他组件进行分组和组织，负责安排这些组件的位置。Frame组件在屏幕上显示为一个矩形区域，充当其他组件的容器。

1. 创建和显示 Frame 对象

创建Frame对象的基本方法如下：

```
Frame对象 = Frame(窗口对象, height=高度, width=宽度, bg=背景色, ...)
```

例如，创建第一个Frame组件，其高度为100，宽度为400，背景色为绿色，可以使用以下代码：

```
f1 = Frame(root, height=100, width=400, bg='green')
```

显示Frame对象的方法如下：

```
Frame对象.pack()
```

2. 向 Frame 组件中添加组件

在创建组件时，可以指定其容器为Frame组件。例如，向Frame组件添加一个Label组件的代码如下：

```
Label(Frame对象, text='Hello').pack()
```

3. LabelFrame 组件

LabelFrame组件是具有标题的Frame组件。可以使用text属性来设置LabelFrame组件的标题，方法如下：

```
LabelFrame(窗口对象, height=高度, width=宽度, text=标题).pack()
```

【例7-21】使用2个Frame组件和1个LabelFrame组件的示例。

```
# coding=gbk
from tkinter import *
root = Tk()                          # 创建窗口对象
root.title("Frame组件示例")          # 设置窗口标题
root.geometry("260x160")             # 设置窗口大小

# 创建第一个Frame组件
f1 = Frame(root)
f1.pack()

# 创建第二个Frame组件
f2 = Frame(root)
f2.pack()

# 创建第三个LabelFrame组件，并放置在窗口底部
f3 = LabelFrame(root, text='第3个Frame')
f3.pack(side=BOTTOM)
```

```
red_button = Button(f1, text="红色", fg="red")
red_button.pack(side=LEFT)
brown_button = Button(f1, text="棕色", fg="brown")
brown_button.pack(side=LEFT)
blue_button = Button(f1, text="蓝色", fg="blue")
blue_button.pack(side=LEFT)
black_button = Button(f2, text="黑色", fg="black")
black_button.pack()

# 在LabelFrame中添加按钮
green_button = Button(f3, text="绿色", fg="green")
green_button.pack()
root.mainloop()
```

程序运行结果如图7-24所示。

以上代码通过Frame框架将5个按钮分为3个区域：第一个区域包含3个按钮，第二个区域包含1个按钮，第三个区域也包含1个按钮。

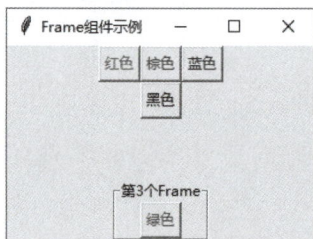

图 7-24　Frame 框架示例

4. 刷新 Frame

在使用Python创建GUI图形界面时，可以利用after方法定期刷新界面。以下示例代码实现了一个计数器效果，同时文字的背景色也会不断变化。

```
# coding=gbk
from tkinter import *
colors = ('orange', 'yellow', 'green', 'blue', 'purple')      # 定义颜色列表
root = Tk()                                                    # 创建主窗口
f = Frame(root, height=200, width=200)                         # 创建Frame组件
f.color = 0
f['background'] = colors[f.color]                              # 设置框架背景色
label = Label(f, text='0')                                     # 创建Label组件
label.pack()
def foo():
    f.color = (f.color + 1) % len(colors)
    f['background'] = colors[f.color]
    label['text'] = str(int(label['text']) + 1)
    f.after(500, foo)                                          # 每500毫秒执行一次foo函数以刷新界面
```

```
f.pack()
f.after(500, foo)
root.mainloop()
```

在开发广告程序时，可以使用after方法实现标签(Label)不断移动的效果。

```
# coding=gbk
from tkinter import *
root = Tk()                              # 创建主窗口
root.title("广告程序示例")                # 设置窗口标题
root.geometry("260x160")                 # 设置窗口大小
f = Frame(root, height=200, width=200)   # 创建一个Frame组件
f.pack()
lab1 = Label(f, text='欢迎访问本站')
lab1.place(x=0, y=0)                     # 初始位置
x = 0
def foo():
    global x
    x += 10                             # 每次调用时x增加10
    if x > 200:                         # 如果x超过200，重置为0
        x = 0
    lab1.place(x=x, y=0)                # 更新Label的位置
    f.after(500, foo)                   # 每500毫秒执行一次foo函数以刷新屏幕
f.after(500, foo)
root.mainloop()
```

程序运行结果如图7-25所示，其中文字"欢迎访问本站"会不停的左右移动。利用同样的方法可以开发类似贪吃蛇游戏，游戏中蛇的移动可以借助after方法实现不断改变位置，从而实现蛇移动的效果。

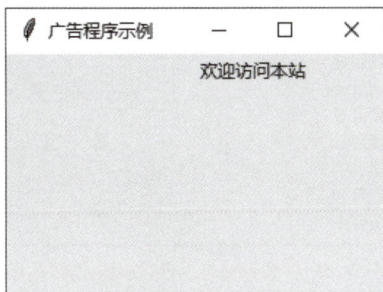

图 7-25　广告程序示例

7.2.12　滚动条

Scrollbar组件是用于实现滚动功能的滚动条组件。根据方向，滚动条可分为垂直滚动条和水平滚动条。Scrollbar组件常用于实现文本、画布(Canvas)和列表框(Listbox)的滚动效果。水平滚动条还可以与输入框(Entry)结合使用。

要在某个组件上添加垂直滚动条，通常需要执行以下两个步骤。

(1) 将该组件的yscrollcommand选项设置为Scrollbar组件的set()方法。

(2) 将Scrollbar组件的command选项设置为该组件的yview()方法。

【例7-22】为列表框添加垂直滚动条，以显示100项内容。

```
# coding=gbk
from tkinter import *
def print_item(event):                        # 鼠标松开时打印出当前选中项的内容
    print(mylist.get(mylist.curselection()))
root = Tk()                                    # 创建主窗口
root.title("滚动条示例")                        # 设置窗口标题
root.geometry("260x168")                       # 设置窗口大小
mylist = Listbox(root)                         # 创建列表框
mylist.bind('<ButtonRelease-1>', print_item)
for line in range(100):                        # 向列表框添加100项内容
    mylist.insert(END, " 项目 " + str(line + 1))
mylist.pack(side=LEFT, fill=BOTH)              # 列表框填充窗口
scrollbar = Scrollbar(root)                    # 创建滚动条
scrollbar.pack(side=RIGHT, fill=Y)
scrollbar.config(command=mylist.yview)
mylist.configure(yscrollcommand=scrollbar.set)
root.mainloop()
```

执行以上代码后，程序将打开图7-26所示的窗口。当用户使用窗口右侧的滚动条时，左侧的列表框内容也会随之滚动；同时，用户可以使用方向键在列表框中移动选项，右侧的滚动条也会相应移动。这正是通过前面介绍的两个步骤实现的。

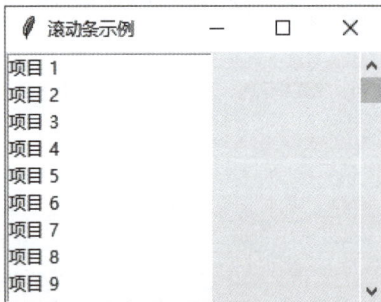

图 7-26　在列表框中加入垂直滚动条效果

添加水平方向的滚动条非常简单，只需正确设置xscrollcommand和xview属性即可。

7.3　图形绘制

Tkinter库中的Canvas组件可以提供一个灵活的画布区域，用于绘制图形、文本和组件，从而实现复杂的图形界面和动画效果。

7.3.1 Canvas画布组件

Canvas(画布)是一个矩形区域，主要用于图形绘制或复杂的图形界面布局。在画布上，用户可以绘制图形、文本，并放置各种组件和框架。

要创建一个Canvas对象，可以使用以下方法：

Canvas对象 = Canvas(窗口对象, 选项, ...)

常用的选项如表7-14所示。

表7-14 Canvas 组件常用选项

选 项	描 述
bd	指定画布的边框宽度，单位为像素
bg	指定画布的背景颜色
confine	指定画布在滚动区域外是否可以滚动，默认为True，表示不可滚动
cursor	指定画布中的鼠标指针样式，例如arrow、circle、dot
height	指定画布的高度
highlightcolor	选中画布时的背景色
relief	指定画布的边框样式，可选值包括SUNKEN、RAISED、GROOVE、RIDGE
scrollregion	指定画布的滚动区域的元组(w，n，e，s)

显示Canvas对象的方法如下：

Canvas对象.pack()

例如，以下代码可以创建一个黄色背景、宽度260、高度为120的Canvas画布。

```
# coding=gbk
from tkinter import *
root = Tk()                                    # 创建主窗口
cv = Canvas(root, bg='yellow', width=260, height=120)
cv.create_line(10, 50, 290, 50, width=3, dash=(7, 2))  # 绘制一条水平直线
cv.pack()                                      # 显示画布
root.mainloop()
```

程序运行结果如图7-27所示。

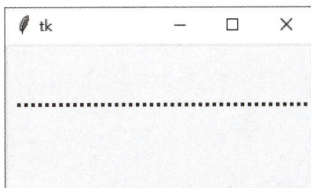

图 7-27 Canvas 画布

7.3.2 Canvas画布对象

1. 绘制图形对象

在Canvas画布上可以绘制各种图形对象。表7-15所示为一些常用的绘制方法。

表7-15　Canvas组件常用的绘制方法

方　　法	描　　述	方　　法	描　　述
create_arc()	绘制圆弧	create_oval()	绘制椭圆
create_line()	绘制直线	create_polygon()	绘制多边形
create_bitmap()	绘制位图	create_window()	绘制子窗口
create_image()	绘制位图图像	create_text()	创建文本对象

每个绘制对象在Canvas上都有一个唯一的标识符(ID，整数类型)。调用绘制函数时会返回该对象的ID。例如：

```
id1 = cv.create_line(10, 10, 100, 80, width=2, dash=7)          # 绘制直线
```

在这个例子中，id1存储了绘制的直线的ID。

在创建图形对象时，可以使用属性tags为图形对象设置标记，例如：

```
rt = cv.create_rectangle(10, 10, 110, 110, tags='r1')
```

上述语句指定矩形对象rt具有一个标记r1。同时，也可以为一个对象设置多个标记(tags)。例如：

```
rt = cv.create_rectangle(10, 10, 110, 110, tags=('r1', 'r2', 'r3'))
```

上面的语句为矩形对象rt指定了3个标记：r1、r2 和 r3。

指定标记后，可以使用find_withtag()方法获取具有特定标签的图形对象，并设置其属性。find_withtag()方法的语法如下：

```
Canvas对象.find_withtag(tag名)
```

该方法返回一个图形对象数组，其中包含所有具有指定标签的图形对象。

使用 find_withtag()方法可以设置图形对象的属性，其语法如下：

```
Canvas对象.itemconfig(图形对象, 属性1=值1, 属性2=值2, ...)
```

【例7-23】使用属性tags设置图形对象标记。

```
# coding=gbk
from tkinter import *
root = Tk()
# 创建一个Canvas，设置其背景色为黄色
```

```
cv = Canvas(root, bg='yellow', width=260, height=180)
# 使用tags为第一个矩形指定三个标签
rt = cv.create_rectangle(10, 10, 150, 150, tags=('r1', 'r2', 'r3'))
cv.pack()
# 创建第二个矩形，并为其指定一个标签
cv.create_rectangle(30, 30, 80, 80, tags='A')    # 使用tags为第二个矩形指定一个标签
# 将所有与标签'r3'绑定的图形对象的边框颜色设置为蓝色
for item in cv.find_withtag('r3'):
    cv.itemconfig(item, outline='blue')
root.mainloop()
```

程序运行结果如图7-28所示。

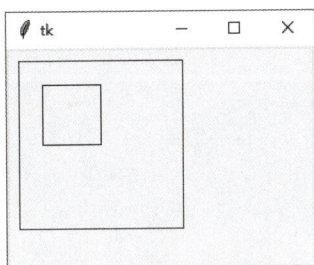

图7-28 图形对象效果

2. 绘制圆弧

使用create_arc()方法可以创建一个圆弧对象，可以是饼图的扇区或简单的弧形。具体语法如下：

Canvas对象.create_arc(弧外框矩形左上角的x坐标, 弧外框矩形左上角的y坐标, 弧外框矩形右下角的x坐标, 弧外框矩形右下角的y坐标, 选项, ...)

在创建圆弧时常用的选项如表7-16所示。

表7-16 创建圆弧时常用的选项

选 项	描 述	选 项	描 述
outline	指定圆弧的边框颜色	start	代表起始角度
fill	指定填充颜色	width	指定圆弧边框的宽度
extent	指定角度偏移量，而非终止角度		

【例7-24】使用create_arc()方法创建圆弧示例。

```
# coding=gbk
from tkinter import *
root = Tk()
```

```
root.title("绘制圆弧示例")                        # 设置窗口标题
root.geometry("280x260")                         # 设置窗口大小
# 创建一个Canvas，设置其背景色为黄色
cv = Canvas(root, bg='yellow')
#使用默认参数创建一个圆弧，结果为90度的扇形
cv.create_arc((10,10,110,110),)
d = {1: 'pieslice', 2: 'chord', 3: 'arc'}
for i in d:
    # 使用三种样式，分别创建了扇形、弓形和弧形
    cv.create_arc((10, 10 + 60 * i, 110, 110 + 45 * i), style=d[i])
    print(i, d[i])
# 使用start和extent指定圆弧的起始角度与偏移角度
cv.create_arc(
    (150, 150, 250, 250),
    start=30,                # 指定起始角度
    extent=150               # 指定角度偏移量(逆时针)
)
cv.pack()
root.mainloop()
```

程序运行结果如图7-29所示。

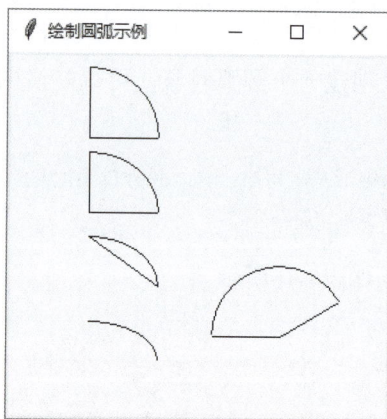

图 7-29　创建圆弧对象

本例通过默认参数绘制了一个90度的扇形，然后使用循环分别以3种不同的样式(扇形、弓形和弧形)绘制了三个不同的圆弧，并在控制台输出了它们的样式类型。最后，使用start和extent参数绘制了一个起始角度为30度、偏移角度为150度的圆弧。

3. 绘制线条

使用create_line()方法可以创建一个线条对象。具体语法如下：

```
line = canvas.create_line(x0, y0, x1, y1, ..., xn, yn, 选项)
```

其中，参数 x0，y0，x1，y1，…，xn，yn表示线段的端点。

创建线段时常用的选项如表7-17所示。

表7-17 创建线条时常用的选项

选 项	描 述
width	指定线段的宽度。
arrow	指定是否使用箭头(可选值：none表示没有箭头，first表示起点有箭头，last表示终点有箭头，both表示两端都有箭头)
fill	指定线段的颜色
dash	指定线段为虚线，其整数值决定虚线的样式

【例7-25】使用create_line()方法创建线条对象示例。

```
# coding=gbk
from tkinter import *
root = Tk()
root.title("绘制线条示例")                             # 设置窗口标题
root.geometry("260x130")                              # 设置窗口大小
cv = Canvas(root, bg='yellow', width=260, height=130)
cv.create_line(52, 10, 200, 10, arrow='none')        # 绘制没有箭头的线段
cv.create_line(52, 30, 200, 30, arrow='first')       # 绘制起点有箭头的线段
cv.create_line(52, 50, 200, 50, arrow='last')        # 绘制终点有箭头的线段
cv.create_line(52, 60, 200, 60, arrow='both')        # 绘制两端都有箭头的线段
cv.create_line(52, 90, 200, 110, width=3, dash=(7, 3))  # 绘制虚线
cv.pack()
root.mainloop ()
```

程序运行结果如图7-30所示。

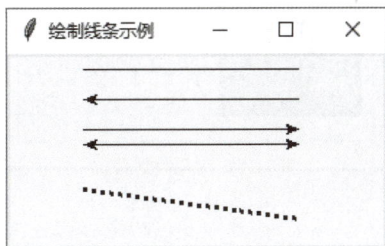

图 7-30 创建线条对象

4. 绘制矩形

使用create_rectangle()方法可以创建矩形对象。具体语法如下：

Canvas对象.create_rectangle(矩形左上角的x坐标, 矩形左上角的y坐标, 矩形右下角的x坐标, 矩形右下角的y坐标, 选项, ...)

创建矩形对象时常用的选项如表7-18所示。

表7-18 创建矩形时常用的选项

选 项	描 述	选 项	描 述
outline	指定边框颜色	width	指定边框的宽度
fill	指定填充颜色	dash	指定边框为虚线
stipple	使用指定的自定义画刷填充矩形		

【例7-26】 使用create_rectangle()方法创建矩形对象。

```
# coding=gbk
from tkinter import *
root = Tk()
root.title("绘制矩形示例")                          # 设置窗口标题
root.geometry("260x130")                           # 设置窗口大小
cv = Canvas(root, bg='yellow', width=260, height=160)
# 创建一个填充色为红色、边框宽度为2的矩形
cv.create_rectangle(10, 10, 110, 110, width=5, fill='red')
# 创建一个边框颜色为绿色的矩形
cv.create_rectangle(140, 30, 210, 80, outline='green')
cv.pack()
root.mainloop()
```

程序运行结果如图7-31所示。

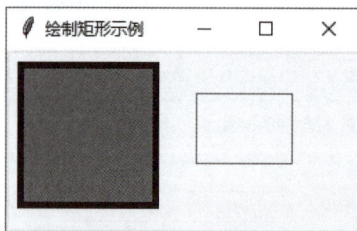

图 7-31 创建矩形对象

5. 绘制多边形

使用create_polygon()方法可以创建一个多边形对象，支持三角形、矩形或任意形状的多边形。具体语法如下：

```
Canvas对象.create_polygon(顶点1的x坐标, 顶点1的y坐标, 顶点2的x坐标, 顶点2的y坐标, ..., 顶点n的x坐标, 顶点n的y坐标, 选项, ...)
```

创建多边形对象时常用的选项如表7-19所示。

表7-19 创建多边形时常用的选项

选 项	描 述
outline	指定边框颜色
fill	指定填充颜色
width	指定边框的宽
smooth	指定多边形的平滑程度(0表示边为折线，1表示边为平滑曲线)

【例7-27】创建三角形、正方形和对顶三角形对象示例。

```
# coding=gbk
from tkinter import *
root = Tk()
root.title("绘制多边形示例")
root.geometry("260x100")
cv = Canvas(root, bg='yellow', width=300, height=100)

# 创建等腰三角形
cv.create_polygon(35, 10, 10, 60, 60, 60, outline='blue', fill='green', width=3)
# 创建直角三角形
cv.create_polygon(70, 10, 120, 10, 120, 60, outline='blue', fill='white', width=3)
# 创建正方形
cv.create_polygon(130, 10, 180, 10, 180, 60, 130, 60, width=4)
# 创建对顶三角形
cv.create_polygon(190, 10, 240, 10, 190, 60, 240, 60, width=2)
cv.pack()
root.mainloop()
```

程序运行结果如图7-32所示。

图 7-32 创建多边形对象

6. 绘制椭圆

使用create_oval()方法可以创建一个椭圆对象。具体语法如下：

Canvas对象.create_oval(包裹椭圆的矩形左上角x坐标, 包裹椭圆的矩形左上角y坐标, 包裹椭圆的矩形右下角x坐标, 包裹椭圆的矩形右下角y坐标, 选项, ...)

在创建椭圆对象时，常用的选项如表7-20所示。

表7-20　创建椭圆时常用的选项

选　项	描　述	选　项	描　述
outline	指定边框颜色	width	指定边框的宽度
fill	指定填充颜色		

【例7-28】创建椭圆和圆形对象示例。

```
# coding=gbk
from tkinter import *
root = Tk()
root.title("绘制椭圆示例")
root.geometry("260x120")
cv = Canvas(root, bg='yellow', width=260, height=120)

# 创建椭圆
cv.create_oval(10, 10, 100, 80, outline='red', fill='white', width=2)
# 创建圆形
cv.create_oval(120, 10, 190, 80, outline='blue', fill='green', width=2)
cv.pack()
root.mainloop()
```

程序运行结果如图7-33所示。

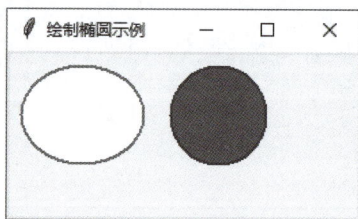

图 7-33　创建椭圆和圆形对象

7. 绘制文字

使用create_text()方法可以创建一个文字对象。具体语法如下：

文字对象 = Canvas对象.create_text((文本左上角的x坐标, 文本左上角的y坐标), 选项, ...)

在创建文字对象时，常用的选项如表7-21所示。

表7-21　创建文字时常用的选项

选　项	描　述
text	指定文字对象的文本内容

(续表)

选 项	描 述
fill	指定文字颜色
anchor	控制文字对象的位置，其取值如下：'w'(左对齐)、'e'(右对齐)、'n'(顶对齐)、's'(底对齐)、'nw'(左上对齐)、'sw'(左下对齐)、'se'(右下对齐)、'ne'(右上对齐)和'center'(居中对齐，默认值为'center')
justify	设置文字对象中文本的对齐方式，其取值如下：'left'(左对齐)、'right'(右对齐)或'center'(居中对齐，默认值为'center')

【例7-29】创建文本对象示例。

```
# coding=gbk
from tkinter import *
root = Tk()
root.title("绘制椭圆示例")
root.geometry("260x120")
cv = Canvas(root, bg='yellow', width=260, height=120)

cv.create_text((50, 10), text='Tkinter 示例', fill='red', anchor='nw')
cv.create_text((200, 100), text='学习Python', fill='blue', anchor='se')
cv.pack()
root.mainloop()
```

程序运行结果如图7-34所示。

图 7-34　创建文本对象

select_from()方法用于指定选中文本的起始位置，具体用法如下：

```
Canvas对象.select_from(文字对象, 选中文本的起始位置)
```

select_to()方法用于指定选中文本的结束位置，具体用法如下：

```
Canvas对象.select_to(文字对象, 选中文本的结束位置)
```

【例7-30】选中文本示例。

```
# coding=gbk
from tkinter import *
```

```
root = Tk()
cv = Canvas(root, bg='yellow', width=260, height=120)
root.title("选中文本示例")
root.geometry("260x120")
# 创建文本
txt = cv.create_text((38, 40), text='Python以编写优美的代码为目标', fill='red', anchor='nw')
# 设置文本的选中起始位置
cv.select_from(txt, 6)
# 设置文本的选中结束位置
cv.select_to(txt, 16)                    # 选中"以编写优美的代码为目标"
cv.pack()
root.mainloop()
```

程序运行结果如图7-35所示。

图 7-35　选中文本示例

8. 绘制位图

使用create_bitmap()方法可以绘制Python内置的位图，具体用法如下：

Canvas对象.create_bitmap((x坐标, y坐标), bitmap=位图字符串, 选项, ...)

其中(x坐标, y坐标)是位图放置的中心坐标。常用选项有bitmap、activebitmap和disabledbitmap，用于指定正常、活动和禁用状态下显示的位图。

9. 绘制图像

在游戏开发中，通常需要使用大量图像，可以采用create_image()方法来绘制图像，具体用法如下：

Canvas对象.create_image((x坐标, y坐标), image=图像文件对象, 选项, ...)

其中(x坐标, y坐标)是图像放置的中心坐标。常用选项有image、activeimage和disabledimage，用于指定正常、活动和禁用状态下显示的图像。

需要注意的是，使用PhotoImage函数来获取图像文件对象的方法如下：

img1 = PhotoImage(file='图像文件路径')

例如：

img1 = PhotoImage(file='D:/P1.png')

Python支持的图像文件格式一般为.png 和.gif。

【例7-31】绘制图像示例。

```
# coding=utf-8
from tkinter import *
root = Tk()
cv = Canvas(root, width=500, height=260)          # 设置画布的大小
# 加载图像文件
img1 = PhotoImage(file='D:/P1.png')               # png格式图片
img2 = PhotoImage(file='D:/P2.gif')               # gif格式图片
# 绘制图像
cv.create_image((130, 100), image=img1)           # 绘制png图片
cv.create_image((350, 100), image=img2)           # 绘制gif图片


# 定义字典
d = {
    1: 'error',
    2: 'info',
    3: 'question',
    4: 'hourglass',
    5: 'questhead',
    6: 'warning',
    7: 'gray12',
    8: 'gray25',
    9: 'gray50',
    10: 'gray75'
}

# 遍历字典绘制Python内置的位图
for i in d:
    # 这里需要确保d[i]是一个有效的位图名称
    cv.create_bitmap((43 * i, 230), bitmap=d[i])
cv.pack()
root.mainloop()
```

程序运行结果如图7-36所示。

图 7-36　绘制图像示例

10. 修改图形对象坐标

使用coords()方法可以修改图形对象的坐标，具体用法如下：

> Canvas对象.coords(图形对象, (图形左上角的x坐标, 图形左上角的y坐标, 图形右下角的x坐标, 图形右下角的y坐标))

通过该方法，用户可以同时修改图形对象的左上角和右下角的坐标，从而实现图形的缩放效果。

需要注意的是，如果图形对象是图像文件，则只能指定图像的中心点坐标，而无法直接设置图像对象的左上角和右下角坐标，因此无法对图像进行缩放操作。

【例7-32】 修改图形对象的坐标示例。

```
# coding=utf-8
from tkinter import *
root = Tk()
cv = Canvas(root)
cv = Canvas(root, width=500, height=360)                    # 设置画布的大小
img1 = PhotoImage(file='D:/P1.png')                         # png格式图片
img2 = PhotoImage(file='D:/P2.gif')                         # gif格式图片
rt1 = cv.create_image((100, 100), image=img1)              # 绘制png图片
rt2 = cv.create_image((200, 100), image=img2)              # 绘制gif图片
cv.coords(rt2, (395, 250))                                  # 调整rt2对象位置
rt3 = cv.create_rectangle(20, 260, 80, 200, outline='red', fill='blue')   # 创建正方形对象
cv.pack()
root.mainloop()
```

执行以上代码后，程序将打开图7-37(a)所示的窗口。在代码中添加以下语句，调整正方形对象的位置：

```
cv.coords(rt3, (240, 260, 300, 200))                        # 调整正方形对象rt3的位置
```

再次执行代码，程序运行结果如图7-37(b)所示。

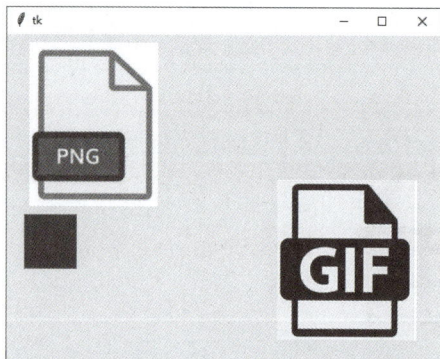

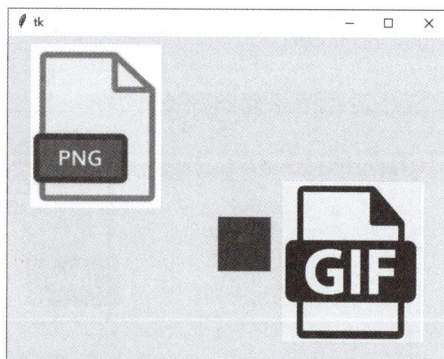

(a)　　　　　　　　　　　　　　　　　　(b)

图7-37　调整图形对象位置示例

11. 移动图形对象

使用move()方法可以修改图形对象的坐标。具体方法如下：

Canvas对象.move(图形对象, x坐标偏移量, y坐标偏移量)

【例7-33】 移动指定图形对象示例。

```
# coding=utf-8
from tkinter import *
root = Tk()
cv = Canvas(root, bg='white', width=260, height=220)

# 创建第一个矩形rt1
rt1 = cv.create_rectangle(10, 10, 200, 200, outline='red', stipple='gray12', fill='green')

cv.pack()

# 创建第二个矩形rt2
rt2 = cv.create_rectangle(10, 10, 200, 200, outline='blue')

# 移动rt1矩形
cv.move(rt1, 50, 10)

cv.pack()
root.mainloop()
```

程序运行结果如图7-38所示。

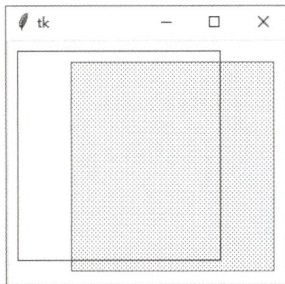

图 7-38　移动指定图形对象示例

以上代码为了对比移动图形对象的效果，程序在同一位置绘制了两个矩形：矩形rt1 (带背景花纹)和矩形rt2(无背景填充)。接着，使用move()方法将rt1矩形向右移动50像素，向下移动10像素。

12. 删除图形对象

使用delete()方法可以删除图形对象，具体方法如下：

Canvas对象.delete(图形对象)

例如：

```
cv.delete(rt1)                          # 删除rt1图形对象
```

13. 缩放图形对象

使用scale()方法可以缩放图形对象，具体方法如下：

```
Canvas对象.scale(图形对象, x轴偏移量, y轴偏移量, x轴缩放比例, y轴缩放比例)
```

【例7-34】 缩放图形对象示例(通过对同一图形对象进行放大和缩小)。

```
# coding=utf-8
from tkinter import *
root = Tk()
# 创建一个Canvas，设置其背景色为白色
cv = Canvas(root, bg='white', width=260, height=230)
# 创建第一个矩形rt1
rt1 = cv.create_rectangle(10, 10, 110, 110, outline='red', stipple='gray12', fill='green')
# 创建第二个矩形rt2
rt2 = cv.create_rectangle(255, 10, 155, 110, outline='green', stipple='gray12', fill='red')
cv.pack()
root.mainloop()
```

执行以上代码后，程序将打开图7-39(a)所示的窗口。在代码中添加以下语句，调整正方形对象的位置：

```
cv.scale(rt1, 0, 0, 1, 2)                # 对rt1矩形在y方向放大一倍
cv.scale(rt2, 255, 155, 0.5, 0.5)        # 对rt2矩形缩小一半
```

再次执行代码结果如图7-39(b)所示。

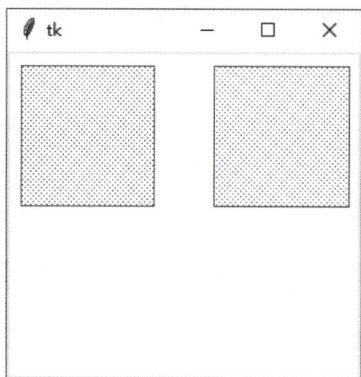
(a)

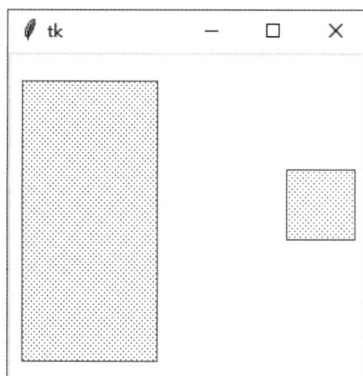
(b)

图 7-39　缩放图形对象示例

通过上述代码，我们可以看到两个矩形对象的缩放效果。

7.4　Tkinter字体

通过组件的font属性，可以设置其显示文本的字体。在设置组件字体之前，首先需要能够表示一个字体。

7.4.1　通过元素表示字体

可以使用包含三个元素的元组来表示字体，格式为：

(font family, size, modifiers)

其中：

- ○　font family是字体名称。
- ○　size是字体大小，单位为点(points)。
- ○　modifiers包含样式修饰符，例如粗体、斜体和下画线。

例如：

```
("Times New Roman", "16")                # 16点的Times字体
("Times New Roman", "28", "bold italic")  # 28点的Times字体，且为粗体和斜体
```

【例7-35】通过元组设置标签字体。

```python
# coding=utf-8
from tkinter import *
root = Tk()

# 创建Label
for ft in ('Arial', ('Courier New', 18, 'italic'), ('Comic Sans MS',), 'Fixedsys',
           ('MS Sans Serif',20), ('MS Serif',22), 'Symbol', 'System',
           ('Times New Roman',"28"), 'Verdana'):
    Label(root, text='hello world', font=ft).pack(side='top', fill='x', padx=10, pady=5)
root.mainloop()
```

程序运行结果如图7-40所示。

图 7-40　通过元素设置标签 Label 字体

以上代码使用Tkinter库创建一个窗口，依次显示多个不同字体和样式的标签，每个标签的文本内容为hello world。

7.4.2　创建字体

使用tkFont.Font来创建字体，格式如下：

```
ft = tkFont.Font(family='字体名', size, weight, slant, underline=1, overstrike)
```

其中：

- size为字体大小；
- weight可选值为'bold'(粗体)或'normal'(正常)；
- slant可选值为'italic'(斜体)或'normal'(正常)；
- underline为1(下画线)或0(无下画线)；
- overstrike为1(删除线)或0(无删除线)。

【例7-36】通过Font对象设置标签字体示例。

```
# coding=utf-8
from tkinter import *
import tkinter.font                                    # 引入字体模块
root = Tk()


# 指定字体名称、大小、样式
ft = tkinter.font.Font(family='Microsoft PhagsPa', size=26, weight='bold')
Label(root, text='hello world', font=ft).grid()        # 创建一个Label
root.mainloop()
```

执行以上代码后，程序将打开图7-41所示的窗口。

图 7-41　通过 Font 对象设置标签字体

通过tkFont.families()函数可以返回所有可用的字体，示例如下：

```
# coding=utf-8
from tkinter import *
import tkinter.font                # 引入字体模块


root = Tk()                        # 创建主窗口
print(tkinter.font.families())     # 打印所有可用的字体
```

7.5 Python事件处理

事件(event)是指在程序中发生的各种情况，例如用户按下键盘的某个键、单击鼠标或移动鼠标。对于这些事件，程序需要做出相应的反应。Tkinter提供的组件通常能够识别特定的事件。例如，当按钮被单击时可以执行特定操作，或者当在输入框中单击鼠标并敲击键盘时，输入的内容会显示在输入框内。

程序可以通过事件处理函数来定义在触发某个事件时所执行的操作。

7.5.1 事件类型

事件类型的通用格式为：

```
<[modifier－] …type [－detail ] >
```

其中，事件类型必须放置于尖括号内。type描述事件的类型，例如键盘按键或鼠标单击。modifier用于定义组合键，例如Control、Alt等。detail用于明确指定哪个键或按钮触发了事件，例如1表示鼠标左键，2表示鼠标中键，3表示鼠标右键。

例如：

○ <Button-1> 表示按下鼠标左键。

○ <KeyPress-A> 表示按下键盘上的 A 键。

○ <Control-Shift-KeyPress-A> 表示同时按下Control、Shift和A三个键。

在Python中，主要的事件类型包括键盘事件(如表7-22所示)、鼠标事件(如表 7-23所示)和窗体事件(如表7-24所示)。

表7-22　键盘事件

名　称	描　述
KeyPress	按下键盘某个键时触发，可以在detail部分指定是哪个键
KeyRelease	释放键盘某个键时触发，可以在detail部分指定是哪个键

表7-23　鼠标事件

名　称	描　述
ButtonPress	按下鼠标某个键时触发，可以在detail部分指定是哪个键
ButtonRelease	释放鼠标某个键时触发，可以在detail部分指定是哪个键
Motion	在拖动鼠标的同时触发
Enter	当鼠标指针移入某个组件时触发
Leave	当鼠标指针移出某个组件时触发
MouseWheel	当鼠标滚轮滚动时触发

表7-24　窗体事件

名　称	描　述
Visibility	当组件变为可视状态时触发
Unmap	当组件由显示状态变为隐藏状态时触发
Map	当组件由隐藏状态变为显示状态时触发
Expose	当组件从被其他组件遮盖的状态中暴露出来时触发
FocusIn	组件获得焦点时触发
FocusOut	组件失去焦点时触发
Configure	当改变组件大小时触发，例如拖曳窗体边缘
Property	当窗体的属性被删除或改变时触发，属于Tk的核心事件
Destroy	当组件被销毁时触发
Activate	与组件选项中的state项有关，表示组件由不可用转为可用(例如按钮由disabled转为 enabled)
Deactivate	与组件选项中的state项有关，表示组件由可用转为不可用(例如按钮由enabled转为disabled)

在组合键定义中，常用的修饰符如表7-25所示。

表7-25　常用的修饰符

修　饰　符	描　述
Alt	当Alt键按下时触发
Any	任何按键被按下，例如<Any-KeyPress>
Control	当Control键按下时触发
Double	两个事件在短时间内发生，例如双击鼠标左键<Double-Button-1>
Lock	当Caps Lock键按下时触发
Shift	当Shift键按下时触发
Triple	类似于Double，三个事件在短时间内发生

事件可以使用短格式表示，例如<1>等同于<Button-1>，<x>等同于<KeyPress-x>。对于大多数单字符按键，可以省略尖括号符号。然而，空格键和尖括号键不适用此规则，正确的表示方式分别为<space>和<less>。

7.5.2 事件绑定

在程序中，绑定是指建立一个处理特定事件的事件处理函数。

1. 创建组件对象时指定

在创建组件对象实例时，可以通过命名参数command来指定事件处理函数。例如：

```
def callback():
    # 事件处理函数
    showinfo("Python command", "欢迎使用 Python！")
Bu1 = Button(root, text="设置事件调用", command=callback)
Bu1.pack()
```

2. 实例绑定

通过调用组件对象的实例方法bind，可以为特定组件实例绑定事件。这是最常用的事件绑定方式，其语法为：

```
组件对象实例名.bind("<事件类型>", 事件处理函数)
```

例如，假设声明了一个名为canvas的Canvas组件对象，如果想在canvas上按下鼠标左键时绘制一条线，可以这样实现：

```
canvas.bind("<Button-1>", drawline)
```

以上代码中，bind函数的第一个参数是事件描述符，指定了当在canvas上按下鼠标左键时，将调用事件处理函数drawline来执行绘制线条的任务。需要特别注意的是，drawline后面的圆括号被省略了，Tkinter会在调用时自动填入相关参数。因此，在这里我们只需声明该函数，而不需要立即调用它。

3. 类绑定

类绑定是将事件与组件类关联。通过调用任意组件实例的bind_class()函数，可以为特定组件类绑定事件，其语法为：

```
组件实例名.bind_class("组件类", "<事件类型>", 事件处理函数)
```

例如，可以绑定Canvas组件类，使得所有Canvas实例都能处理鼠标左键事件并执行相应操作。实现方式如下：

```
widget.bind_class("Canvas", "<Button-1>", drawline)
```

在这里，widget是任意Canvas组件对象。

4. 程序界面绑定

程序界面绑定允许在任意组件实例上触发特定事件时，程序都能作出相应处理。例如，可以将PrintScreen键与程序中的所有组件对象绑定，使得整个程序界面能够处理打印屏幕的事件。为此，可以调用任意组件实例的bind_all()函数，语法如下：

组件实例名.bind_all("<事件类型>", 事件处理函数)

例如：

widget.bind_all("<Key-Print>", printScreen)

通过这种方式，无论在哪个组件上按下PrintScreen键，程序都会执行printScreen函数。

5. 标识绑定

在Canvas画布中，可以绘制各种图形并将这些图形与事件绑定。为此，可以使用标识绑定tag_bind()函数。在绑定事件之前，需要为图形定义一个标识tag，然后通过该标识来绑定事件。例如：

cv.tag_bind('r1', '<Button-1>', printRect)

【例7-37】 标识绑定示例。

```
# -*- coding:GBK -*-
from tkinter import *

root = Tk()
def printRect1(event):
    print('矩形左键事件')
def printRect2(event):
    print('矩形右键事件')
def printLine(event):
    print('线条事件')

cv = Canvas(root, bg='yellow')              # 创建一个Canvas，设置背景色为黄色

# 创建一个矩形，并设置其标签为'r1'
rect_id = cv.create_rectangle(10, 10, 110, 110, width=8, tags='r1')
# 绑定矩形与鼠标左键事件
cv.tag_bind('r1', '<Button-1>', printRect1)
# 绑定矩形与鼠标右键事件
cv.tag_bind('r1', '<Button-3>', printRect2)
# 创建一条线，并将其标签设置为'r2'
line_id = cv.create_line(180, 70, 280, 70, width=10, tags='r2')
# 绑定线条与鼠标左键事件
cv.tag_bind('r2', '<Button-1>', printLine)
cv.pack()
root.mainloop()
```

程序运行结果如图7-42所示。

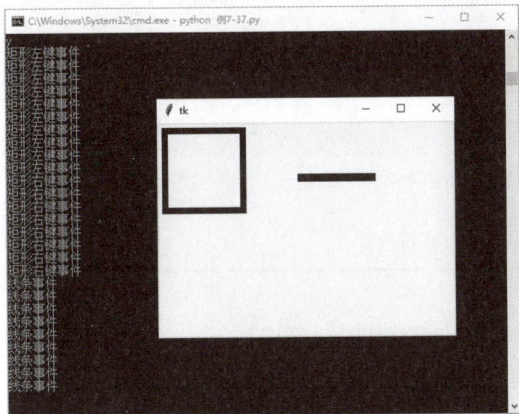

图7-42　鼠标事件响应图形绘制

当运行以上代码后，窗口中显示一个黄色的画布，画布上有一个矩形和一条横线。用户可以通过鼠标与这些图形交互：

- 使用鼠标左键单击矩形，会在控制台输出"矩形左键事件"。
- 使用鼠标右键单击矩形，会在控制台输出"矩形右键事件"。
- 使用鼠标左键单击线条，会在控制台输出"线条事件"。

在以上示例中，使用tag_bind()函数将事件与图形对象绑定。具体来说，当鼠标左键单击矩形时，会调用printRect 1函数；当鼠标右键单击矩形时，会调用printRect2函数；而当鼠标左键单击线条时，则调用printLine函数。每个事件处理函数都会在控制台输出相应的事件信息。

7.5.3　事件处理函数

Event对象的实例可以获取与事件相关的各种参数。表7-26所示为Event对象的主要参数属性。

表7-26　Event对象的主要参数

参　数	描　　述
.x, .y	鼠标相对于组件左上角的坐标
.x_root, .y_root	鼠标相对于屏幕左上角的坐标
.keysym	被按下的按键的名称，例如Escape、F1…F12、Scroll Lock、Pause、Insert、Delete、Home、Page Up、Page Down、End、Up、Right、Left、Down、Shift_L、Shift_R、Control_L、Control_R、Alt_L、Alt_R、Win_L
.keysym_num	按键的数字代码
.keycode	按键的键码，注意它不区分前缀(如Alt、Control、Shift、Lock)且对大小写不敏感，输入a和A的键码相同
.time	事件发生的时间

（续表）

参　数	描　　述
.type	事件类型
.widget	触发事件的组件
.char	事件对应的字符

表7-27所示为Event对象按键详细信息说明。

表7-27　Event对象按键详细信息说明

.keysym	.keycode	.keysym_num	说　明
Alt_L	64	65513	左手边的Alt键
Alt_R	113	65514	右手边的Alt键
BackSpace	22	65288	BackSpace键
Cancel	110	65300	Pause键
F1~F11	67~77	65470~65480	功能键F1~ F11
Print	111	65377	打印屏幕键

【例7-38】触发KeyPress键盘事件示例。

```python
# -*- coding:GBK -*-
from tkinter import *
def printkey(event):                        # 定义的函数用于监听键盘事件
    print('已输入：' + event.char)
root = Tk()
root.title("键盘输入事件监听")                # 设置窗口标题
root.geometry("260x120")                    # 设置窗口大小
entry = Entry(root)                         # 实例化一个单行输入框
# 给输入框绑定按键监听事件
# '<KeyPress>' 监听任何按键，例如大写A<KeyPress-A>、回车<KeyPress-Return>
entry.bind('<KeyPress>', printkey)
entry.pack()
root.mainloop()
```

程序运行结果如图7-43所示。

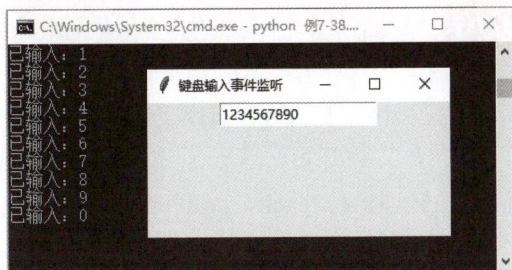

图 7-43 监听键盘输入事件

【例7-39】获取鼠标单击标签Label时的坐标事件示例。

```
# -*- coding:GBK -*-
from tkinter import *
def leftClick(event):                              # 定义的函数用于监听鼠标事件
    print("x 轴坐标：", event.x)
    print("y 轴坐标：", event.y)
    print("相对于屏幕左上角 x 轴坐标：", event.x_root)
    print("相对于屏幕左上角 y 轴坐标：", event.y_root)
root = Tk()
root.title("获取鼠标单击坐标")                        # 设置窗口标题
root.geometry("260x120")                           # 设置窗口大小
label = Label(root, text="Hello, Python")          # 实例化一个Label组件
label.pack()                                       # 显示Label组件
label.bind("<Button-1>", leftClick)                # 给Label绑定鼠标监听事件
root.mainloop()
```

以上代码首先定义了一个名为leftClick的函数，用于获取并显示鼠标点击位置的x和y 轴坐标，以及相对于屏幕左上角的坐标。接着，创建一个Tkinter窗口，设置窗口标题为"获取鼠标单击坐标"并指定窗口大小。然后实例化一个显示文本为Hello, Python的标签，并将其添加到窗口中。最后，将鼠标左键单击事件绑定到标签上，使得每次单击标签时都会调用leftClick函数，窗口通过mainloop()方法保持运行状态，等待用户操作。

程序运行结果如图7-44所示。

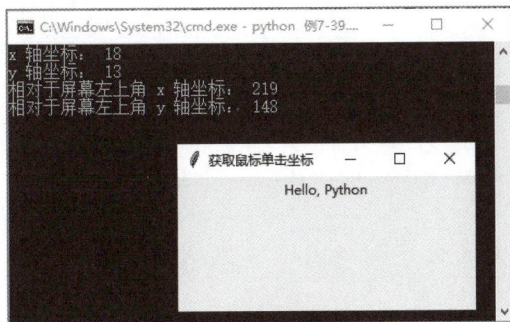

图 7-44 监听鼠标事件

7.6 课后实践

本章深入剖析了Python的图形用户界面(GUI)编程，聚焦于使用Tkinter库打造用户友好且功能强大的图形界面。在章节的开篇，我们系统地介绍了Tkinter的核心概念，包括窗口的创建方法以及几何布局管理器(如pack、grid和place)的使用，为后续的组件布局提供了坚实的基础。随后，我们详细探讨了常用组件(如标签、按钮、文本框等)的创建与显示，并深入讲解了它们的标准属性和常用方法，帮助读者快速掌握这些基本操作。此外，本章还介绍了如何创建下拉菜单、上下文菜单以及不同类型的对话框，从而显著提升应用程序的交互性和用户体验。

此外，本章深入讲解了Canvas画布组件的使用，展示了如何在画布上绘制形状、线条和文本等，充分展现了Python在图形绘制方面的强大功能。同时，我们还探讨了Tkinter字体的使用以及事件处理的概念，包括事件类型、事件绑定和事件处理函数，强调了事件驱动编程在增强应用互动性方面的关键作用。

通过本章的学习，用户不仅能够全面掌握Python GUI编程的基础知识，还能灵活运用Tkinter库构建功能丰富的桌面应用程序，为后续更复杂的GUI开发打下坚实的基础。而下面的课后实践环节则可以为用户提供了进一步巩固所学知识的机会，助力其在实践中提升技能水平。

一、应用实例

【例7-40】设计一个具有加减乘除功能的简单计算器。

```python
# -*- coding:GBK -*
import tkinter as tk
from tkinter import StringVar, Frame, Button, Entry

# 创建横条形框架
def create_frame(root, side):
    f = Frame(root)
    f.pack(side=side, expand=True, fill='both')
    return f

#统一定义按钮样式和风格
def create_button(root, side, text, command=None):
    btn = Button(root, text=text, font=('宋体', 12), command=command)
    btn.pack(side=side, expand=True, fill='both')
    return btn

# 继承Frame类，初始化程序界面的布局
class Calculator(Frame):
    def __init__(self):
        Frame.__init__(self)
```

```
        self.pack(expand=True, fill='both')
        self.master.title('简易计算器')
        self.display = StringVar()
        # 添加显示数字结果的文本框
        Entry(self, relief='sunken', font=('宋体', 20, 'bold'), textvariable=self.display).pack(side=tk.TOP,
        expand=True, fill='both')
        # 添加清除按钮
        clear_frame = create_frame(self, tk.TOP)
        create_button(clear_frame, tk.LEFT, '清除', lambda: self.display.set(''))
        # 添加横条形框架以及里面的按钮
        for key in ('123+', '456-', '789*', '.0=/' ):
            key_frame = create_frame(self, tk.TOP)
            for char in key:
                if char == '=':
                    btn = create_button(key_frame, tk.LEFT, char, lambda:
                      self.calculate(self.display))
                else:
                    btn = create_button(key_frame, tk.LEFT, char, lambda c=char:
                      self.display.set(self.display.get() + c))
    # 调用eval函数计算表达式的值
    def calculate(self, display):
        try:
            display.set(eval(display.get()))
        except Exception as e:
            display.set("ERROR")


# 程序的入口
if __name__ == '__main__':
    Calculator().mainloop()
```

程序运行结果如图7-45所示。

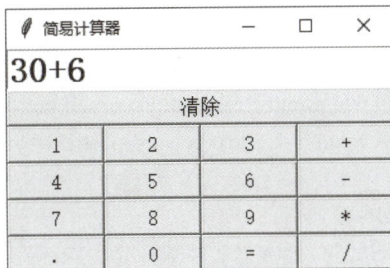

图 7-45 简易计算器

【例7-41】使用面向对象方式编写GUI房贷计算器。

分析：以下代码实现了一个简单的房贷计算器，利用Python的Tkinter库创建图形用户界面(GUI)。MortgageCalculator类负责管理计算器的界面和逻辑，实例化该类时自动创建一个窗口。程序通过Label和Entry组件为用户提供输入贷款金额、年利率和还款年数的界面，并采用grid布局管理器安排各个控件的位置，确保界面整齐有序。每个输入框与相应的变量(如amount_var、rate_var和years_var)绑定，以便后续读取用户输入的数据。当用户点击"计算每月应还款金额"按钮时，程序会调用calculate方法，从输入框获取数据并计算每月应还款金额，结果显示在只读的输入框中，计算公式基于贷款金额、月利率和还款期数。此外，代码使用try-except语句捕捉可能的输入错误(如非数字输入)，并弹出错误提示框提示用户重新输入。界面友好且易于使用，用户可以直接输入数值并获得结果，同时使用mainloop()方法保持窗口的运行，等待用户操作。总体而言，该房贷计算器提供了一个简单直观的界面，方便用户计算每月还款金额，并具备基本的错误处理能力，增强了用户体验。

```python
from tkinter import *
from tkinter import messagebox


class MortgageCalculator:
    def __init__(self):
        self.win = Tk()  # 创建窗口对象
        self.win.title("使用GUI界面的简单房贷计算器")                    # 设置窗口标题

        # 创建贷款金额Label标签
        label_amount = Label(self.win, text="贷款金额：")
        label_amount.grid(row=0, column=0, padx=5, pady=5, sticky="w")   # 使用grid进行布局

        self.amount_var = IntVar()  # 创建整型变量
        entry_amount = Entry(self.win, width=15, textvariable=self.amount_var) # 创建Entry对象
        entry_amount.grid(row=0, column=1, padx=5, pady=5, sticky="w")   # 使用grid进行布局

        # 创建贷款年利率Label标签
        label_rate = Label(self.win, text="贷款年利率（百分数）：")
        label_rate.grid(row=1, column=0, padx=5, pady=5, sticky="w")     # 使用grid进行布局

        self.rate_var = DoubleVar()  # 创建浮点型变量
        entry_rate = Entry(self.win, width=15, textvariable=self.rate_var)  # 创建Entry对象
        entry_rate.grid(row=1, column=1, padx=5, pady=5, sticky="w")     # 使用grid进行布局

        # 创建还款年数Label标签
        label_years = Label(self.win, text="还款年数：")
        label_years.grid(row=2, column=0, padx=5, pady=5, sticky="w")    # 使用grid进行布局

        self.years_var = IntVar()  # 创建整型变量
        entry_years = Entry(self.win, width=15, textvariable=self.years_var)  # 创建Entry对象
        entry_years.grid(row=2, column=1, padx=5, pady=5, sticky="w")    # 使用grid进行布局
```

```
        # 创建计算按钮
        btn_calculate = Button(self.win, text="计算每月应还款金额", command=self.calculate)
        btn_calculate.grid(row=3, column=0, columnspan=2, pady=5)

        # 创建每月应还款金额Label标签
        label_payment = Label(self.win, text="每月应还款金额：")
        label_payment.grid(row=4, column=0, padx=5, pady=5, sticky="w")  # 使用grid进行布局

        self.repay_var = DoubleVar()  # 创建浮点型变量
        entry_payment = Entry(self.win, width=15, state='readonly', textvariable=self.repay_var)  象
        entry_payment.grid(row=4, column=1, padx=5, pady=5, sticky="w")  # 使用grid进行布局

        self.win.mainloop()  # 进入主循环


    def calculate(self):
        try:
            principal = float(self.amount_var.get())  # 获取贷款金额
            annual_rate = float(self.rate_var.get())  # 获取年利率
            monthly_rate = annual_rate / 12  # 转换为月利率
            years = float(self.years_var.get())  # 获取还款年数
            months = years * 12  # 转换为月数

            # 月还款计算公式
            monthly_payment = (principal * (monthly_rate / 100) * (1 + monthly_rate / 100) ** months) / \
                            ((1 + monthly_rate / 100) ** months - 1)

            self.repay_var.set(round(monthly_payment, 2))  # 保留两位小数并输出
        except:
            messagebox.showerror(title="提示", message="输入错误，请重新输入")
# 创建房贷计算器实例
MortgageCalculator()
```

程序运行结果如图7-46所示。

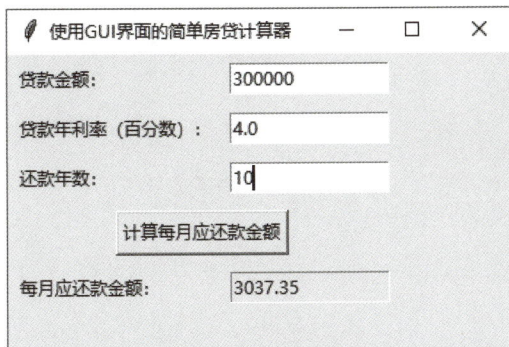

图7-46 房贷计算器

二、思考练习

1. 简述Python的几种GUI开发库。

2. 简述Tkinter GUI程序设计步骤。

3. 编写程序，设计一个登录程序。正确的用户名和密码存储在user.txt文件中。当用户单击"登录"按钮时，程序应判断用户输入的用户名和密码是否正确，并通过消息对话框显示相应的提示信息。如果输入正确，消息对话框将显示"欢迎进入"；如果输入错误，则显示"用户名和密码错误"，如图7-47所示。

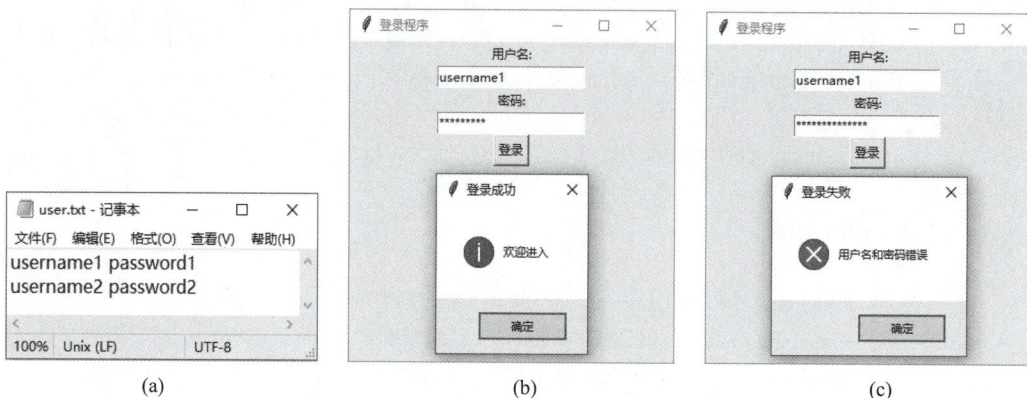

图 7-47　登录程序

4. 设计一个倒计时程序，其应用程序界面用户可以自行设计。

5. 编写程序，用两个文本框输入数值数据，用列表框选择"＋、－、×、÷、幂次方、余数"选项。用户先输入两个操作数，再从列表框中选择一种运算，即可在标签中显示出计算结果。

第8章

Python 多线程编程技术

多进程和多线程是操作系统中至关重要的概念，其功能是在实现同一时刻同时执行多个任务，从而提高系统的吞吐量和资源利用率。通过多线程编程技术，开发者能够实现代码的并行处理，优化程序的整体性能。此外，将代码划分为更小的功能模块，不仅增强了代码的可读性和可维护性，还提高了代码的可重用性。

本章将重点介绍Python中的多线程编程，希望本章的内容能够帮助读者更好地理解多线程的基本概念及其在Python中的实际应用，从而为今后的编程实践打下坚实的基础。

8.1 进程和线程

在学习多线程与多进程之前，首先要理解线程和进程的基本概念。

8.1.1 进程

虽然本章将首先讨论多线程编程，随后再讲解多进程编程，但为了更好地理解这两者的概念，有必要先介绍一下进程。

进程(Process)是计算机中一个程序对某数据集合的运行活动，是系统进行资源分配和调度的基本单位，也是操作系统结构的基础。在早期面向进程设计的计算机架构中，进程是程序的基本执行实体。

进程的特性可以概括为以下几个方面：

○ 动态性：进程本质上是程序在多道程序系统中的一次执行过程，进程是动态生成和消亡的。

○ 并发性：任何进程都可以与其他进程并发执行。

○ 独立性：进程是一个能够独立运行的基本单位，同时也是系统分配资源和调度的独立单位。

○ 异步性：由于进程之间的相互制约，进程的执行具有间断性，即各进程以各自独立且不可预知的速度推进。

○ 结构特征：进程由程序、数据和进程控制块三部分组成。

简单来说，一个正在运行的程序即为一个进程。尽管多进程技术可以实现并发执行，但其开销相对较大，且不同进程之间共享的内容也相对有限。随着计算机技术的发展，一种开销更小、共享内容更多的技术应运而生，那就是线程。

8.1.2 线程

线程是操作系统中进行调度的最小单位，也是程序执行流的基本单元。线程被包含在进程之中，充当进程内的实际运作单位。每条线程代表进程中的一个单一顺序控制流。

一个进程可以并发运行多个线程，而每条线程则可以并行执行不同的任务。线程作为进程中的一个实体，是系统独立调度和分配的基本单位。虽然线程本身不拥有系统资源，但它们拥有一些在运行中必不可少的资源，并且可以与同一进程中的其他线程共享该进程所拥有的所有资源。一个线程可以创建和撤销另一个线程，而同一进程中的多个线程可以并发执行。

8.1.3 多进程和多线程

在现代计算机中，多线程与多进程已成为不可或缺的技术。例如，在我们的带有图形用户界面(GUI)的视频播放器程序中，可以通过鼠标输入来控制播放或暂停。然而，在播放状态下，视频能够持续播放，而无需等待鼠标输入。这样的例子在大多数GUI程序中都适用，尽管我们已经习以为常，但这并非通过简单的循环就能实现的。

网络编程更是如此，一个服务器程序可能同时与数十个客户端进行网络通信。如果某个客户端的网络环境不佳，我们不希望其网络速度阻塞其他客户端的通信，这也需要通过多线程来实现。

多进程同样非常常见。例如，我们可以一边下载软件，一边观看电影，此时，下载软件和电影播放软件即为两个独立的进程。由于进程具有并发性，我们能够在观看电影的同时进行软件下载。

8.2　多线程编程

鉴于多线程技术在图形用户界面(GUI)开发、网络通信以及复杂计算任务等领域的广泛应用，我们有必要深入探讨并掌握Python中的多线程编程技巧。

8.2.1　Python多线程的特殊性

在介绍Python多线程编程之前，我们有必要了解Python多线程的特殊性。

细心的读者可能注意到，我们使用了"特殊性"这个词，而非"特性"。这是因为Python多线程的特殊性并非源自Python语言本身，而是由一些Python解释器的设计所致。为了解决线程安全问题(简单来说，就是多个线程同时访问和修改同一资源可能导致的问题)，某些解释器引入了全局解释器锁(GIL, Global Interpreter Lock)。由于GIL的存在，同一时刻，解释器只能执行一条字节码(bytecode)。

Python的主流解释器CPython引入了GIL，而我们大多数运行Python的环境正是基于CPython。因此，有时我们会说"Python的多线程并不是真正的多线程"。实际上，在一些其他Python解释器中，如JPython，由于没有GIL的限制，其多线程编程则是真正的并行执行。因此，我们不能将GIL的存在简单地归结为Python语言的特性，而应视为大多数Python运行环境的特性。

既然在我们的运行环境中，Python的多线程不会同时执行多条指令，实际上并不是完全并发执行，那么在这种情况下使用多线程还有意义吗？显然，答案是肯定的。尽管在这种环境下，多线程的运算速度无法通过并发来提升(实际上由于线程切换的开销，在GIL的影响下，多线程的运算速度有时甚至比单线程更慢)，但对于I/O密集型程序来说，多线程仍然能有效减少阻塞时间。

例如，当我们需要从网络中获取来自10个不同网页的数据时，如果使用单线程，我们必须等一个网页的数据完全加载后，才能开始加载下一个网页。而网络传输速度相对其他操作通常较慢，这样单线程就会因网络延迟而阻塞变慢。如果使用多线程，我们可以同时加载10个不同页面的内容，因为这些页面可能来自不同的网络，彼此间的速度竞争可能不那么激烈。因此，我们可以在加载其他页面的同时，处理已经加载完毕的页面数据，从而提升I/O密集型程序的效率。

8.2.2　使用threading模块进行多线程编程

Python内置的threading模块用于实现多线程编程。在使用之前，首先需要通过import threading导入该模块。

1. 创建与运行线程

使用threading模块创建线程的常见方式是直接调用threading.Thread()方法来创建并初始化一个线程对象。Thread常用的参数包括target和args，其中target是线程要调用的函数，args是该函数所需的参数，以元组形式传递。实例化线程对象后，可以使用其成员函数start()来运行该线程。

```python
# -*- coding: utf-8 -*-
import threading
import time

def func(id):
    print("Thread %d started!" % id)
    if id == 1:
        time.sleep(2)
    print("Thread %d finished!" % id)

t1 = threading.Thread(target=func, args=(1,))
t2 = threading.Thread(target=func, args=(2,))

t1.start()
t2.start()
```

输出结果：

```
Thread 1 started!
Thread 2 started!
Thread 2 finished!
Thread 1 finished!
```

可以看到，当调用start()方法时，线程对象所绑定的target函数便开始执行。两个线程对应的函数会并发执行，彼此互不干扰。在func函数中，我们设置线程1在启动后延迟2秒再结束，而线程2则立即结束，因此会得到以上输出顺序。如果不使用多线程，而是直接调用func(1)和func(2)，将会得到下面的输出结果：

```
Thread 1 started!
Thread 1 started!
Thread 2 finished!
Thread 2 finished!
```

除了使用threading.Thread()方法返回线程实例外，我们还可以自定义线程类型并使其继承threading.Thread类。在这种情况下，我们需要在自定义类的__init__函数中调用父类的__init__函数，并重写run方法作为线程执行的函数。然后，再实例化自定义线程类型并使用start()方法来启动线程：

```python
import time
import threading

class MyThread(threading.Thread):
    def __init__(self, id):
        threading.Thread.__init__(self)
        self.id = id

    def run(self):
        print("Thread %d started!" % self.id)
        if self.id == 1:
            time.sleep(2)
        print("Thread %d finished!" % self.id)

t1 = MyThread(1)
t2 = MyThread(2)
t1.start()
t2.start()
```

输出结果：

```
Thread 1 started!
Thread 2 started!
Thread 2 finished!
Thread 1 finished!
```

2. 使用 join() 函数阻塞线程

在某个线程中调用已经开始的线程的join()方法，可以阻塞当前线程，直到被join()的线程执行完毕后，当前线程才能继续执行。以下代码演示了join()方法的用法：

```python
import threading
import time

def func(sleeptime):
    time.sleep(sleeptime)
    print("Thread which slept %d second finished!" % sleeptime)

t1 = threading.Thread(target=func, args=(1,))
t2 = threading.Thread(target=func, args=(2,))

print("All Threads start at: " + time.strftime('%Y-%m-%d %H:%M:%S', time.localtime(time.time())) + "\n")
```

```
t1.start()
t2.start()
t1.join()

print("Now is: " + time.strftime('%Y-%m-%d %H:%M:%S', time.localtime(time.time())) + "\n")
```

输出结果：

```
All Threads start at: 2025-02-06 09:16:49

Thread which slept 1 second finished!
Now is: 2025-02-06 09:16:50


Thread which slept 2 second finished!
```

从以上结果中可以看到，当线程t1和t2开始执行后，主线程在t1上调用join()方法，意味着主线程会在t1执行完毕后再继续执行第二条输出语句；而t2线程则正常等待2秒后退出。

join()方法还可以接受一个参数来设置超时时间。若被join()的线程在设定的超时时间内未执行完，当前线程将不会再等待，而是直接继续执行。以下是相关代码示例：

```
import threading
import time

def func(sleeptime):
    time.sleep(sleeptime)
    print("Thread which slept %d second finished!" % sleeptime)

t3 = threading.Thread(target=func, args=(3,))
print("All Threads start at: " + time.strftime('%Y-%m-%d %H:%M:%S', time.localtime(time.time())))

t3.start()
t3.join(2)      # 设置超时时间为2秒

print("Now is: " + time.strftime('%Y-%m-%d %H:%M:%S', time.localtime(time.time())))
```

输出结果：

```
All Threads start at: 2025-02-06 09:28:03
Now is: 2025-02-06 09:28:05
Thread which slept 3 second finished!
```

在这段代码中，线程t3将在3秒后退出，而在主线程中调用join()方法时，我们为t3设置了超时时间为2秒。因此，主线程会在等待2秒后继续执行，随后再过1秒后t3线程才会输出并退出。

3. 守护线程

在Python中，当主线程结束时，非守护线程仍会继续执行直到完成，而守护线程则会在主线程结束后被终止。创建守护线程非常简单，只需在启动线程之前调用相应对象的setDaemon(True)方法即可：

```python
import threading
import time
def func():
    print("Thread started!")
    time.sleep(5)
    print("Thread finished!")

print("Main Thread started at: " + time.strftime('%Y-%m-%d %H:%M:%S'))

t = threading.Thread(target=func)
t.setDaemon = (True)          # 将线程设置为守护线程
t.start()

time.sleep(2)
print("Main Thread finished at: " + time.strftime('%Y-%m-%d %H:%M:%S') + "\n")
# 如果需要等待守护线程完成，可以取消注释以下代码
# t.join()
```

输出结果：

```
Main Thread started at: 2025-02-06 09:36:34
Thread started!
Main Thread finished at: 2025-02-06 09:36:36


Thread finished!
```

在上面这段代码中，子线程被设置为守护线程。子线程开始时的输出正常打印，但随后子线程会挂起5秒钟，而主线程在子线程启动后2秒就结束了。由于子线程是守护线程，主线程结束后，子线程会立即被终止。因此，子线程的第二段输出由于被提前终止而没有被打印。

4. 线程安全与线程锁

在Python中，子线程可以使用global关键字访问全局变量。然而，当多个线程同时操作同一个对象时，可能会出现线程安全问题。下面的例子演示了线程不安全的情况：

```python
import threading
import time


def decNum():
    global num
```

```
        time.sleep(1)
        num -= 1


    num = 100
    thread_list = [ ]


    for i in range(100):
        t = threading.Thread(target=decNum)
        t.start()
        thread_list.append(t)


    for t in thread_list:
        t.join()


    print('final num:', num)
```

在上述代码中，首先将全局变量num初始化为100，然后创建了100个子线程。每个线程执行的操作包括挂起1秒后将num自减1。为了确保在所有子线程执行完成后再输出num的值，我们阻塞了主线程。理论上，在这100个线程执行完毕后，num应该被自减100次，最终输出的值应该是0。然而，实际情况是否如此呢？让我们多次执行这段代码，结果如下：

```
C:\ Python>python 例1.py
final num: 90
C:\ Python>python 例1.py
final num: 5
C:\ Python>python 例1.py
final num: 0
C:\ Python>python 例1.py
final num: 0
C:\ Python>python 例1.py
final num: 16
C:\ Python>python 例1.py
final num: 17
```

以上结果展示了不安全线程的执行结果。从中可以看出，尽管我们期望的输出是0，但每次运行代码时，num的最终值并不总是如此，出现了一些意外的值，如5、16、17等。这些不应该出现的结果是如何产生的呢？答案在于线程不安全。

接下来，我们将从字节码的角度分析这段代码究竟发生了什么。我们可以使用dis模块输出decNum函数对应的字节码。在num -= 1这一行，我们得到如下几条字节码：

```
1 LOAD_GLOBAL               2 (num)
2 LOAD_CONST                1 (1)
3 INPLACE_SUBTRACT
```

```
4 STORE_GLOBAL                        2 (num)
5 LOAD_CONST                          0 (None)
6 RETURN_VALUE
```

这段字节码清晰地揭示了Python在执行num -= 1时的工作原理：首先，第1行将全局变量num压入栈(这里的栈指的是程序的堆栈)，第2行再将常量1压入栈中，第3行对栈中的两个值进行减法运算，第4行将结果存储回全局变量num。第5和第6行用于函数返回，由于decNum没有返回值，因此返回了None，这一部分可以忽略。

从这段字节码中我们可以看到，即使是简单的num -= 1语句，在Python运行时也不是通过一条字节码完成的。因此，在多线程环境中可能会出现这样的情况：假设num初始为100，线程1将num的当前值压入其自身的栈帧中(不同栈帧由Python的运行时控制，互不影响)，但在完成减法操作之前，CPython可能切换到下一线程。在线程2中，由于num还未完成减法运算或之前线程的减法运算结果还未存储回num，因此线程2读取到的num值仍为100。当这两个线程都结束后(暂时不考虑更多线程)，num的值仅被存储为100-1，即99，而非预期的98。这便导致了"线程安全问题"。虽然GIL保证了字节码的线程安全，但并不能确保所有操作的线程安全，因此在使用多线程对共享数据进行操作时，我们仍需对这些数据加锁。

由此可见，如果多个线程不操作同一对象，就不会出现线程安全问题。然而，实际情况往往是我们需要在多个线程中访问同一对象。那么，我们该如何访问才能避免难以察觉的线程安全问题呢？这正是线程锁应运而生的原因。

线程锁是一种用于控制线程间访问的机制。当一个线程获得锁时，其他线程无法再请求该锁，这些线程将被阻塞，只有在该锁被释放后，阻塞的线程才能继续执行。

Python提供了多种线程锁，以方便我们进行多线程开发，接下来将介绍常用的线程锁。

5. 互斥锁

互斥锁是threading模块提供的最基本的线程锁。由于这种锁使用acquire()方法加锁，使用release()方法解锁，因此被称为互斥锁。

互斥锁的使用非常简单。我们可以在全局范围内通过threading.Lock()实例化一个互斥锁。在子线程对共享对象进行操作之前，使用acquire()加锁；操作完成后，使用release()解锁。以下是一个示例：

```python
import threading
import time
num = 100
mutex = threading.Lock()


def decNum():
    global num
    time.sleep(1)
    mutex.acquire()                    # 加锁，确保只有一个线程能够进入临界区
    num -= 1
```

241

```
            mutex.release()              # 解锁，允许其他线程访问临界区

    thread_list = [ ]
    for i in range(100):
        t = threading.Thread(target=decNum)
        t.start()
        thread_list.append(t)

    for t in thread_list:
        t.join()
    print('final num:', num)
```

　　正如之前所提到的，其他线程在尝试请求线程锁mutex时会被阻塞，直到锁被释放后才能继续执行。因此，num -= 1操作不会因线程切换而引发线程安全问题。

　　需要注意的是，互斥锁的acquire()函数有一个可选的blocking参数，默认为True，允许线程在请求锁时被阻塞。如果将blocking设置为False，在请求加锁失败时，函数会直接返回False；如果请求成功，则返回True。以下是一个示例代码：

```
    import threading
    import time
    def func_1():
        mutex.acquire()
        time.sleep(10)
        mutex.release()
    def func_2():
        time.sleep(1)
        print("Try to get Lock")
        print(mutex.acquire(False))

    mutex = threading.Lock()

    t1 = threading.Thread(target=func_1)
    t2 = threading.Thread(target=func_2)

    t1.start()
    t2.start()
```

输出结果：

```
Try to get Lock
False
```

　　以上结果中，t1线程在执行时加锁并阻塞10秒，而t2线程在执行1秒后使用acquire(False)以非阻塞方式请求锁。显然，此时t1仍未释放锁，因此请求将返回False。

虽然互斥锁能够有效解决多线程操作同一资源时产生的线程安全问题，但有时使用不当可能会导致另一种更难以发现的线程安全问题：死锁。

死锁并不是一种线程锁，而是由于错误地使用线程锁所引发的另一种线程安全问题。例如，当两个线程交叉请求锁时，情况会变得复杂：一个线程先请求锁A，然后请求锁B，最后释放锁B再释放锁A；而另一个线程则先请求锁B，然后请求锁A，最后释放锁A再释放锁B。在这种情况下，如果线程1锁定了锁A并切换到线程2锁定了锁B，那么此时线程1无法再请求锁B，而线程2也无法请求锁A，从而形成死锁。

以下代码演示了交叉死锁的形成：

```python
import threading
import time

class MyThread(threading.Thread):
    def __init__(self, id):
        threading.Thread.__init__(self)
        self.id = id

    def do1(self):
        if mutexA.acquire():
            print(str(self.id) + ": Get A!")
            if mutexB.acquire():
                print(str(self.id) + ": Get B!")
                mutexB.release()
            print(str(self.id) + ": Release B")
            mutexA.release()
            print(str(self.id) + ": Release A")

    def do2(self):
        if mutexB.acquire():
            print(str(self.id) + ": Get B!")
            if mutexA.acquire():
                print(str(self.id) + ": Get A!")
                mutexA.release()
            print(str(self.id) + ": Release A")
            mutexB.release()
            print(str(self.id) + ": Release B")

    def run(self):
        self.do1()
        self.do2()

mutexA = threading.Lock()
mutexB = threading.Lock()
```

```
def test():
    for i in range(10):
        t = MyThread(i)
        t.start()

# 执行测试
test()
```

运行以上代码后，将会得到图8-1所示的结果。

图 8-1　死锁

从图8-1可以看出，本应由10个线程交叉请求锁A和锁B的情况，实际上线程0和线程1已经形成了死锁，导致程序无法继续执行。通过分析输出，我们发现线程0在执行do1后，线程1开始执行do1，并成功请求到锁A。此时，线程0开始执行do2并成功请求到锁B。然而，线程1在do1函数中需要请求锁B，而线程0在do2函数中需要请求锁A，这两把锁均处于锁定状态，导致这两个线程形成了死锁。其他线程也在阻塞状态中请求锁A，进一步使得程序无法继续运行。

实际上在Python中，使用互斥锁进行迭代加锁也可能导致死锁的发生。以下是一个示例代码：

```
import threading
import time
def func():
    print("Start!")
    mutex.acquire()
    mutex.acquire()
    mutex.release()
    mutex.release()
    print("Finish!")
mutex = threading.Lock()
t = threading.Thread(target=func)
t.start()
```

以上代码的输出结果如图8-2所示。

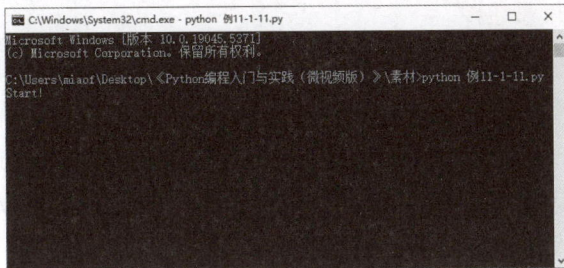

图 8-2 迭代互斥锁死锁

在使用mutex进行自我迭代加锁时，会导致死锁的发生，导致线程t永远无法结束。死锁通常是一种在调试中难以察觉的错误，因此在编程时应尽量避免出现这种情况。解决死锁问题有许多不同的方案，且这些方案往往需要丰富的编程经验。想要深入了解死锁解决方案的读者，可以通过互联网查找相关资料。

对于自我迭代产生的死锁问题，threading模块提供了一种递归锁以解决此问题。

6. 递归锁

递归锁的使用方法与互斥锁基本相同。我们可以通过threading.RLock()来实例化递归锁，并使用acquire()和release()方法来请求和释放锁。与互斥锁不同的是，RLock允许同一线程多次请求锁，而不会引发死锁问题。使用RLock时，必须确保acquire()和release()方法的调用成对出现。

以下是使用递归锁替换互斥锁的示例代码：

```python
import threading
import time
def func():
    print("Start!")
    rlock.acquire()
    rlock.acquire()
    rlock.release()
    rlock.release()
    print("Finish!")
rlock = threading.RLock()
t = threading.Thread(target=func)
t.start()
```

以上代码的运行效果如图8-3所示(线程t能够正常解锁并退出)。

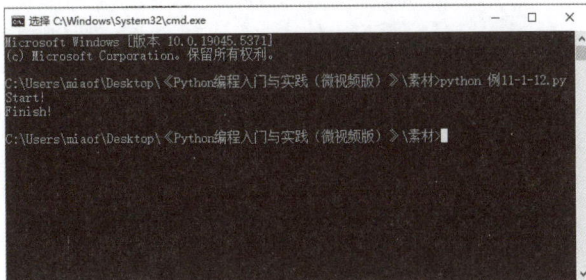

图 8-3 使用递归锁

7. 使用 Condition 同步线程

除了线程锁，threading模块还提供了Condition类，用于实现更复杂的线程同步问题。在使用Condition类时，我们同样需要创建其实例。Condition实例除了具备互斥锁的acquire()和release()方法来实现加锁和释放锁外，还提供了wait()和notify()等方法。

Condition实例在执行加锁和解锁操作时，会维护一个锁定池。wait()方法的作用是将已加锁的线程解锁并放入等待池，线程会被阻塞，直到其他线程发出通知才能继续运行。这个方法只能对已加锁的线程调用，否则会抛出异常。

notify()方法则用于从等待池中唤醒一个线程，被唤醒的线程将自动调用acquire()方法尝试获取锁。需要注意的是，这个方法不会释放线程的锁定，使用前必须确保线程已获得锁定，否则会抛出异常。

在本节的例子中，我们将使用Condition实现一个简化版的生产者-消费者模型，其中分别创建生产者线程和消费者线程。常见的生产者-消费者模型具有以下特点：

(1) 生产者仅在仓库未满时生产，仓库满则停止生产。

(2) 消费者仅在仓库有产品时才能消费，仓库空则等待。

(3) 当消费者发现仓库没有可消费的产品时，会通知生产者进行生产。

(4) 生产者在生产出可消费产品时，应该通知等待的消费者进行消费。

在我们的简化模型中不考虑仓库容量，即仓库容量为1，有产品时为满仓，无产品时为空。简而言之，这个简化模型就像是两个人在对话，每个人在对方说话后只能说一句话。通过Condition类，可以便捷地实现这一模型。

```python
import threading
import time
product = None
con = threading.Condition()
def produce():
    global product
    while True:
        con.acquire()                      # 获取锁
        if product is not None:
            con.wait()                     # 如果产品已经存在，则等待
        print('Producing...')
        time.sleep(2)                      # 模拟生产时间
        product = '***Product***'          # 生产产品
        con.notify()                       # 通知消费者
        con.release()                      # 释放锁
def consume():
    global product
    while True:
        con.acquire()                      # 获取锁
        if product is None:
            con.wait()                     # 如果没有产品，则等待
```

```
                print('Consuming...')
                time.sleep(2)                    # 模拟消费时间
                product = None                   # 消费产品
                con.notify()                     # 通知生产者
                con.release()                    # 释放锁
# 创建并启动生产者和消费者线程
t1 = threading.Thread(target=produce)
t2 = threading.Thread(target=consume)
t1.start()
t2.start()
```

以上代码的运行效果如图8-4所示。

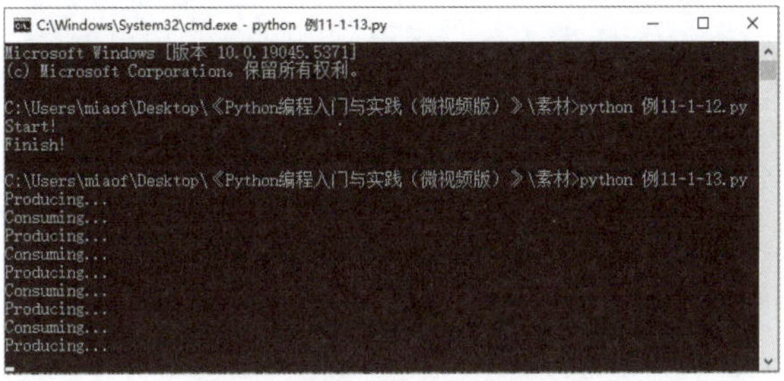

图 8-4　使用 condition 同步线程

从输出结果可以看出，生产活动和消费活动在两个线程中交替进行。无论是先启动生产者线程还是消费者线程，始终是先进行生产再进行消费。下面我们简单分析一下代码。生产者和消费者的逻辑是类似的。它们都会首先请求锁，若请求成功，则进入循环来检查全局变量product(在本例中代表库存)。当库存为空或已满时，生产者或消费者进行相应的操作。完成生产或消费后，调用notify()方法通知另一线程其操作已完成。

无论库存是空还是满，两个线程都会随即调用wait()方法，使当前线程阻塞，等待对方线程发出通知。当线程恢复运行状态后，为了便于观察，我们让线程在执行后暂停2秒。

从这个例子中，我们可以看到Condition可以方便地解决一些复杂的线程同步问题。

8. 使用 Event 实现线程间通信

Event类可以视作Condition类的简化版。它同样能够阻塞线程以等待信号，并在发出信号后恢复被阻塞的线程，但Event类不提供线程锁的功能。

在使用Event之前，需要实例化Event对象。Event实例内部维护一个布尔变量，用于表示线程运行的状态。

- is_set()方法返回内部的布尔变量值。
- wait()方法使线程阻塞，直到其他线程调用set()方法。
- set()方法将布尔变量置为True，并通知所有被阻塞的线程恢复运行。
- clear()方法将内部的布尔变量置为False。

下面使用Event类实现简化版的生产者消费者模型：

```
import threading
import time
product = None
event = threading.Event()
def produce():
    global product
    while True:
        if product is None:
            print('Producing...')
            product = '***Product***'
            event.set()
        time.sleep(2)
        event.clear()
def consume():
    global product
    while True:
        event.wait()
        if product is not None:
            print('Consuming...')
            product = None
            event.clear()
        time.sleep(2)
# 设置初始信号为True，使生产者线程能够开始
event.set()
# 创建并启动生产者和消费者线程
t1 = threading.Thread(target=produce)
t2 = threading.Thread(target=consume)
t1.start()
t2.start()
```

以上代码的运行效果如图8-5所示。

图 8-5　使用 Event 类实现线程间通信

9. 使用 Timer 定时器

Timer类实际上是Thread类的派生类。使用Timer时，需要实例化一个Timer对象，并传

递三个重要参数：第一个参数是启动延迟时间，第二个参数是要调用的函数，第三个参数是函数的参数(可以选择不设置)。实例化完成后，调用start()方法即可启动定时器。

以下是一个示例代码：

```python
import threading
import time

def func():
    print("I Love Python!")
    print("Now is: " + time.strftime('%Y-%m-%d %H:%M:%S', time.localtime(time.time())))

timer = threading.Timer(2, func)            # 创建一个定时器，2秒后调用func函数
print("Now is: " + time.strftime('%Y-%m-%d %H:%M:%S', time.localtime(time.time())))
timer.start()
```

输出结果：

```
Now is: 2025-02-06 11:25:58
I Love Python!
Now is: 2025-02-06 11:26:00
```

10. 使用 Local 线程局部字典

为了方便地存储不同线程的数据，threading模块提供了local类。local类可以为不同线程存储互不干扰的同名数据。在使用时，需要在主线程中实例化local类，然后可以动态地添加和修改它的属性，这些属性在不同线程之间即使同名，也不会互相干扰。

以下是一个示例代码：

```python
import threading
import time
import random
localVal = threading.local()
localVal.val = "Thread-Main"
def func(val):
    localVal.val = val                      # 为当前线程设置局部变量
    time.sleep(random.random() * 2)         # 模拟随机延迟
    print("%s: %s" % (val, localVal.val))   # 打印线程名和局部变量
    print(localVal.__dict__)                # 打印当前线程的localVal属性字典
t1 = threading.Thread(target=func, args=("Thread-1",))
t2 = threading.Thread(target=func, args=("Thread-2",))
t1.start()
t2.start()
t1.join()
t2.join()
print("%s: %s" % ("Thread-Main", localVal.val))
print(localVal.__dict__)                    # 打印主线程的localVal属性字典
```

输出结果：

```
Thread-1: Thread-1
{'val': 'Thread-1'}
Thread-2: Thread-2
{'val': 'Thread-2'}
Thread-Main: Thread-Main
{'val': 'Thread-Main'}
```

可见，我们在主线程和两个子线程中均修改了local实例的val值，但输出的val只显示当前线程赋给local实例的值。local类更像是一个字典，我们可以使用__dict__属性以列表形式返回当前线程下为local实例赋予的属性及其对应的值。

8.3　多进程编程

Python标准库中的multiprocessing模块支持以类似threading的方式创建和管理进程。它有效地避免了全局解释器锁(GIL，Global Interpreter Lock)的问题，从而可以更高效地利用CPU资源。

8.3.1　Python多进程编程的特点

在介绍Python多线程编程时，我们了解到，由于某些Python解释器的限制，很多时候Python并不能让多个线程真正地并行执行，这降低了多核CPU的利用率。而在Python多进程运行中，每个进程都有自己独立的全局解释器锁(GIL)，能够充分利用多核CPU的性能。

Python同样为多进程编程提供了multiprocessing模块，使开发者能够方便地开发多进程的Python程序。

8.3.2　使用multiprocessing模块进行多进程编程

Python自带的multiprocessing模块提供了便捷的多进程开发功能。在使用之前，需要导入模块：

```
import multiprocessing
```

multiprocessing模块提供的类和方法与多线程编程时使用的threading模块非常相似。

1. 创建与运行进程

在创建新进程时，可以通过multiprocessing.Process()返回新进程对象，或使用自定义类继承multiprocessing.Process。需要注意的是，在Windows系统下编写多进程程序时，必须在主进程开始之前使用if __name__ == "__main__": 判断当前进程是否为主进程，并调用 multiprocessing.freeze_support()函数，以确保代码仅在主进程中执行。否则，由于在Windows下Python子进程会自动导入主进程中的内容，未加判断的主进程代码可能会在子进程中导致死递归调用，从而引发错误。

Process类与Thread类相似，具有target和args参数，分别指定该进程要执行的函数及其对应的参数。在实例化Process对象后，同样需要调用实例方法start()来启动进程。

以下代码展示了如何直接使用multiprocessing.Process()返回新进程对象以创建新进程：

```python
import multiprocessing
import time

def func(id):
    print("Process %d started!" % id)
    if id == 1:
        time.sleep(2)
    print("Process %d finished!" % id)

if __name__ == "__main__":
    multiprocessing.freeze_support()

    p1 = multiprocessing.Process(target=func, args=(1,))
    p2 = multiprocessing.Process(target=func, args=(2,))

    p1.start()
    p2.start()

    p1.join()
    p2.join()
```

输出结果：

```
Process 1 started!
Process 2 started!
Process 2 finished!
Process 1 finished!
```

以下代码展示了如何使用自定义类继承multiprocessing.Process来创建新进程：

```python
import multiprocessing
import time

class MyProcess(multiprocessing.Process):
    def __init__(self, id):
        super().__init__()
        self.id = id
    def run(self):
        print("Process %d started!" % self.id)
        if self.id == 1:
            time.sleep(2)
```

```
        print("Process %d finished!" % self.id)

if __name__ == "__main__":
    multiprocessing.freeze_support()

    p1 = MyProcess(1)
    p2 = MyProcess(2)

    p1.start()
    p2.start()

    p1.join()
    p2.join()
```

输出结果：

```
Process 1 started!
Process 2 started!
Process 2 finished!
Process 1 finished!
```

2. 使用 join() 函数阻塞进程

在多进程编程中，可以使用join()方法对子进程进行阻塞，确保当前进程在被join()的进程全部执行完毕后再继续执行：

```
import multiprocessing
import time
def func(sleeptime):
    time.sleep(sleeptime)
    print("Process which slept %d second finished!" % sleeptime)

if __name__ == "__main__":
    multiprocessing.freeze_support()

    p1 = multiprocessing.Process(target=func, args=(1,))
    p2 = multiprocessing.Process(target=func, args=(2,))

    print("All Processes start at: " + time.strftime('%Y-%m-%d %H:%M:%S', time.localtime(time.time())) + "\n")

    p1.start()
    p2.start()

    p1.join()
    print("Now is: " + time.strftime('%Y-%m-%d %H:%M:%S', time.localtime(time.time())) + "\n")
```

输出结果：

```
All Processes start at: 2025-02-06 13:32:48

Process which slept 1 second finished!
Now is: 2025-02-06 13:32:49


Process which slept 2 second finished!
```

另外，join()方法的超时用法与多线程的join()方法相同。

3. 守护进程

守护进程是一种特殊类型的进程，当主进程结束时，守护进程也会随之结束，而非守护进程继续执行。将进程设置为守护进程的方式与设置守护线程略有不同。具体来说，需要将Process实例的daemon属性设置为True。

```python
import multiprocessing
import time

def func():
    print("Process started!")
    time.sleep(5)
    print("Process finished!")

if __name__ == "__main__":
    multiprocessing.freeze_support()
    print("Main Process started at: " + time.strftime('%Y-%m-%d %H:%M:%S',
time.localtime(time.time())))

    p = multiprocessing.Process(target=func)
    p.daemon = True  # 设置为守护进程
    p.start()

    time.sleep(2)
    print("Main Process finished at: " + time.strftime('%Y-%m-%d %H:%M:%S',
time.localtime(time.time())))
```

输出结果：

```
Main Process started at: 2025-02-06 13:38:04
Process started!
Main Process finished at: 2025-02-06 13:38:07
```

可见，主进程结束后，守护进程直接被终止，没有继续执行。

4. 进程锁

与多线程的安全问题类似，多进程程序同样面临进程安全问题。例如，在多进程环境中进行文件的读写时，如果处理不当，可能会导致数据冲突或损坏。

为了解决这些进程安全问题，multiprocessing模块提供了Lock(互斥锁)和RLock(递归锁)类，其用法与线程锁类似。以下是一个使用互斥锁的示例：

```python
import multiprocessing

def worker_with(lock, filename, text):
    lock.acquire()
    with open(filename, 'a') as fs:
        fs.write(text + '\n')
    lock.release()

if __name__ == '__main__':
    multiprocessing.freeze_support()
    filename = 'test.txt'
    lock = multiprocessing.Lock()

    for i in range(10):
        multiprocessing.Process(target=worker_with, args=(lock, filename, 'No. ' + str(i))).start()
```

运行以上代码后，得到test.txt内容如图8-6所示。

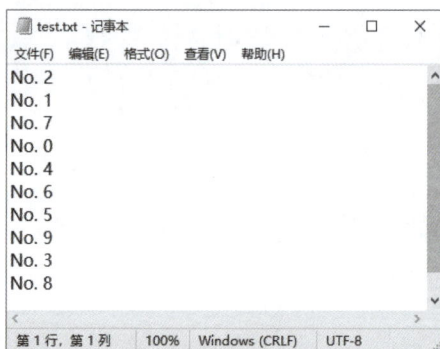

图8-6　test.txt 文件内容

5. 使用 Semaphore 类控制资源的并发访问数量

在某些情况下，我们需要限制同时执行的最大进程数，此时可以使用Semaphore类。Semaphore在实例化时可以设置允许同时访问资源的最大进程数。通过使用Semaphore的acquire()和release()方法来请求和释放对控制的访问，只有在当前获取Semaphore的进程数低于设定的最大值时，请求才会成功；否则，进程将会被阻塞，直到有进程释放Semaphore。

以下是示例代码：

```
import multiprocessing
import time
def worker(s, i):
    s.acquire()
    print(multiprocessing.current_process().name + " acquired")
    time.sleep(i)
    print(multiprocessing.current_process().name + " released")
    s.release()
if __name__ == '__main__':
    multiprocessing.freeze_support()
    s = multiprocessing.Semaphore(2)
    for i in range(5):
        p = multiprocessing.Process(target=worker, args=(s, i + 1))
        p.start()
```

输出结果：

```
Process-5 acquired
Process-1 acquired
Process-1 released
Process-2 acquired
Process-2 released
Process-4 acquired
Process-5 released
Process-3 acquired
Process-4 released
Process-3 released
```

从输出结果中可以观察到，同时持有Semaphore的进程数量最多仅为2。

6. 使用 Value 与 Array 类在进程间共享变量

在多进程Python程序运行时，由于采用了多GIL并行机制，因此多进程程序无法使用global关键字访问全局变量。为了解决这个问题，multiprocessing模块提供了Value类和Array类，使得变量可以在不同进程间共享(使用时需注意进程安全问题)。

Value和Array类型在实例化时均需要两个参数：一个是共享变量的类型，另一个是共享变量的初始值。其中，类型需要使用Type code表示，具体类型代码如表8-1所示。

表8-1　Typt code类型代码

Type code	C Type	Python Type	Minimum size in bytes
'b'	signed char	int	1
'B'	unsigned char	int	1
'u'	Py_UNICODE	Unicode character	2

（续表）

Type code	C Type	Python Type	Minimum size in bytes
'h'	signed short	int	2
'H'	unsigned short	int	2
'i'	signed int	int	2
'I'	unsigned int	int	2
'l'	signed long	int	4
'L'	unsigned long	int	4
'q'	signed long long	int	8
'Q'	unsigned long long	int	8
'f'	float	float	4
'd'	double	float	4

　　需要注意的是，Value和Array类本身并不会保证进程安全。因此，必须使用进程锁，或者使用multiprocessing模块中的Condition类或Event类来确保进程安全(Condition类和Event 类在多进程中的用法与多线程相似)。

　　例如，我们可以使用Value和Event类实现生产者-消费者模型(在本例中，Condition的使用方式与多线程中的略有不同。两种方式都能实现目标，但在本例中请求的锁会一直被占有，并使用wait()和notify()方法；而在多线程一节中，除了使用wait()和notify()方法外，还会不断释放和重新请求锁。相比之下，多线程一节中的Condition使用方式更加规范)。

　　以下是示例代码：

```python
import multiprocessing
import time
def produce(event, v):
    event.set()
    while True:
        if v.value == b'x':
            print('Producing...')
            v.value = b'o'
            event.set()
            event.wait()
            time.sleep(2)

def consume(event, v):
    event.wait()
    while True:
```

```
        if v.value == b'o':
            print('Consuming...')
            v.value = b'x'
            event.set()
            event.wait()
            time.sleep(2)


if __name__ == '__main__':
    multiprocessing.freeze_support()

    product = multiprocessing.Value('c', b'x')
    event = multiprocessing.Event()

    p1 = multiprocessing.Process(target=produce, args=(event, product))
    p2 = multiprocessing.Process(target=consume, args=(event, product))

    p1.start()
    p2.start()

    event.set()

    p1.join()
    p2.join()
```

运行以上代码后，将会得到图8-7所示的结果。

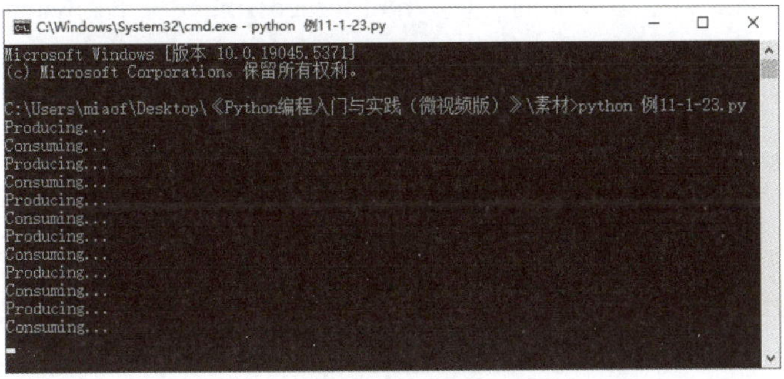

图8-7　多进程生产者消费者模型

7. 使用 Pipe 在两个进程间进行通信

有时，我们需要将一个进程中的某些值传递给另一个进程。在这种情况下，可以使用multiprocessing模块提供的Pipe类。Pipe类在实例化时会返回管道的两个端点，这两个端点默认情况下可以互相通信。如果在实例化时使用False参数，则只允许第一个管道端发送信息到第二个管道端。

管道的端点具有send()和recv()方法。在一个端点使用send()方法发送的内容，可以在另一个端点通过recv()方法接收。

以下是使用Pipe进行进程间通信的示例代码：

```
import multiprocessing
import time
def sender(pipe):
    pipe.send("I love Python!")
def receiver(pipe):
    time.sleep(2)
    print(pipe.recv())
if __name__ == '__main__':
    multiprocessing.freeze_support()
    pipe_1, pipe_2 = multiprocessing.Pipe()
    p1 = multiprocessing.Process(target=sender, args=(pipe_1,))
    p2 = multiprocessing.Process(target=receiver, args=(pipe_2,))
    p1.start()
    p2.start()
```

输出结果：

```
I love Python!
```

8. 使用 Queue 实现多进程通信

虽然Pipe类可以用于两个进程间的通信，有时我们需要在多个进程之间进行通信。例如，在并行计算任务中，我们可能需要处理大规模数据并行计算，而可用的进程数量不足以一次性处理所有数据。这时，可以使用multiprocessing模块中的Queue类来实现。

顾名思义，Queue类是一个队列实现，multiprocessing模块下的Queue类的操作与一般的队列类相似，但它支持多进程共享。在实例化Queue类时，需要传入一个整数参数来指定队列的大小。

在multiprocessing模块中，Queue实例提供了一些常用的方法，如表8-2所示。

表 8-2　Queue 常用方法

方　法	描　　述
Queue.empty()	如果队列为空，则返回True，否则返回False
Queue.full()	如果队列已满，则返回True，否则返回False
Queue.put(item[, timeout])	向队尾添加元素，timeout为等待时间(队满时会阻塞)
Queue.get([block[, timeout]])	从队列中获取元素，timeout为等待时间(队空时会阻塞)
Queue.put_nowait(item)	非阻塞地添加元素，失败时抛出异常，相当于Queue.put(item, False)
Queue.get_nowait(item)	非阻塞地获取元素，失败时抛出异常，相当于Queue.get(False)

以下是一个简单的多进程生产者-消费者模型示例代码：

```python
import multiprocessing
import time
def produce(queue, id):
    timer = 0
    while True:
        time.sleep(1)
        timer += 1
        queue.put(" *** Producer: " + str(id) + " produced item " + str(timer) + '***')
def consume(queue):
    while True:
        print(queue.get())
if __name__ == '__main__':
    multiprocessing.freeze_support()
    queue = multiprocessing.Queue(10)
    for i in range(3):
        multiprocessing.Process(target=produce, args=(queue, i)).start()
    multiprocessing.Process(target=consume, args=(queue,)).start()
```

运行以上代码后，将会得到图8-8所示的结果。

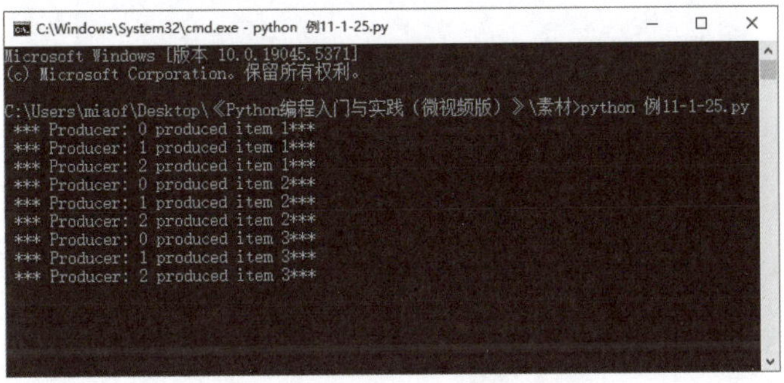

图 8-8　使用 Queue 实现多进程通信

在处理少量并行进程时，我们只需简单地创建并执行这些进程。然而，当需要创建数十个甚至上百个进程时，就需要设置最大同时执行的进程数，以平衡系统资源的消耗。之前介绍的Semaphore可以实现这一功能，但由于它采用类似锁的方式，操作较为烦琐，主要用于控制对共享资源的访问数量。为了更方便地管理进程数量，我们可以使用multiprocessing模块提供的Pool类。

在实例化Pool对象时，需要设置processes参数，该参数指定允许同时运行的进程数量。实例化Pool对象后，我们只需对Pool的实例进行操作。

Pool实例具有一些常用的方法，如表8-3所示。

表 8-3　Pool 常用方法

方　法	描　述
apply_async(func[, args[, kwds[, callback]]])	添加异步进程，其他进程不会等待其执行完成后再执行(异步进程结束时，主进程立即返回)
apply(func[, args[, kwds]])	添加同步进程，其他进程会等待其执行完成后再继续执行
close()	关闭进程池，使其不再接受新的任务
terminate()	终止进程池中的所有任务
join()	阻塞主线程，等待池中所有任务执行完成后再继续(join方法只能在close()或terminate()后使用)

观察以下代码，体会异步进程与同步进程的区别：

```python
import multiprocessing
import time
def func(sleeptime, id):
    time.sleep(sleeptime)
    print("Process " + str(id) + " finished at: " + time.strftime('%Y-%m-%d %H:%M:%S',
time.localtime(time.time())))
if __name__ == '__main__':
    multiprocessing.freeze_support()
    pool = multiprocessing.Pool(processes=3)
    pool.apply(func, (2, 1))
    pool.apply(func, (2, 2))
    pool.apply_async(func, (1, 3))
    pool.apply_async(func, (10, 4))
    print("Main Process ran at: " + time.strftime('%Y-%m-%d %H:%M:%S', time.localtime(time.time())))
    time.sleep(5)
```

输出结果：

```
Process 1 finished at: 2025-02-06 15:01:19
Process 2 finished at: 2025-02-06 15:01:21
Main Process ran at: 2025-02-06 15:01:21
Process 3 finished at: 2025-02-06 15:01:22
```

为了确保异步进程执行完毕后再结束主进程，可以使用join()方法来阻塞主进程：

```python
import multiprocessing
import time
def func(sleeptime, id):
    time.sleep(sleeptime)
    print("Process " + str(id) + " finished at: " + time.strftime('%Y-%m-%d %H:%M:%S',
```

```
time.localtime(time.time())))
    if __name__ == '__main__':
        multiprocessing.freeze_support()
        pool = multiprocessing.Pool(processes=3)
        pool.apply(func, (2, 1))
        pool.apply(func, (2, 2))
        pool.apply_async(func, (1, 3))
        pool.apply_async(func, (10, 4))
        print("Main Process ran at: " + time.strftime('%Y-%m-%d %H:%M:%S', time.localtime(time.time())))
        pool.close()
        pool.join()
```

输出结果：

```
Process 1 finished at: 2025-02-06 15:13:19
Process 2 finished at: 2025-02-06 15:13:21
Main Process ran at: 2025-02-06 15:13:21
Process 3 finished at: 2025-02-06 15:13:22
Process 4 finished at: 2025-02-06 15:13:31
```

由此可见，使用join()方法后，主进程会等待pool中所有进程执行结束后再退出。

8.4　课后实践

本章深入探讨了Python中的多线程与多进程编程，介绍了二者的基本概念与实际应用。首先，明确了进程与线程的定义，对比了它们的异同，指出进程是系统资源分配的基本单位，而线程是进程内的执行单元，二者在并发执行和资源管理中各具特点。随后，重点介绍了多线程编程，详细讲解了如何使用threading模块创建和运行线程，通过join()函数实现线程阻塞，以及如何利用锁机制解决线程安全问题，确保数据一致性。此外，还探讨了线程间同步与通信的工具，如Condition和Event。接着，转向多进程编程，介绍了如何使用multiprocessing模块创建和运行进程，通过join()函数实现进程阻塞与同步，并利用Semaphore管理资源的并发访问，同时讲解了进程间的数据共享与通信方法。通过本章的学习，用户能够掌握多线程与多进程编程的核心技术，并在实际项目中灵活应用，提升程序的并发性能与运行效率。

一、应用实例

【例8-1】使用互斥锁实现多人同时订购电影票功能。

分析：在某个电影院的特定场次中，只有100张电影票可供销售。假设有10个用户同时抢购这些电影票。每当成功售出一张票时，程序将显示剩余的电影票数量。以下代码使用多线程和互斥锁来模拟这一过程：

```
from threading import Thread, Lock
import time
n = 100                                  # 总共100张票
def task():
    global n
    mutex.acquire()                      # 上锁
    temp = n                             # 将剩余票数赋值给临时变量
    time.sleep(0.1)                      # 休眠0.1秒
    if temp > 0:                         # 确保剩余票数大于0
        n = temp - 1                     # 剩余票数减1
        print('购买成功，剩余 %d 张电影票' % n)
    else:
        print('购票失败，电影票已售罄')
    mutex.release()                      # 释放锁
if __name__ == '__main__':
    mutex = Lock()                       # 实例化Lock类
    threads = [ ]                        # 初始化一个列表以存储线程
    for i in range(10):
        t = Thread(target=task)          # 实例化线程类
        threads.append(t)                # 将线程实例存入列表中
        t.start()                        # 启动线程
    for t in threads:
        t.join()                         # 等待所有子线程结束
```

输出结果：

```
购买成功，剩余 99 张电影票
购买成功，剩余 98 张电影票
购买成功，剩余 97 张电影票
购买成功，剩余 96 张电影票
购买成功，剩余 95 张电影票
购买成功，剩余 94 张电影票
购买成功，剩余 93 张电影票
购买成功，剩余 92 张电影票
购买成功，剩余 91 张电影票
购买成功，剩余 90 张电影票
```

在上述代码中，task函数负责处理购票逻辑。通过使用互斥锁mutex，确保在同一时刻只有一个线程可以访问和修改剩余票数n。每次成功购买票时，都会输出当前剩余票数。如果票已售罄，程序将提示购票失败。

【例8-2】编写程序，设计一个捉迷藏游戏。

分析：假设这个游戏由两个人参与：一个是藏匿者(Hider)，另一个是寻找者(Seeker)。游戏规则如下。

(1) 游戏开始后，寻找者首先将自己的眼睛蒙上，蒙好后通知藏匿者。

(2) 藏匿者接到通知后，开始寻找一个地方藏身，并在藏好后通知寻找者开始寻找。

(3) 寻找者接收到通知后，开始寻找藏匿者。

在程序中，藏匿者和寻找者分别用两个独立的线程表示。为了控制这两个线程之间的时序关系，可以使用Condition对象。

```python
import threading
import time
class Seeker(threading.Thread):
    def __init__(self, cond, name):
        super(Seeker, self).__init__()
        self.cond = cond
        self.name = name
    def run(self):
        time.sleep(1)                        # 确保先运行Hider中的方法
        self.cond.acquire()                  # 获取锁
        print(self.name + ': 我已经把眼睛蒙上了')
        self.cond.notify()                   # 通知Hider
        self.cond.wait()                     # 等待Hider的通知
        print(self.name + ': 我找到你了～～')
        self.cond.notify()                   # 通知Hider
        self.cond.release()                  # 释放锁
        print(self.name + ': 我赢了！')
class Hider(threading.Thread):
    def __init__(self, cond, name):
        super(Hider, self).__init__()
        self.cond = cond
        self.name = name
    def run(self):
        self.cond.acquire()                  # 获取锁
        self.cond.wait()                     # 等待Seeker的通知
        # 释放对锁的占用，同时线程挂起在这里，直到被notify并重新占有锁
        print(self.name + ': 我已经藏好了，你快来找我吧')
        self.cond.notify()                   # 通知Seeker
        self.cond.wait()                     # 等待Seeker的再次通知
        self.cond.release()                  # 释放锁
        print(self.name + ': 被你找到了，哎～')
cond = threading.Condition()
seeker = Seeker(cond, '寻找者')
hider = Hider(cond, '藏匿者')
seeker.start()
hider.start()
```

输出结果：

寻找者：我已经把眼睛蒙上了

藏匿者：我已经藏好了，你快来找我吧

寻找者：我找到你了～～

寻找者：我赢了！

藏匿者：被你找到了，哎～

二、思考练习

1. 简述创建线程的方法。

2. 简述现成对象的daemon属性的作用和影响。

3. 简述多进程间数据传递的方式。

4. 多线程间是如何实现同步通信的？

5. 如何使用多线程安全地读写一个文本文件，保证每次写入一行的内容连续。

6. 使用多线程或多进程写入文本，每个进程写入一行由100个相同字符组成的字符串，同时有100个进程或线程并发，保证每行内容完整且正确。

第 **9** 章

Python 访问数据库

使用简单的纯文本文件只能实现有限的功能。如果需要处理的数据量庞大且易于程序员理解，选择相对标准化的数据库(Database)会更为合适。Python支持多种数据库，包括SAP、Oracle、SQL Server和SQLite等。本章将主要介绍数据库的基本概念和结构化查询语言SQL，并讲解如何使用Python自带的轻量级关系型数据库SQLite。

9.1　数据库基础

数据库技术产生于20世纪60年代后期，主要研究信息的存储、组织、查询使用等技术，其主要目的是有效地管理和存取大量的数据资源。数据库技术一直随着计算机技术的发展不断进步，作为计算机软件科学中的一个十分活跃而重要的独立分支，已经形成了一整套数据库理论与技术体系。

9.1.1　数据库概念

数据库(Database)是数据的集合，它将大量数据按照特定的方式组织和存储，以便于管理和维护。数据库的主要特征包括：

- ○　数据以特定方式组织和存储。
- ○　支持多个用户的共享访问。
- ○　尽量减少数据冗余。
- ○　数据集合与程序相互独立。

与文件系统相比，数据库管理系统为用户提供了安全、高效和快速的数据检索与修改能力。由于数据库管理系统与应用程序文件独立存在，它可以被多个应用程序共享，从而实现数据的共享和重用。

数据库管理系统(Database Management System，简称DBMS)是一种用于创建、使用和维护数据库的大型软件，旨在操纵和管理数据库。它对数据库进行统一管理和控制，以确保数据的安全性和完整性。DBMS提供的主要功能包括：

(1) 数据定义功能。DBMS提供相应的数据定义语言(DDL)用于定义数据库结构，这些定义构成数据库的框架，并保存在数据字典中。

(2) 数据存取功能。DBMS提供数据操纵语言(DML)，实现对数据库数据的基本操作，包括检索、插入、修改和删除。

(3) 数据库运行管理功能。DBMS具备数据控制功能，确保数据的安全性、完整性及并发控制，有效管理数据库的运行，以确保数据的准确性和有效性。

(4) 数据库的建立和维护功能。这包括初始数据的加载、数据库的转储、恢复和重组，以及系统性能的监控与分析。

(5) 数据库的传输。DBMS提供数据传输处理功能，实现用户程序与DBMS之间的通信，通常与操作系统协同完成。

9.1.2　关系型数据库

数据库可以分为层次型数据库、对象型数据库和关系型数据库，其中关系型数据库是当前的主流类型。关系型数据库不仅描述数据本身，还描述数据之间的关系。在关系型数据库中，数据以表的形式组织，一个数据库通常包含多个表，例如一个学生信息数据库可能包括学生表、班级表和学校表等。通过在表之间建立关系，可以将不同表中的数据关联起来，以便用户进行查询和使用。

关系型数据库中常用的术语如下。

- 关系：可以理解为一张二维表，每个关系都有一个名称，即表名。
- 属性：可以理解为二维表中的一列，通常称为字段。
- 元组：可以理解为二维表中的一行，通常称为记录。
- 域：属性的取值范围，即数据库中某一列的取值范围。
- 关键字：一组可以唯一标识元组的属性，称为主键，可以由一个或多个列组成。

当前流行的数据库管理系统大多基于关系模型。关系模型认为世界由实体(Entity)和关系(Relationship)构成。实体是相互区别、具有特定属性的对象，而关系则是实体之间的联系，通常分为以下三种类型。

(1) 一对一(1:1)：实体集A中的每个实体至多只与实体集B中一个实体联系，反之亦然。例如，班级与班长之间的关系，如图9-1(a)所示。

(2) 一对多(1:n)：实体集A中的每个实体可以与实体集B中的多个实体联系，而实体集B中的每个实体至多只与实体集A中一个实体联系。例如，学生与班级之间的关系，如图 9-1(b)所示。

(3) 多对多(m:n)：实体集A中的每个实体可以与实体集B中的多个实体联系，反之亦然，实体集B中的每个实体也可以与实体集A中的多个实体联系。例如，学生与课程之间的关系，如图 9-1(c)所示。

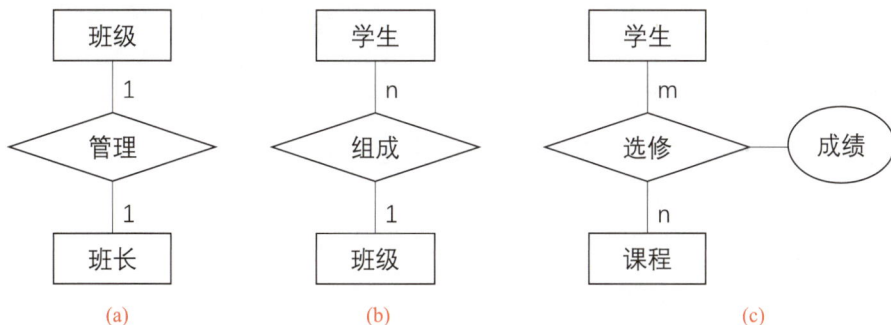

图 9-1　实体之间的关系

9.1.3　数据库和Python接口程序

在Python中添加数据库支持，可以增强Python应用的功能。通过数据库接口，Python程序可以直接访问数据库。过去，针对不同类型的数据库，人们编写了各种数据库接口程序，但这些接口的功能和接口方式往往不兼容。因此，使用这些接口的程序需要根据选择的接口模块进行自定义，且当接口模块发生变化时，应用程序的代码也必须随之更新。

DB-API规范为不同的数据库提供了一致的访问接口，使得在不同数据库之间移植代码变得更加容易。DB-API是一个规范，定义了一系列必需的对象和数据库操作方式，确保不同底层数据库系统和数据库接口程序之间具有统一的访问方式。通过遵循该规范，Python程序能够以一致的方式访问各种数据库。

要从Python访问数据库，需要借助接口程序。接口程序是一个Python模块，它提供了数据库客户端(通常是用C语言编写)的接口，供Python程序访问数据库。所有的Python数据库接口程序都在一定程度上遵循Python DB-API规范，从而确保跨数据库操作的兼容性和一致性。

9.2　结构化查询语言(SQL)

数据库的命令和查询操作需要通过SQL(Structured Query Language，结构化查询语言)来执行。SQL是一种通用的关系型数据库操作语言，用于查询、定义、操控和控制数据库。作为一种非过程化语言，SQL使得用户能够通过声明性语句来与数据库进行交互，而无需关注具体的执行过程。以下是一些常用SQL命令的示例。

9.2.1　数据表的建立(CREATE TABLE)和删除(DROP)

CREATE TABLE 语句用于在数据库中创建新表。其语法格式如下：

```
CREATE TABLE 表名称 (
    列名称1 数据类型,
    列名称2 数据类型,
    列名称3 数据类型,
    ...
)
```

【例9-1】创建students表示例(该表包含stuNumber、stuName、age、sex、score、address和city字段)。

```
CREATE TABLE students (
    stuNumber VARCHAR(12),
    stuName VARCHAR(255),
    age INTEGER(2),
    sex VARCHAR(2),
    score INTEGER(4),
    address VARCHAR(255),
    city VARCHAR(255)
)
```

DROP TABLE语句用于删除一个表。执行该语句后，表的结构、数据、属性以及索引都会被删除。其语法格式如下：

```
DROP TABLE 表名称;
```

【例9-2】删除students表示例。

```
DROP TABLE students;
```

9.2.2　查询语句SELCET

SELECT语句用于从表中选择数据，查询结果被存储在一个结果集(即结果表)中。查询语句的基本语法如下：

SELECT 字段列表 FROM 表名 WHERE 查询条件 GROUP BY 分组字段 ORDER BY 字段 [ASC | DESC];

SELECT语句包括字段列表、FROM子句和WHERE子句。它们分别指定要查询的列、查询的表或视图，以及查询条件。

1. 字段列表

字段列表指定了所查询的列。字段列表可以包含一组列名、星号(表示选择所有列)、表达式或变量等。

【例9-3】查询students表中所有列的数据示例。

SELECT * FROM students;

【例9-4】查询students表中所有记录的stuName和stuNumber字段内容示例。

SELECT stuName, stuNumber FROM students;

2. WHERE 子句

WHERE子句用于设置查询条件，过滤掉不符合条件的数据行。WHERE子句可以包括各种条件运算符：

1) 比较运算符(大小比较)：>、>=、=、<、<=、<>、!=

【例9-5】查找students表中姓名为"李四"的学生的学号。

SELECT stuNumber FROM students WHERE stuName = '李四';

2) 范围运算符(判断表达式值是否在指定的范围内)：BETWEEN...AND...、NOT BETWEEN...AND...

【例9-6】查找students表中年龄在18~20岁之间的学生姓名。

SELECT stuName FROM students WHERE age BETWEEN 18 AND 20;

3) 列表运算符(判断表达式是否为列表中的指定项)：IN(项1,项2...)、NOT IN (项1,项2,...)

【例9-7】查找students表中籍贯为"江苏"或"浙江"的学生姓名。

SELECT stuName FROM students WHERE city IN ('Jiangsu', 'Zhejiang');

4) 逻辑运算符(用于多个条件之间的逻辑连接)：NOT、AND、OR

【例9-8】查找students表中年龄大于18岁且性别为女生的学生姓名。

SELECT stuName FROM students WHERE age > 18 AND sex = '女';

5) 模式匹配符(判断值是否与指定的字符匹配格式相符)：LIKE、NOT LIKE

【例9-9】查找students表中姓"王"的所有学生信息。

SELECT * FROM students WHERE stuName LIKE '王%';

其中，%可匹配任意字符和任意长度的字符。如果是中文字符，使用两个百分号(即%%)来表示匹配任意字符。

【例9-10】查找students表中成绩在80~90的所有学生信息。

SELECT * FROM students WHERE score BETWEEN 80 AND 90;

其中，BETWEEN关键字用于指定一个范围，要求所匹配的对象值位于该范围内。而NOT BETWEEN则用于指定不在该范围内的值。

3. 数据分组 (GROUP BY)

GROUP BY子句用于结合聚合函数，根据一个或多个列对查询结果进行分组。

【例9-11】统计students表中所有女生的平均成绩。

SELECT sex, AVG(score) AS 平均成绩 FROM students WHERE sex = '女' GROUP BY sex;

其中：

○ AVG(score)是聚合函数，用于计算指定列(此处为score)的平均值。

○ GROUP BY子句根据sex字段将结果集分组。

○ WHERE子句用于限定性别为"女"的学生。

常用聚合函数如表9-1所示。

表 9-1　常用聚合函数

函　数	功　能	函　数	功　能
SUM(列名)	求和	MAX(列名)	求最大值
AVG(列名)	求平均值	COUNT(列名)	统计记录数
MIN(列名)	求最小值		

4. 查询结果排序 (ORDER BY)

使用ORDER BY子句可以根据一个或多个列对查询结果进行排序。

【例9-12】查找students表的stuName和stuNumber字段，查询结果按照成绩降序排列。

SELECT stuName, stuNumber FROM students ORDER BY score DESC;

其中：

- ORDER BY子句用于指定排序的列。
- ASC表示升序排序(默认值)，DESC表示降序排序。

9.2.3　添加记录语句INSERT INTO

INSERT INTO语句用于向表中插入新的记录。其基本语法格式为：

```
INSERT INTO 数据表 (字段1, 字段2, 字段3, ...)
VALUES (值1, 值2, 值3, ...);
```

【例9-13】在students表中添加一条记录。

```
INSERT INTO students (stuNumber, stuName, age, sex, score, address, city)
VALUES ('2025005', '王燕', 19, '男', 92, 'Changjiang 12', 'Nanjing');
```

也可以使用简化形式，省略字段名，按照数据表中字段的顺序插入：

```
INSERT INTO students
VALUES ('2025005', '王燕', 19, '男', 92, 'Changjiang 12', ' Nanjing');
```

当不指定字段名时，INSERT INTO会按照数据表中字段的顺序逐一插入对应的值。

9.2.4　更新语句UPDATE

UPDATE语句用于修改表中的现有数据。其语法格式为：

```
UPDATE 表名
SET 列名 = 新值
WHERE 列名 = 某值;
```

1) 更新某一行中的某一列

【例9-14】将students表中性别为"女"的学生的年龄增加一岁。

```
UPDATE students
SET age = age + 1
WHERE sex = '女';
```

2) 更新某一行中的若干列

【例9-15】将students表中"李四"的地址address修改为Xiaolingwei 200，并增加城市city为Nanjing。

```
UPDATE students
SET address = 'Xiaolingwei 200', city = 'Nanjing'
WHERE stuName = '李四';
```

如果没有WHERE条件，则会更新整个数据表中指定字段的值。在实际工作中，应谨慎使用UPDATE语句，避免误更新所有记录。

9.2.5 删除语句DELETE

DELETE语句用于删除表中的记录。其基本语法格式为：

DELETE FROM 表名 WHERE 列名 = 值;

【例9-16】在students表中删除"张三"对应的记录。

DELETE FROM students WHERE stuName = '张三';

DELETE FROM students表示删除students表中的所有记录。为了避免误操作，建议始终使用WHERE条件限制删除范围。

9.3 SQLite数据库简介

Python自带一个轻量级的关系型数据库——SQLite。SQLite是一种嵌入式关系型数据库，它的整个数据库就是一个文件。由于SQLite是用C语言编写的，体积小且性能高，因此它经常被集成到各种应用程序中，甚至可以在iOS和Android的应用中使用。SQLite不需要单独的服务器进程或操作系统支持(即无服务器架构)，也不需要额外的配置和安装，这使得它非常易于使用。一个完整的SQLite数据库存储在一个单一的、跨平台的磁盘文件中。

SQLite是非常小巧、轻量、独立且不依赖任何外部组件的，它支持SQL-92标准的大部分查询功能。SQLite使用ANSI-C编写，提供了简单易用的API。它可以在多个平台上运行，包括UNIX(Linux、macOS、Android、iOS)和Windows(Win32、WinRT)系统。SQLite3是Python自带关系型数据库SQLite的最新版，本章后续内容均以SQLite3进行讲解。

9.3.1 SQLite3的数据类型

大多数SQL数据库引擎使用静态数据类型，数据的类型由其存储位置(即所在列的类型)决定。而SQLite3采用动态数据类型，它会根据实际存入的数据自动判断类型。SQLite3的动态数据类型能够向后兼容其他数据库常用的静态数据类型，这意味着在使用静态类型的数据库中创建的数据表，可以在SQLite3中正常使用。

SQLite3中存储的每个值，都对应表9-2中的某种存储类型。

表 9-2　存储类型

存 储 类 型	说　　　明
NULL	空值
INTEGER	带符号整数，根据存入数值的大小，占用1、2、3、4、6或8个字节
REAL	浮点数，采用8字节(即双精度)IEEE格式表示

(续表)

存　储　类　型	说　　明
TEXT	字符串文本，采用数据库的编码格式(UTF-8、UTF-16BE或UTF-16LE)
BLOB	无类型，适用于存储二进制数据

此外，SQLite3还支持表9-3中列出的数据类型。

表9-3　数据类型

数　据　类　型	说　　明
SMALLINT	16位整数
INTEGER	32位整数
DECIMAL(p,s)	p为精度，s为小数位数
FLOAT	32位实数
DOUBLE	64位实数
CHAR(n)	固定长度字符串，最大长度为n(最多254字符)
VARCHAR(n)	可变长度字符串，最大长度为n(不超过4000字符)
GRAPHIC(n)	类似于CHAR(n)，但单位为双字节字符，最大长度为n(最多127个中文字符)
VARGRAPHIC(n)	可变长度双字节字符串，最大长度为n
DATE	包含年、月、日
TIME	包含时、分、秒
TIMESTAMP	包含年、月、日、时、分、秒以及千分之一秒

这些数据类型在进行运算或存储时，会转换为对应的五种存储类型之一。通常情况下，"存储类型"和"数据类型"之间没有太大区别，这两个术语可以互换使用。SQLite3使用的是弱类型数据系统，除了被声明为主键的INTEGER类型外，允许在任何表的任何列中存储任何类型的数据，且与该列的类型声明无关。

9.3.2　SQLite3的函数

1. 时间/日期函数

1) datetime()

生成日期和时间，格式为：

```
datetime(日期/时间, 修正符, 修正符...)
```

示例1：

SELECT datetime('2025-01-16 00:20:00', '3 hour', '-12 minute');

结果：

2025-01-16 03:08:00

其中'3 hour'和'-12 minute' 表示在基本时间(datetime()函数的第一个参数)上增加或减少特定的时间量。

示例2：

SELECT datetime('now');

结果：

2025-01-16 03:23:18

2) date()

生成日期，格式为：

date(日期/时间, 修正符, 修正符...)

示例：

SELECT date('2025-01-16', '+1 day', '+1 year');

结果：

2026-01-17

3) time()

生成时间格式。

4) strftime()

对以上三个函数生成的日期和时间进行格式化，格式为：

strftime(格式, 日期/时间, 修正符, 修正符, ...)

strftime()函数可以将YYYY-MM-DD HH:MM:SS格式的日期字符串转换为其他形式的字符串。

2. 算术函数

- abs(X)：返回X的绝对值。
- max(X, Y, [...])：返回给定参数中的最大值。
- min(X, Y, [...])：返回给定参数中的最小值。
- random( )：返回一个随机数。
- round(X, [Y])：对X进行四舍五入，Y为可选的保留小数位数。

3. 字符串处理函数

- ⭕ length(X)：返回字符串X的字符数。
- ⭕ lower(X)：将字符串X转为小写。
- ⭕ upper(X)：将字符串X转为大写。
- ⭕ substr(X, Y, Z)：从字符串X中截取从位置Y开始的Z长度的子串。
- ⭕ like(A, B)：检查字符串A是否与模式B匹配。

4. 其他函数

- ⭕ typeof(X)：返回数据X的类型。
- ⭕ last_insert_rowid()：返回最后插入数据的行ID。

9.3.3　SQLite3的模块

Python标准库中的SQLite3模块是用C语言实现的，提供了访问和操作SQLite3数据库的多种功能。SQLite3模块包括以下常量、函数和对象：

- ⭕ sqlite3.Version：常量，版本号。
- ⭕ sqlite3.connect(database)：函数，用于连接到指定的数据库，返回一个Connect对象。
- ⭕ sqlite3.Connection：数据库连接对象。
- ⭕ sqlite3.Cursor：游标对象。
- ⭕ sqlite3.Row：行对象。

9.4　Python的SQLite3数据库编程

自Python 2.5版本起，SQLite3模块已内置于Python中，因此在Python环境中使用SQLite3无须额外安装任何工具。SQLite3数据库使用SQL语言作为查询语言，适合用于构建具有数据存储需求的工具。

9.4.1　访问数据库的步骤

SQLite3是唯一一个数据库接口类模块，这极大地方便了我们使用Python进行数据库的小型应用开发。Python的数据库模块遵循统一的接口标准，因此数据库操作遵循一致的模式。操作SQLite3数据库主要包括以下几个步骤。

(1) 导入Python SQLite3数据库模块。

Python标准库中自带SQLite3模块，可以直接导入：

```
import sqlite3
```

(2) 建立数据库连接，返回Connection对象。

使用数据库模块的connect函数建立数据库连接，并返回一个连接对象con。示例如下：

```
con = sqlite3.connect(connectstring)
```

以上代码连接到指定的数据库，并返回sqlite3.Connection对象。

代码中connectstring是连接字符串。不同数据库的连接字符串格式各不相同，SQLite3的连接字符串通常是数据库文件的路径，例如"d:\\test.db"。如果将连接字符串指定为memory，则会创建一个内存数据库。

示例：

```
import sqlite3
con = sqlite3.connect("d:\\test.db")
```

如果d:\\test.db文件存在，则会打开该数据库；否则，会在指定路径下创建一个名为test.db的新数据库并打开它。

(3) 创建游标对象。

游标对象可以方便的从数据库表中检索出数据并进行灵活操作。

通过调用con.cursor()创建游标对象cur：

```
cur = con.cursor()
```

(4) 使用游标对象的execute方法执行SQL命令并返回结果集。

可以通过调用cur.execute、cur.executemany和cur.executescript方法来查询数据库。

- cur.execute(sql)：执行一条SQL语句。
- cur.execute(sql, parameters)：执行带参数的SQL语句。
- cur.executemany(sql, seq_of_parameters)：根据参数执行多次SQL语句。
- cur.executescript(sql_script)：执行SQL脚本。

例如，要创建一个名为category的表，可以使用以下代码：

```
cur.execute("CREATE TABLE category (id PRIMARY KEY, sort , name)")
```

这将创建一个包含三个字段(id、sort和name)的category表。接下来，用户可以向该表中插入记录：

```
cur.execute("INSERT INTO category VALUES (1, 1, 'computer')")
```

在SQL语句字符串中可以使用占位符"?"来表示参数，传递的参数则使用元组。例如：

```
cur.execute("INSERT INTO category VALUES (?, ?, ?)", (2, 3, 'literature'))
```

(5) 获取游标的查询结果集。

可以通过调用cur.fetchall、cur.fetchone 或 cur.fetchmany方法来获取查询结果。

- cur.fetchone()：返回结果集的下一行(Row对象)；如果没有数据，则返回None。
- cur.fetchall()：返回结果集的剩余行(Row对象列表)；如果没有数据，则返回空列表。
- cur.fetchmany(size)：返回结果集中的多行(Row对象列表)；如果没有数据，则返回空列表。

例如：

```
cur.execute("SELECT * FROM category")
print(cur.fetchall())                           # 提取查询到的数据
```

返回结果：

```
[(1, 1, 'computer'), (2, 2, 'literature')]
```

如果使用cur.fetchone()方法，第一次调用将返回列表中的第一项，第二次调用将返回第二项，以此类推。

用户也可以直接使用循环来输出结果，例如：

```
for row in cur.execute("SELECT * FROM category"):
    print(row[0], row[1])
```

(6) 数据库的提交和回滚。

根据数据库事务的隔离级别，可以进行提交或回滚操作：

○　con.commit()：提交事务。

○　con.rollback()：回滚事务。

(7) 关闭Cursor对象和Connection对象。

最后，需要关闭打开的Cursor对象和Connection对象：

○　cur.close()：关闭Cursor对象。

○　con.close()：关闭Connection对象。

9.4.2　创建数据库和表

【例9-17】创建数据库test.db，并在其中创建表book，该表包含三列：id、price和name，其中id为主键(primary key)。

```
# 导入Python SQLite3数据库模块
import sqlite3
# 创建SQLite3数据库
con = sqlite3.connect("D:\\test.db")
# 创建表book，包含三列：id(主键)、price和name
con.execute("CREATE TABLE book (id PRIMARY KEY, price, name)")
```

Connection对象的execute方法是Cursor对象对应方法的快捷方式，系统会创建一个临时的Cursor对象，然后调用对应的方法，并返回Cursor对象。

9.4.3　插入、更新和删除记录操作

在数据库表中插入、更新和删除记录的一般步骤如下。

(1) 建立数据库连接。

(2) 创建游标对象cur。使用cur.execute(sql)执行SQL的INSERT、UPDATE、DELETE等语句来完成数据库记录的插入、更新和删除操作，并根据返回值判断操作结果。

(3) 提交操作。

(4) 关闭数据库连接。

【例9-18】数据库表记录的插入、更新和删除操作示例。

```
import sqlite3
books = [
    ("021", 25, "函数与极限"),
    ("022", 30, "导数与微分"),
    ("033", 18, "不定积分"),
    ("034", 35, "微分方程"),
]
# 打开数据库
con = sqlite3.connect("D:\\test.db")
# 创建游标对象
cur = con.cursor()
# 插入一行数据
cur.execute("INSERT INTO book (id, price, name) VALUES ('017', 33, '定积分')")
cur.execute("INSERT INTO book (id, price, name) VALUES (?, ?, ?)", ("018", 28, "重积分"))
# 插入多行数据
cur.executemany("INSERT INTO book (id, price, name) VALUES (?, ?, ?)", books)
# 修改一行数据
cur.execute("UPDATE book SET price = ? WHERE name = ?", (25, "导数与微分"))
# 删除一行数据
n = cur.execute("DELETE FROM book WHERE price = ?", (25,))
print("删除了", n.rowcount, "行记录")
# 提交事务
con.commit()
```

返回行结果：

删除了 2 行记录

9.4.4 数据库表的查询操作

查询数据库表的步骤如下。

(1) 建立数据库连接。

(2) 创建游标对象cur，使用cur.execute(sql)执行SQL的SELECT语句。

(3) 循环输出结果。

```
import sqlite3
# 打开数据库
con = sqlite3.connect("D:\\test.db")
# 创建游标对象
cur = con.cursor()
# 查询数据库表
```

```
cur.execute("SELECT id, price, name FROM book")
for row in cur:
    print(row)
# 关闭游标和连接
cur.close()
con.close()
```

返回行结果：

```
('017', 33, '定积分')
('018', 28, '重积分')
('033', 18, '不定积分')
('034', 35, '微分方程')
```

9.5　课后实践

本章深入探讨了Python中数据库访问的相关知识，重点聚焦使用SQLite进行数据库操作。本章首先从数据库的基本概念入手，深入剖析了其在数据管理中的核心地位，尤其是关系型数据库的独特优势以及数据的表格化组织方式。随后，详细讲解了结构化查询语言(SQL)的核心操作，包括数据表的创建与删除、复杂的查询语句(如字段选择、WHERE子句、数据分组与排序)，以及记录的添加、更新与删除等关键技能。

此外，本章还全面介绍了SQLite的基本特性、数据类型和内置函数，以帮助读者高效利用这一轻量级数据库工具。在核心内容部分，我们深入探讨了如何在Python中通过SQLite3模块实现数据库操作，涵盖了数据库连接、表创建、记录管理等关键环节。

通过本章的学习，用户不仅能够牢固掌握数据库的理论知识，还能通过实际操作积累宝贵的实践经验，为后续处理复杂数据库项目奠定坚实的基础。

一、应用实例

【例9-19】开发学生管理数据库系统。

分析：

本例将通过开发一个学生管理数据库系统，系统地展示如何基于Python实现SQLite数据库编程。该系统包含4张表：专业表、课程表、学生表和成绩表，旨在实现对学生信息、专业信息、课程信息及成绩的全面管理。

专业表包括专业编号和专业名称两个列，具体设置如表9-4所示。

表9-4　专业表结构

列　名	类　型	可　否　为　空	列值可否重复	默　认　值	是否为主键
专业编号	varchar(7)	不可为空	否	无	是
专业名称	varchar(7)	不可为空		无	否

学生表包括学号、姓名、性别、生日、专业编号、奖学金、党员、照片和备注等列，具体设置如表9-5所示。其中，学生表中的专业编号以专业表中的专业编号作为外键，实施参照完整性。

表9-5　学生表结构

列　名	类　型	可 否 为 空	列值可否重复	默 认 值	是否为主键
学号	varchar(7)	不可为空	否	无	是
姓名	varchar(7)	不可为空	否	无	否
生日	text	不可为空	否	无	否
党员	tinyint	可为空	无	无	否
照片	blob	可为空	无	无	否
备注	text	可为空	无	无	否
性别	tinyint	不可为空	否	无	否
专业编号	varchar(7)	不可为空	否	无	否
奖学金	numeric	可为空	无	无	否

成绩表包含三列：学号、课程号和成绩，具体如表9-6所示。学号和课程号共同构成主键。同时，学号以学生表中的学号作为外键，课程号以课程表中的课程号作为外键，以实施参照完整性。

表9-6　成绩表结构

列　名	类　型	可 否 为 空	列值可否重复	默 认 值	是否为主键
学号	varchar(7)	不可为空	否	无	是
课程号	varchar(7)	不可为空	否	无	是
成绩	numeric	不可为空	无	无	否

为了规范数据输入，分别用四个TXT文档存储四张表的原始数据。文档中的数据组织形式为：列1值，列2值，以专业表为例，对应的 TXT 文档中的数据组织形式如下：

```
01，国际经济与贸易
02，工商管理
...
16，第二学位班
```

在构建好相应的数据表结构之后，可以方便地编写函数，将txt文档中的数据统一导入到对应的数据表中。

　　为了提高数据库系统构建过程中的代码效率，可以将可能重复执行的代码封装成函数。本系统开发中构建了以下几个关键函数：

- ○　数据表创建及数据导入函数：create_table
- ○　数据表结构查询函数：table_struct
- ○　数据表记录查询函数：table_query

数据库系统构建代码如下：

```
# coding = utf-8
# 因为后面会有中文字符，所以.py文档应以utf-8编码，以防出现乱码
import sqlite3

conn = sqlite3.connect('Shift_MIS.db')
cur = conn.cursor()
cur.execute("PRAGMA foreign_keys=ON")

# 构建数据表创建及文本数据导入函数
def create_table(conn, cur, tab_name, col_prop_list, txt_path):
    col_name_props = ','.join(col_prop_list)
    cur.execute(f"CREATE TABLE IF NOT EXISTS {tab_name} ({col_name_props})")

    with open(txt_path, 'r', encoding='utf-8') as f:
        for line in f:
            x = line.rstrip().split(',')
            x = [value.strip() for value in x]  # 清理每个值的空格
            cur.execute(f'INSERT INTO {tab_name} VALUES ({",".join("?" * len(x))})', x)

    print(f'{tab_name} 创建成功')
    print(f'{txt_path} 导入成功')
    conn.commit()

# 构建数据表结构查询函数
def table_struct(cur, tab_name):
    cur.execute(f"PRAGMA table_info({tab_name})")
    t_struct = cur.fetchall()
    for item in t_struct:
        for x in item:
            if not isinstance(x, str):
                x = str(x)
            print(x, end=', ')
        print()

# 构建数据表内容查询函数
def table_query(cur, tab_name, col_names='*', num_line=None):
```

```
        cur.execute(f'SELECT {col_names} FROM {tab_name}')
        lines = cur.fetchall()

        for line in lines[:num_line]:
            for item in line:
                if not isinstance(item, str):
                    s = str(item)
                else:
                    s = item
                print(s, end=', ')
            print()

# 主程序
if __name__ == "__main__":
    # (1)创建专业表
    tab_name_1 = '专业表'
    col_prop_list_1 = [
        '专业编号 varchar(7) primary key',
        '专业名称 varchar(7)'
    ]
    txt_path_1 = '专业表.txt'
    create_table(conn, cur, tab_name_1, col_prop_list_1, txt_path_1)

    # (2)创建学生表
    tab_name_2 = '学生表'
    col_prop_list_2 = [
        '学号 varchar(7) primary key',
        '姓名 varchar(7)',
        '性别 tinyint',
        '生日 text NULL',
        '专业编号 varchar(7) REFERENCES 专业表(专业编号) ON UPDATE CASCADE ON
DELETE CASCADE',
        '奖学金 numeric NULL',
        '党员 tinyint NULL',
        '照片 blob NULL',
        '备注 text NULL'
    ]
    txt_path_2 = '学生表.txt'
    create_table(conn, cur, tab_name_2, col_prop_list_2, txt_path_2)

    # (3) 创建课程表
    tab_name_3 = '课程表'
    col_prop_list_3 = [
```

```
            '课程号 varchar(7) primary key',
            '课程名称 varchar(7) NULL',
            '先修课程代码 varchar(7) NULL',
            '学时 smallint',
            '学分 smallint'
        ]
        txt_path_3 = '课程表.txt'
        create_table(conn, cur, tab_name_3, col_prop_list_3, txt_path_3)

        # (4) 创建成绩表
        tab_name_4 = '成绩表'
        col_prop_list_4 = [
            '学号 varchar(7) REFERENCES 学生表(学号) ON UPDATE CASCADE ON DELETE
CASCADE',
            '课程号 varchar(7) REFERENCES 课程表(课程号) ON UPDATE CASCADE ON DELETE
CASCADE',
            '成绩 smallint NULL',
            'PRIMARY KEY (学号, 课程号)'
        ]
        txt_path_4 = '成绩表.txt'
        create_table(conn, cur, tab_name_4, col_prop_list_4, txt_path_4)

# 关闭数据库连接
conn.close()
```

以上程序运行结果如下：

```
专业表创建成功
专业表.txt 导入成功
学生表创建成功
学生表.txt 导入成功
课程表创建成功
课程表.txt 导入成功
成绩表创建成功
成绩表.txt 导入成功
```

此外，程序将在.py文件的根目录下生成数据库文件Shift_MIS.db。

数据库操作如下。

(1) 查询数据库中所有的数据表：

```
>>>for x in cur.execute("SELECT name FROM sqlite_master WHERE type = 'table' ORDER BY
name").fetchall():
    print(x[0])
```

输出结果：

```
专业表
学生表
成绩表
课程表
```

(2) 查询所构建数据库中的数据表结构及前10行内容。

专业表数据结构查询：

```
>>> table_struct(cur, tab_name_1)
0  专业编号        varchar(7)  NO  one1
1  专业名称        varchar(7)  NO  one0
```

前10行数据查询：

```
>>> table_query(cur, tab_name_1, col_names='*', num_line=10)
01  国际经济与贸易
02  工商管理
03  市场营销
04  电子商务
05  金融学
06  经济学
07  财务管理
08  商法
09  国际经济法
10  英语
```

学生表数据结构查询：

```
>>> table_struct(cur, tab_name_2)
0  学号        varchar(7)      0  None
1  姓名        varchar(7)      0  None
2  性别        tinyint         0  None
3  生日        text            0  None
4  专业编号      varchar(7)      0  None
5  奖学金       numeric         0  None
6  党员        tinyint         0  None
7  照片        blob            0  None
8  备注        text            0  None
```

前10行数据查询(包括学号、姓名、专业和奖学金)：

```
>>> col_list = u'学号, 姓名, 专业编号, 奖学金'
>>> table_query(cur, tab_name_2, col_names=col_list, num_line=10)
0305362  王燕     05
0307341  王刚     07   ¥100.00
0401042  张志华   01   ¥821.25
```

0402201	徐欣欣	02	¥502.00
0404954	魏强	04	¥438.25
0405342	马梁	05	
0405545	徐高迪	05	
0405845	邹世华	05	
0406211	王志国	06	
0408323	刘轩	08	

课程表数据结构查询：

```
>>> table_struct(cur, tab_name_3)
0  课程号         varchar(7)    0  None1
1  课程名称       varchar(7)    0  None0
2  先修课程代码   varchar(7)    0  None0
3  学时          smallint      0  None0
4  学分          smallint      0  None0
```

前10行数据查询：

```
>>> table_query(cur, tab_name_3, num_line=10)
```

输出结果：

01	大学英语(泛读)	1084
02	大学英语(精读)	011084
03	电子商务	36
04	高等数学	54
05	管理信息系统	09
06	国际金融	17
07	宏观经济学	54
08	会计学	15
09	计算机应用基础	108
10	经济法	54

成绩表数据结构查询：

```
>>> table_struct(cur, tab_name_4)
```

输出结果：

```
0  学号     varchar(7)    0  None1
1  课程号   varchar(7)    0  None1
2  成绩     smallint      0  None0
```

二、思考练习

1. 什么是Python DB-API，它有什么作用？

2. 简单介绍SQLite数据库。

3. SQLite3支持哪几类数据类型？SQLite3包含哪些常量、函数和对象？

4. 创建一个数据库stuinfo，并在其中创建数据库表student，该表包含以下6列：stuid (学号)、stuname(姓名)、birthday(出生日期)、sex(性别)、address(家庭地址)、rxrq(入学日期)。将stuid设为主键，并添加5条记录。

5. 将上一题中所有记录的rxrq属性更新为2025-09-01。

6. 查询第二题中性别为"女"的所有学生的stuname和address字段值。

第 **10** 章

Python 图像处理

　　Python图像处理主要依赖于PIL(Python Imaging Library)库，它是由PythonWare公司提供的一个功能强大的免费图像处理工具包，支持多种图像格式，并具备丰富的图形处理能力。PIL能够读写数十种图像格式，包括JPEG、PNG、BMP、GIF和TIFF等，支持多种影像模式，如黑白、灰阶、RGB和CMYK等，功能相当全面。需要注意的是，PIL尚不支持Python 3.x版本。因此，本章推荐使用其兼容分支——Pillow。Pillow完全兼容PIL的功能，并支持Python 2.x和3.x版本。

10.1　使用Pillow库

Pillow库是Python Imaging Library(PIL)的一个分支，提供了丰富的图像处理功能，广泛应用于图像操作和处理。

安装Pillow的方法非常简单，只需运行以下命令：

```
pip install pillow
```

Pillow提供了丰富的功能模块，其中最常用的模块是Image、ImageDraw、ImageFont和ImageFilter。

10.1.1　Image模块

Image模块是Pillow库中最基本的模块，其中包含了最重要的Image类。每个Image类的实例对应一幅图像。此外，Image模块还提供了许多实用的函数。

1. 打开图片文件

【**例10-1**】使用Pillow库打开并显示一张名为flower.jpg的图片，同时打印出其模式、尺寸和格式信息。

```
from PIL import Image
# 在Python 2.x中可以直接输入import Image来下载，而在Python 3.x中需要使用上述方式引入
img = Image.open('D:\\flower.jpg')          # 打开图片文件
img.show()                                   # 显示图片
print(img.mode, img.size, img.format)        # 打印图片信息
```

输出结果：

```
RGB (435, 545) JPEG
```

在程序中加入代码的可以将当前的图像对象img另存为一个新的PNG格式文件，文件名为smallimg01.png，并将其保存在D盘的根目录下。

```
img.save('D:\\smallimg01.png', 'PNG')        # 另存为另一文件
```

2. 创建新文件

【**例10-2**】使用Pillow库创建一张640×480像素的RGBA模式新图片，填充为灰色并透明，并以文件名newImg.png保存在D盘。

```
from PIL import Image
newImg = Image.new('RGBA', (640, 480), (128, 128, 128, 0))    # 创建新图片
newImg.save("D:\\newImg.png", "PNG")                          # 保存新图片
newImg.show()                                                 # 显示新图片
```

以上代码中RGBA为图片的模式；(640, 480)为图片的尺寸；(128, 128, 128)为图片的颜色，第四个值为Alpha值(透明度)，此值可填可不填。

3. 改变图片尺寸

【例10-3】使用Pillow库打开一张名为flower.jpg的图片，将其尺寸调整为128×128像素，并将调整后的图片保存为smallimg.jpg。

```
from PIL import Image
img = Image.open('D:\\flower.jpg')                      #打开图片文件
smallImg = img.resize((128, 128), Image.LANCZOS)        #改变图片尺寸
smallImg.save('D:\\smallimg.jpg')                       #保存更改后的图片
```

以上代码中(128, 128)为更改后的尺寸；Image.LANCZOS用于消除锯齿效果。

4. 转换图片的模式

【例10-4】使用Pillow库打开一张名为flower.jpg的图片文件，并将其颜色模式转换为RGBA模式，从而使其包含透明度通道。

```
from PIL import Image
img = Image.open('D:\\flower.jpg')                      #打开图片文件
img = img.convert('RGBA')                               #转换图片模式为RGBA
```

5. 分割图片通道

【例10-5】打开一张图片，确保其为RGBA模式，然后分割并显示其红色、绿色、蓝色和透明度四个通道。

```
from PIL import Image
img = Image.open('D:\\flower.jpg')                      #打开图片文件
if img.mode != "RGBA":                                  #检查图片模式是否为RGBA
    img = img.convert("RGBA")                           #如果不是，则转换为RGBA
rimg, gimg, bimg, aimg = img.split()                    #分割图片通道
rimg.show()                                             #显示红色通道
gimg.show()                                             #显示绿色通道
bimg.show()                                             #显示蓝色通道
aimg.show()                                             #显示透明度通道
```

以上这段代码将img表示的图片分割成红色(R)、绿色(G)、蓝色(B)和透明度(A)四个通道。如果原图片为RGBA模式，分割后会得到四个通道，分别用rimg、gimg、bimg和aimg表示。

6. 合并通道

【例10-6】打开一张图片，确保其为RGBA模式，分割出红色、绿色、蓝色和透明度通道后再将它们合并并保存为新的PNG图片。

```
from PIL import Image
#打开并处理图片
img = Image.open('D:\\flower.jpg')
```

```
if img.mode != "RGBA":
    img = img.convert("RGBA")
# 分割通道
rimg, gimg, bimg, aimg = img.split()
# 合并通道并保存
mergedimg = Image.merge("RGBA", (rimg, gimg, bimg, aimg))
mergedimg.save("D:\\newImg.png", "PNG")                    # 保存合并后的图片
```

以上代码使用Image.merge("RGBA", (rimg, gimg, bimg, aimg))将分割的四个通道合并为一张图片，生成的图片模式为RGBA，其中rimg、gimg、bimg和aimg分别代表红色、绿色、蓝色和透明度通道。

7. 合并图片

【**例10-7**】打开两张图片，将第二张图片粘贴到第一张图片的指定位置，然后显示合成后的图片并将其保存为新的PNG文件。

```
from PIL import Image
img1 = Image.open("D:\\flower.jpg")
img2 = Image.open("D:\\logo.jpg")
img1.paste(img2, (20, 20))
img1.show()
img1.save("D:\\pastedimg.png")
```

以上代码中img1.paste(img2, (20, 20))将图片img2粘贴到图片img1上，粘贴的位置为坐标(20, 20)，如图10-1所示。

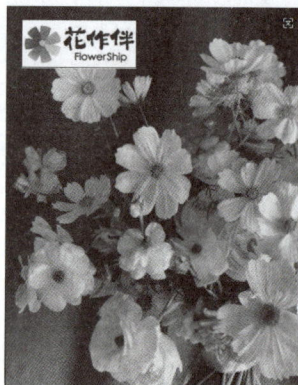

（a) img1   （b)img2   （c) pastedimg.png

图 10-1   合并两张图片

8. 复制图片

【**例10-8**】打开一张图片(flower.jpg)，从中裁剪出指定的区域并将裁剪后的图像保存为新的PNG文件(cutimg.png)。

```
from PIL import Image
img3 = Image.open("D:\\flower.jpg")
bounds = (50, 350, 500, 600)
cutimg = img3.crop(bounds)
cutimg.save("D:\\cutimg.png")
```

以上代码中bounds定义了自定义的复制区域，格式为(x1, y1, x2, y2)，其中(x1, y1)是复制区域左上角的位置，(x2, y2)是复制区域右下角的位置，如图10-2所示。

9. 旋转图片

【例10-9】打开一张图片，将其逆时针旋转45°并显示旋转后的图像。

```
from PIL import Image
img4 = Image.open("D:\\cutimg.png")
rotateimg = img4.rotate(45)
rotateimg.show()
```

以上代码中img4.rotate(45)将图片img4逆时针旋转 45°，如图10-3所示。

(a) flower.jpg   (c) cutimg.png

图 10-2　复制图片中的区域   图 10-3　旋转图片

10. 获取像素

【例10-10】打开一张图片，获取指定位置(100，100)的像素值，然后将该像素值打印出来。

```
from PIL import Image
img = Image.open("D:\\flower.jpg")
position = (100, 100)
apixel = img.getpixel(position)
print(apixel)
```

输出结果：

```
(210, 194, 194)
```

以上代码中getpixel()函数返回指定位置的像素值，如果图像是多层的，则返回一个元组。该方法执行速度较慢，处理大图像时建议使用load()函数与getdata()函数。

11. 设置像素

【**例10-11**】打开一张图片，将指定位置(100, 100)的像素值设置为RGB颜色(123, 234, 215)，并打印出该位置的新像素值以确认更改。

```python
from PIL import Image
img = Image.open("D:\\flower.jpg")
position = (100, 100)
rgbcolor = (123, 234, 215)
img.putpixel(position, rgbcolor)
apixel2 = img.getpixel(position)
print(apixel2)
```

输出结果：

```
(123, 234, 215)
```

以上代码中putpixel(position, rgbcolor)函数设置指定位置的像素为给定的RGB颜色值，然后可以通过getpixel()验证该像素值是否已成功更新。

10.1.2 ImageDraw模块

ImageDraw模块提供了基本的图形绘制功能。通过该模块提供的绘图函数，可以绘制直线、弧线、矩形、多边形、椭圆和扇形等图形。ImageDraw实现了一个Draw类，所有的绘图功能都通过Draw类实例的方法来实现。以下代码演示了如何绘制对角线和圆弧：

```python
from PIL import ImageDraw, Image
img = Image.open("D:\\p1.png")
width, height = img.size
draw = ImageDraw.Draw(img)

# 绘制对角线
draw.line(((0, 0), (width - 1, height - 1)), fill=(255, 255, 255))
draw.line(((0, height - 1), (width - 1, 0)), fill=(255, 255, 255))

# 绘制圆弧
draw.arc((0, 0, width - 1, height - 1), 0, 360, fill=(255, 255, 255))

img.show()
img.save('D:\\p2.png')
```

程序运行结果如图10-4所示。

以上代码在绘制图像之前，首先通过ImageDraw.Draw()函数实例化Draw类，然后所有的绘图功能都是通过Draw类实例的方法来实现。ImageDraw.line()函数需要传递两个参

数，第一个参数为线段的起点和终点，第二个参数为颜色值。绘制圆弧的ImageDraw.arc()
函数需要传递四个参数，分别是圆弧的左上角和右下角坐标、起始角度、结束角度以及颜
色值。

10.1.3　ImageFont模块

ImageFont模块定义了ImageFont类，该类的实例中存储了位图字体，可以通过
ImageDraw类的text()方法来绘制文本内容。

```
from PIL import ImageDraw, Image, ImageFont        # 确保导入ImageFont模块
image = Image.open(r"D:\p1.png")                   # 打开图片，使用原始字符串
draw = ImageDraw.Draw(image)                       # 创建绘图对象

# 加载Arial字体，需确保系统中已安装该字体
font = ImageFont.truetype("arial.ttf", 36)

# 在(20, 20)位置绘制"AI-generated image"文字，使用指定字体，填充颜色为白色
draw.text((20, 20), "AI-generated image", font=font, fill=(255, 255, 255))

image.show()                                       # 显示绘制后的图片
image.save(r'D:\P3.jpg')                           # 保存为JPG格式的图片
```

程序运行结果如图10-5所示。

图 10-4　绘制对角线和圆弧

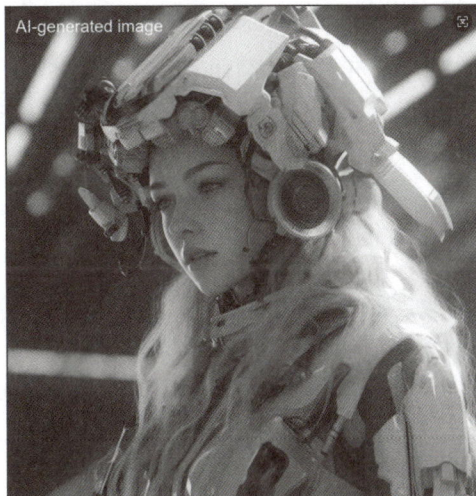

图 10-5　绘制文本

10.1.4　ImageFilter模块

ImageFilter是Pillow库中的滤镜模块，当前版本支持10种增强滤镜。通过这些预定义
的滤镜，用户可以方便地对图像进行各种过滤操作，从而减少图像中的噪点(部分消除)，
这有助于降低后续处理的复杂性(例如，模式识别等)。表10-1所示列出了PIL支持的滤镜
类型。

表 10-1　Pillow 支持的滤镜类型

滤 镜 名 称	描　　述
ImageFilter.BLUR	模糊滤镜
ImageFilter.CONTOUR	轮廓滤镜
ImageFilter.EDGE_ENHANCE	边界增强
ImageFilter.EDGE_ENHANCE_MORE	边界增强(阈值更大)
ImageFilter.EMBOSS	浮雕滤镜
ImageFilter.FIND_EDGES	边界滤镜
ImageFilter.SMOOTH	平滑滤镜
ImageFilter.SMOOTH_MORE	平滑滤镜(阈值更大)
ImageFilter.SHARPEN	锐化滤镜

以下是使用ImageFilter模块进行图像处理(轮廓滤镜)的示例代码：

```
from PIL import Image, ImageFilter
image = Image.open("D:\\p3.jpg")
img_filtered2 = image.filter(ImageFilter.CONTOUR)          # 使用轮廓滤镜
img_filtered2.show()
```

程序运行结果如图10-6所示。

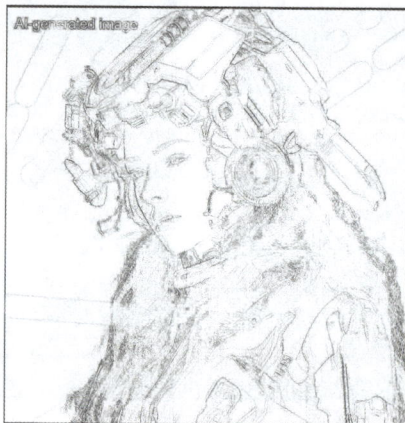

图 10-6　设置轮廓滤镜效果

10.2　为图片添加水印

　　数字水印是向多媒体数据(如图像、声音、视频等)中嵌入特定的数字信息，以实现文件真伪鉴别和版权保护等功能。嵌入的水印信息隐藏于宿主文件中，不会影响原始文件的可视性和完整性。根据可见性，图片水印可分为可见水印和不可见水印。在网络图片中，水印通常为可见水印，常见的形式包括制作者所属机构的标志或字母缩写。以下将通过两种方法展示添加水印的原理。

【例10-12】为图片(p5.png)添加文字和图片(p6.png)水印(定义两个函数strmark和logomark，分别用于在指定图像上添加文本水印和透明的logo水印，并在主程序中演示如何使用这两个函数将水印添加到图像中，然后显示处理后的图像)。

```python
from PIL import Image, ImageFont, ImageDraw, ImageEnhance
def strmark(imgpath, markstr):
    img = Image.open(imgpath)
    img_width, img_height = img.size
    draw = ImageDraw.Draw(img)
    # 使用固定字体大小
    font = ImageFont.truetype('ALGER.TTF', 36)
    # 使用textbbox获取文本的边界框
    bbox = draw.textbbox((0, 0), markstr, font=font)
    str_width = bbox[2] - bbox[0]                      # 计算文本的宽度
    img_mark = Image.new("RGBA", (img_width, img_height), (0, 0, 0, 0))
    draw = ImageDraw.Draw(img_mark)
    draw.text(((img_width - str_width) / 2, (img_height - 36) / 2),
              markstr, font=font, fill=(255, 255, 255, 90))
    img_mark = img_mark.rotate(15, expand=True)        # expand=True确保旋转后不会剪裁
    alpha = img_mark.split()[3]
    img.paste(img_mark, (0, 0), mask=alpha)
    return img
def logomark(imgpath, logopath):
    img = Image.open(imgpath)
    logo_img = Image.open(logopath)
    if logo_img.mode != 'RGBA':
        logo_img = logo_img.convert('RGBA')
    # 直接调整logo的透明度
    logo_img.putalpha(int(255 * 0.2))                  # 设置透明度为20%
    logo_width, logo_height = logo_img.size
    box = ((img.width - logo_width) // 2, (img.height - logo_height) // 2)
    img.paste(logo_img, box=box, mask=logo_img.split()[3])
    return img
if __name__ == '__main__':
    img = strmark(r'D:\p5.png', 'Sample Watermark')
    img.show()
    img2 = logomark(r'D:\p5.png', r'D:\p6.png')
    img2.show()
```

程序运行结果如图10-7所示。

(a) p5.png

(b) p6.png

(c) 字符水印效果

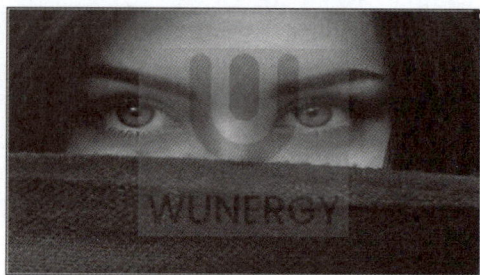
(d) 图片水印效果

图 10-7　为图片添加水印

10.3　生成验证码

随着互联网应用和搜索引擎的不断发展，为了防止爬虫自动提交表单并确保在客户端操作的是一个真实用户，许多网站开始使用验证码图片来增加表单提交的难度，从而防止搜索引擎抓取特定网页。

验证码图片的生成原理如下：首先，随机生成若干个字符并将其绘制到图像中。然后，对图像的背景或前景进行处理，以增加识别的难度。处理措施包括：(1) 随机绘制不同颜色的背景点；(2) 使用随机颜色绘制字符；(3) 在图像中添加随机线段；(4) 对图像进行变形、模糊等处理。此外，近期还出现了让用户识别花、球等实物图片的验证码，以进一步增加提交的难度。以下是部分代码示例，说明验证码图片的生成原理。

【例10-13】生成包含随机字符、干扰线和干扰点的验证码图片，并将其保存为code.jpg。

```
# -*- coding:utf-8 -*-
from PIL import Image, ImageDraw, ImageFont, ImageFilter
import random
# 产生随机字母
def rndChar():
    chars = 'abcdefghjkanpqrstuwxyABCDRFGHJKMNPRSTUWXY23456789@#$&*'  # 去除易混淆的字母和数字
    return chars[random.randint(0, len(chars) - 1)]
# 生成随机颜色
```

```python
def rndColor():
    return (random.randint(64, 255), random.randint(64, 255), random.randint(64, 255))
# 设置画布的宽度和高度
width = 50 * 6
height = 60
image = Image.new('RGB', (width, height), (255, 255, 255))
# 创建一个字体对象，使用指定的TrueType字体文件'ALGER.TTF'和48像素的字体大小
font = ImageFont.truetype('ALGER.TTF', 48)
# 创建Draw对象
draw = ImageDraw.Draw(image)
def create_lines(n_line):
    """绘制干扰线"""
    for i in range(n_line):
        # 起始点
        begin = (random.randint(0, width), random.randint(0, height))
        # 结束点
        end = (random.randint(0, width), random.randint(0, height))
        draw.line([begin, end], fill=rndColor( ))
def create_points(point_chance):
    """绘制干扰点"""
    chance = min(100, max(0, point_chance))       # 大小限制在[0, 100]
    for x in range(width):
        for y in range(height):
            if random.random() * 100 > 100 - chance:
                draw.point((x, y), fill=rndColor())
def draw_str():
    """绘制文字"""
    drawn_str = ""
    for t in range(6):
        char = rndChar()
        draw.text((50 + t * 32, 5), char, font=font, fill=rndColor())
        drawn_str += char
create_lines(6)                                    # 绘制干扰线
create_points(15)                                  # 绘制干扰点
draw_str()                                         # 绘制字符

image.save('code.jpg', 'jpeg')                     # 保存生成的验证码图片
```

程序运行结果如图10-8所示。

图 10-8　生成验证码图片效果

10.4　生成二维码

　　二维码的全称为快速响应矩阵码(Quick Response Code)，是一种矩阵式二维条形码。它由日本Denso Wave公司于1994年发明。随着智能手机的普及，二维码已广泛应用于日常生活中，例如商品信息查询、社交互动和网络地址访问等场景。

　　二维码因其快速的可读性和较大的存储容量而受到广泛欢迎。其编码信息采用在白色背景上由黑色模块组成的正方形图案表示，可以存储多种类型的信息，包括二进制数据、字符、数字，甚至汉字等。

　　在Python中，生成二维码的常用库是qrcode。该库基于Pillow库，因此在使用前需确保已安装Pillow库。安装qrcode库的方法如下：

```
pip install qrcode[pil]
```

1. 生成普通二维码

安装qrcode库后，用户可以更灵活地控制二维码的生成。

【例10-14】 生成二维码图片示例。

```
import qrcode
from PIL import Image
qr = qrcode.QRCode(
    version=1,
    error_correction=qrcode.constants.ERROR_CORRECT_L,
    box_size=10,
    border=4,
)
qr.add_data('http://www.tupwk.com.cn')
qr.make(fit=True)
img = qr.make_image()
# 将二维码图像转换为RGB模式以支持JPG格式
img = img.convert('RGB')
img.save('D:\\qrcode02.jpg')                # 将文件保存为JPG格式
```

程序运行结果如图10-9所示。

图 10-9　二维码图片效果

以上代码中：

(1) 参数version表示生成二维码的尺寸大小，取值范围为1~40。最小尺寸为1时，会生成 21×21的二维码矩阵；每增加1，二维码的尺寸就增加4。例如，当version为2 时，生成的二维码尺寸为25×25。

(2) 参数error_correction指定二维码的容错系数，分别有以下4个级别：

- ERROR_CORRECT_L：可容忍 7% 的字节误差。
- ERROR_CORRECT_M：可容忍 15% 的字节误差。
- ERROR_CORRECT_Q：可容忍 25% 的字节误差。
- ERROR_CORRECT_H：可容忍 30% 的字节误差。

(3) 参数box_size表示二维码中每个格子的像素大小。

(4) 参数border表示边框的格子厚度，默认值为4。

2. 生成带图标的二维码

要生成带有图标的二维码，首先生成一个高容错性的二维码。然后打开LOGO图片文件，将其大小调整为二维码大小的1/16，接着将LOGO图片粘贴到二维码的中心位置，最后将合成的图片保存为文件。

【例10-15】 生成带图标的二维码示例。

```python
from PIL import Image
import qrcode
# 创建QRCode对象
qr = qrcode.QRCode(
    version=2,
    error_correction=qrcode.constants.ERROR_CORRECT_H,
    box_size=10,
    border=1
)
# 添加数据
qr.add_data("http://www.tupwk.com.cn/")
qr.make(fit=True)
# 生成二维码图像
img = qr.make_image()
# 打开LOGO图片
icon = Image.open("logo.png")
# 获取图像的宽度和高度
img_w, img_h = img.size
factor = 4
icon_w = int(img_w / factor)
icon_h = int(img_h / factor)
# 调整LOGO尺寸
icon = icon.resize((icon_w, icon_h), Image.LANCZOS)
```

```
# 计算LOGO在二维码中的位置
w = int((img_w - icon_w) / 2)
h = int((img_h - icon_h) / 2)
# 将LOGO粘贴到二维码的中心位置
img.paste(icon, (w, h), icon)
# 保存最终的二维码图像
img.save("lnpc.png")
```

程序运行结果如图10-10所示。

图 10-10　带图标的二维码图片效果

10.5　课后实践

本章首先介绍了Pillow库的核心模块，包括Image、ImageDraw、ImageFont和ImageFilter，并逐一讲解了它们的主要功能和用法。例如，在Image模块中，通过实例讲解了如何打开图片文件、创建新文件、改变图片尺寸、转换图片模式、分割和合并图片通道、复制和旋转图片，以及获取和设置像素值等操作。

随后，我们探讨了如何使用ImageDraw和ImageFont模块为图片添加文本和图形，不仅丰富了图像内容，还提升了视觉效果。此外，ImageFilter模块使我们能够对图片应用各种滤镜，以实现不同的艺术效果。

在章节的后半部分介绍了图像处理的实际应用，如为图片添加水印、生成验证码和二维码。在生成二维码的部分，我们详细讲解了如何生成普通二维码以及如何创建带图标的二维码，展示了二维码在现代应用中的重要性和实用性。

通过课后实践中提供的应用实例和思考练习，读者可以巩固所学知识并进行深入思考，进一步掌握在实际项目中应用图像处理技术的方法。

一、应用实例

【例10-16】编写程序，将图片(rushmore.jpg)的宽度和高度分别增加为原先的2倍。

```
from PIL import Image
pict = Image.open("rushmore.jpg")          # 打开图片并创建Pillow对象
width, height = pict.size                   # 获取原图片的宽度和高度
newPict1 = pict.resize((width * 2, height)) # 创建新的图片，宽度为原来的2倍
newPict1.save("out27_9_1.jpg")              # 保存新的图片
```

```
newPict2 = pict.resize((width, height * 2))        # 创建新的图片，高度为原来的2倍
newPict2.save("out27_9_2.jpg")                     # 保存新的图片
```

程序运行结果如图10-11所示。

(a) rushmore.jpg　　　　　　　　(b) out27_9_1.jpg　　　　　　　　(b) out27_9_2.jpg

图 10-11　图片宽度和高度分别增加 2 倍

【例10-17】编写程序，将图片(rushmore.jpg)左右与上下翻转。

分析：可使用transpose()方法对图片进行翻转。

```
from PIL import Image
pict = Image.open("rushmore.jpg")
pict.transpose(Image.FLIP_LEFT_RIGHT).save("out27_9_3.jpg")        # 左右翻转并保存
pict.transpose(Image.FLIP_TOP_BOTTOM).save("out27_9_4.jpg")        # 上下翻转并保存
```

程序运行结果如图10-12所示。

【例10-18】编写程序裁剪图片(rushmore.jpg)。

分析：Pillow库提供了crop()方法用于裁切图像。该方法的参数是一个元组，内容包括左、上、右、下的坐标区间。

```
from PIL import Image
pict = Image.open("rushmore.jpg")                  # 打开图片并创建Pillow对象
cropPict = pict.crop((220, 450, 850, 800))         # 裁切指定区间
cropPict.save("out27_9_5.jpg")                     # 保存裁切后的图像
```

程序运行结果如图10-13所示(该图片是裁切(220, 450, 850, 800)区间的效果)。

(b) out27_9_3.jpg　　　　　　　　(b) out27_9_4.jpg

图 10-12　翻转图像　　　　　　　　　　　　　　　　图 10-13　裁剪图像

【例10-19】 编写程序，生成棋盘纹理图案。

```python
from PIL import Image
def qipan(fileName, width, height, color1, color2):
    im = Image.new('RGB', (width, height))
    for h in range(height):
        for w in range(width):
            # 填充颜色交替的棋盘图案
            if (int(h / height * 8) + int(w / width * 8)) % 2 == 0:
                im.putpixel((w, h), color1)
            else:
                im.putpixel((w, h), color2)
    im.save(fileName)
if __name__ == "__main__":
    fileName = 'qipan.jpg'
    qipan(fileName, 500, 500, (128, 128, 128), (10, 10, 10))
```

二、思考练习

打开一张照片，通过编写程序调整照片的高度和宽度来改变其规格，并将调整后的照片贴在图像文件中。设置方式如下：

(1) 高度不变，宽度为1.2倍。

(2) 高度不变，宽度为1.5倍。

(3) 高度不变，宽度为50%。

(4) 高度不变，宽度为80%。

(5) 宽度不变，高度为1.2倍。

(6) 宽度不变，高度为1.5倍。

(7) 宽度不变，高度为80%。

(8) 宽度不变，高度为50%。

最后，在图片的最上方加上任意中文名称。

第**11**章

Python 网络编程

　　Socket是计算机之间进行网络通信的一套程序接口，最初由伯克利大学研发，如今已成为网络编程的标准，支持跨平台的数据传输。Python提供了socket模块，对Socket进行了二次封装，使得开发者能够更方便地访问Socket接口，从而大幅简化了程序开发步骤，提高了开发效率。

　　此外，Python还提供了urllib等模块，便于读取和处理网页内容。在此基础上，结合多线程编程和其他相关模块，开发网页爬虫等应用变得更加迅速。

11.1　计算机网络基础知识

(1) 网络体系结构。目前较为主流的网络体系结构包括ISO/OSI参考模型和TCP/IP协议族。这两种体系结构均采用了分层设计与实现的方式。例如，ISO/OSI参考模型将网络分为七个层次：应用层、表示层、会话层、传输层、网络层、数据链路层和物理层；而TCP/IP则简化为四个层次：应用层、传输层、网络层和链路层。分层设计的优势在于，各层可以独立进行设计与实现，只要确保相邻层之间的调用规范和接口不变，就能够灵活地调整某一层的内部实现，以实现优化或满足其他需求。

(2) 网络协议。网络协议是计算机网络中进行数据交换时所遵循的一系列规则、标准或约定的集合。网络协议的三大要素包括语法、语义和时序。简单来说，语义表示要完成的任务，语法描述如何执行这些任务，而时序则规定了事件发生的顺序。

○　语法：语法定义了用户数据和控制信息的结构与格式。

○　语义：语义用于解释控制信息各部分的含义，明确需要发送何种控制信息、应采取的动作以及相应的反馈。

○　时序：时序详细说明事件发生的顺序，也称为"同步"。

(3) 应用层协议。应用层协议直接与最终用户交互，定义了在不同终端系统上的应用程序进程如何相互传递消息。以下是几种常见的应用层协议。

○　DNS：域名服务，用于实现域名与IP地址之间的转换。

○　FTP：文件传输协议，可以通过网络在不同平台之间传输文件。

○　HTTP：超文本传输协议。

○　SMTP：简单邮件传输协议。

○　TELNET：远程登录协议。

(4) 传输层协议。在传输层，主要运行着TCP和UDP两种协议。TCP是一种面向连接的可靠传输协议，提供质量保证，但开销较大；而UDP则是一种无连接的传输协议，开销较小，常用于视频点播(Video On Demand, VOD)等应用。TCP和UDP并没有优劣之分，主要取决于具体的应用场景。在传输层中，端口号用于标识和区分具体的应用层进程，每当创建一个应用层网络进程时，系统会自动分配一个端口号与之关联，这是实现网络端到端通信的重要基础。

(5) IP地址。IP地址运行在网络体系结构的网络层，是网络互连的重要基础。IP地址(32位或128位二进制数)用于标识网络上的主机。在公开网络或同一局域网内，每台主机必须使用不同的IP地址。然而，由于网络地址转换(Network Address Translation, NAT)和代理服务器等技术的广泛应用，不同内网中的主机IP地址可以相同，且相互之间可以正常工作而不受影响。IP地址与端口号共同用于标识网络上特定主机上的特定应用进程，这种组合通常被称为Socket。

(6) MAC地址。MAC地址，又称为网卡地址或物理地址，是一个48位的二进制数，用于标识不同网卡的物理地址。可以通过在命令提示符窗口中使用ipconfig /all命令查看本机的IP地址和MAC地址，相关信息可参考11-1所示。

图 11-1　查看本机 IP 地址

11.2　TCP和UDP编程

如前所述，UDP和TCP是网络体系结构中传输层运行的两大重要协议。TCP适用于对效率要求相对较低而对准确性要求较高的场合，例如文件传输和电子邮件等；而UDP则适用于对效率要求较高、对准确性要求较低的场合，例如视频在线点播和网络语音通话等。在Python中，主要使用socket模块来支持TCP和UDP编程。

11.2.1　TCP编程

在常见应用中，大多数连接都是基于可靠的TCP协议。在创建TCP连接时，主动发起连接的实体称为客户端，而被动响应连接的实体则称为服务器。

1. TCP 客户端编程

以访问网站为例，当我们在浏览器中打开一个网站(例如"新浪网")时，当前的计算机充当客户端，浏览器会主动向新浪的服务器发起连接。如果一切顺利，新浪网的服务器将接受我们的连接，从而建立一个TCP连接，随后便可以进行数据传输，例如发送网页内容。

【例11-1】访问新浪网TCP客户端程序示例。

```
# coding=gbk
import socket                                          # 导入socket模块
s = socket.socket(socket.AF_INET, socket.SOCK_STREAM)   # 创建一个socket对象
s.connect(('www.sina.com.cn', 80))                      # 建立与新浪网站的连接
# 发送数据请求
```

```
        s.send(b'GET / HTTP/1.1\r\nHost:www.sina.com.cn\r\nConnection: close\r\n\r\n')


        # 接收数据
        buffer = [ ]
        while True:
            d = s.recv(1024)                        # 每次最多接收服务器端1K字节数据
            if d:                                   # 如果接收到数据
                buffer.append(d)                    # 将字节串添加到列表中
            else:                                   # 返回空数据，表示接收完毕，退出循环
                break
        data = b''.join(buffer)                     # 将接收到的数据合并
        header, html = data.split(b'\r\n\r\n', 1)   # 分离HTTP头和HTML内容
        print(header.decode('utf-8')                # 打印HTTP头部


        with open('sina.html', 'wb') as f:          # 将接收的数据写入文件
            f.write(html)
```

在以上代码中，首先创建一个基于TCP连接的Socket对象：

```
# coding=gbk
import socke                                        # 导入socket模块
s = socket.socket(socket.AF_INET, socket.SOCK_STREAM)   # 创建一个socket对象
s.connect(('www.sina.com.cn', 80))                  # 建立与新浪网站的连接
```

在创建Socket时，AF_INET用于指定使用IPv4协议；如果希望使用更先进的IPv6，则应指定为AF_INET6。SOCK_STREAM则指定使用面向连接的TCP协议。这样，一个Socket对象就成功创建，但此时尚未建立连接。

客户端需要主动发起TCP连接，必须知道服务器的IP地址和端口号。虽然新浪网站的IP地址可以通过域名www.sina.com.cn自动解析得到，但如何确定新浪服务器的端口号呢？

答案在于，服务器提供的服务类型决定了端口号的固定性。由于我们希望访问网页，新浪的网页服务必须将端口号设置为80，这是Web服务的标准端口。其他服务也有各自的标准端口号，例如SMTP服务使用25端口，FTP服务使用21端口等。通常，端口号小于1024的是Internet标准服务的端口，而大于1024的端口则可以自由使用。

因此，连接新浪服务器的代码如下所示：

```
s.connect(('www.sina.com.cn', 80))                  # 建立与新浪网站的连接
```

需要注意的是，传递的参数是一个元组，包含地址和端口号。

建立TCP连接后，便可以向新浪服务器发送请求，以获取首页的内容：

```
s.send(b'GET / HTTP/1.1\r\nHost:www.sina.com.cn\r\nConnection: close\r\n\r\n')
```

TCP连接是双向的，双方都能同时发送和接收数据。然而，具体的发送顺序和协调方式取决于所使用的协议。例如，HTTP协议规定客户端必须首先发送请求，服务器在收到请求后才会向客户端发送响应。

发送的数据格式必须符合HTTP标准。如果格式正确，接下来就可以接收新浪服务器返回的数据：

```
# 接收数据
buffer = [ ]
while True:
    d = s.recv(1024)                # 每次最多接收服务器端1K字节数据
    if d:                           # 如果接收到数据
        buffer.append(d)            # 将字节串添加到列表中
    else:                           # 返回空数据，表示接收完毕，退出循环
        break
```

在接收数据时，使用recv(max)方法，一次最多接收指定的字节数。通过一个while循环反复接收数据，直到recv()返回空数据，表明数据接收完毕，退出循环。

接收到的数据可以通过以下方式合并：

```
data = b''.join(buffer)            # 将接收到的数据合并
```

这里，b''表示一个空字节，join()是用于连接列表元素的函数，buffer是一个字节串的列表。通过空字节将buffer中的字节串连接成一个新的字节串。这是Python 3.x的新功能，之前的join()函数只能连接字符串，现在也可以用于连接字节串。

接收完数据后，调用close()方法关闭Socket，从而完成一次完整的网络通信：

```
s.close()                          # 关闭连接
```

接收到的数据包含HTTP头和网页内容。只需将HTTP头与网页分离，并将HTTP头打印出来，同时将网页内容保存到文件中：

```
header, html = data.split(b'\r\n\r\n', 1)   # 分离HTTP头和HTML内容
print(header.decode('utf-8'))               # 打印HTTP头部
```

接下来，将接收的数据写入文件：

```
with open('sina.html', 'wb') as f:          # 将接收的数据写入文件
    f.write(html)
```

现在，只需在浏览器中打开这个sina.html文件，就可以查看新浪的首页。

2. TCP 服务器端编程

与客户端编程相比，服务器端编程通常更为复杂。服务器进程首先需要绑定一个端口并监听来自客户端的连接请求。当某个客户端发起连接时，服务器会与该客户端建立一个Socket连接，后续的所有通信都将通过这个Socket进行。

为了处理来自多个客户端的请求，服务器通常会在一个固定端口(例如80)上进行监听。一旦有客户端连接到来，服务器便会为该连接创建一个Socket。由于同时会有大量的客户端连接，服务器必须能够区分每个Socket连接与具体客户端的对应关系。每个Socket的唯一标识由四个要素构成：服务器地址、服务器端口、客户端地址和客户端端口。

此外，服务器还需能够同时响应多个客户端的请求。因此，对于每个连接，服务器通常会创建一个新的进程或线程来进行处理。如果没有这种机制，服务器将只能一次处理一个客户端的请求，从而影响其并发处理能力。

【例11-2】简单的TCP服务器程序示例(该程序接收客户端的连接，将客户端发送的字符串加上 "Hello" 后再发回给客户端)。

```python
# coding=gbk
import socket                               # 导入socket模块
import threading                            # 导入threading模块


def tcplink(sock, addr):
    print('接收到来自 %s:%s 的连接请求' % addr)
    sock.send(b'Welcome!')                  # 向客户端发送欢迎信息
    while True:
        data = sock.recv(1024)              # 接收客户端发来的信息
        if not data or data.decode('utf-8') == 'exit':   # 如果没有数据或收到'exit'信息
            break                           # 终止循环
        # 将收到的信息加上"Hello"后发送回去
        sock.send(('Hello, %s!' % data.decode('utf-8')).encode('utf-8'))
    sock.close()                            # 关闭连接
    print('来自 %s:%s 的连接已关闭.' % addr)


# 创建一个基于IPv4和TCP协议的Socket
s = socket.socket(socket.AF_INET, socket.SOCK_STREAM)
s.bind(('127.0.0.1', 8888))                 # 监听本机8888端口
s.listen(5)                                 # 最大连接数为5
print('等待客户端连接...')


while True:
    sock, addr = s.accept()                 # 接受一个新连接
    # 创建新线程来处理TCP连接
    t = threading.Thread(target=tcplink, args=(sock, addr))
    t.start()
```

程序首先创建一个基于IPv4和TCP协议的Socket，如下所示：

```python
s = socket.socket(socket.AF_INET, socket.SOCK_STREAM)
```

接下来，需要绑定监听的地址和端口。服务器可能有多块网卡，可以选择绑定到某一块网卡的 IP 地址，也可以使用0.0.0.0来绑定所有网络地址，或者使用127.0.0.1来绑定本机地址。127.0.0.1是一个特殊的IP地址，表示本机地址。如果服务器绑定到这个地址，则客户端必须在本机上运行才能连接，外部计算机无法访问。

端口号需要提前指定。由于我们编写的服务不是标准服务，因此选择使用8888作为端口号。请注意，端口号小于1024的情况下，绑定时需要具有管理员权限。

```
s.bind(('127.0.0.1', 8888))                              # 监听本机8888端口
```

接着，调用listen()方法开始监听端口，同时传入的参数指定等待连接的最大数量为5：

```
s.listen(5)                                              # 最大连接数为5
print('等待客户端连接...')
```

接下来，服务器程序通过一个无限循环来接受来自客户端的连接。accept()方法会阻塞并返回一个客户端的连接。

```
while True:
    sock, addr = s.accept()                             # 接受一个新连接
    # 创建新线程来处理TCP连接
    t = threading.Thread(target=tcplink, args=(sock, addr))
    t.start()
```

每个连接都必须创建一个新线程(或进程)来处理，否则单线程在处理某个连接的过程中将无法接受其他客户端的连接。

```
def tcplink(sock, addr):
    print('接收到来自 %s:%s 的连接请求' % addr)
    sock.send(b'Welcome!')                               # 向客户端发送欢迎信息
    while True:
        data = sock.recv(1024)  # 接收客户端发来的信息
        if not data or data.decode('utf-8') == 'exit':   # 如果没有数据或收到'exit'信息
            break                                        # 终止循环
        # 将收到的信息加上"Hello"后发送回去
        sock.send(('Hello, %s!' % data.decode('utf-8')).encode('utf-8'))
    sock.close()                                         # 关闭连接
    print('来自 %s:%s 的连接已关闭.' % addr)
```

连接建立后，服务器首先发送一条欢迎消息，然后等待客户端发送数据，并在发送回复时加上Hello。如果客户端发送了exit字符串，服务器将直接关闭连接。

为了测试这个服务器程序，还需要编写一个客户端程序：

```
# coding=gbk
import socket                                            # 导入socket模块
s = socket.socket(socket.AF_INET, socket.SOCK_STREAM)
s.connect(('127.0.0.1', 8888))                           # 建立连接
print(s.recv(1024).decode('utf-8'))                      # 打印接收到的欢迎消息
for data in [b'AA', b'BB', b'CC']:
    s.send(data)                                         # 客户端程序发送人名数据给服务器
    print(s.recv(1024).decode('utf-8'))                  # 打印服务器的回复
s.send(b'exit')                                          # 发送退出信号
s.close()                                                # 关闭连接
```

同时打开两个命令行窗口，一个运行服务器程序，另一个运行客户端程序，这样就可以看到程序运行效果，如图11-2和图11-3所示。

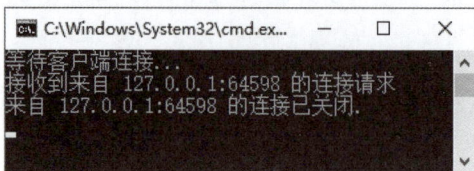

图 11-2　服务器程序

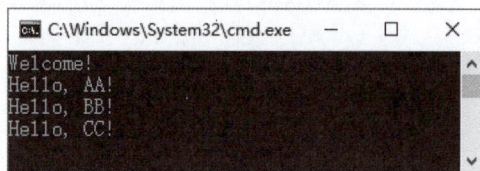

图 11-3　客户端程序

需要注意的是，客户端程序在运行完成后会自动退出，而服务器程序则会持续运行，直到按下Ctrl＋C键退出。

可以看出，在Python中使用TCP协议进行Socket编程非常简单。客户端需要主动连接到服务器的IP地址和指定端口，而服务器则需要首先监听该端口。对于每一个新的连接，服务器会创建一个线程或进程来处理请求。通常情况下，服务器程序会一直运行下去。

另外，需要特别注意的是，一旦一个Socket绑定到某个端口后，该端口就不能被其他Socket再次绑定。

11.2.2　UDP编程

TCP协议建立可靠的连接，允许通信双方以流的形式发送数据。与TCP相比，UDP是一种面向无连接的协议。

使用UDP协议时，不需要建立连接，只需知道对方的IP地址和端口号，即可直接发送数据包。然而，无法保证数据包是否能够到达接收方。虽然UDP数据传输的可靠性较差，但它的主要优点在于速度较快，因此对于对可靠性要求不高的应用场景，使用UDP协议是一个合适的选择。

通过UDP协议传输数据的方式类似于TCP，通信双方同样分为客户端和服务器。

【例11-3】简单的UDP程序示例(该程序的服务器端会显示UDP客户端发送的下棋坐标(x，y)，并在接收到坐标后将其加1(模拟服务器端下棋)，然后将更新后的坐标发送回UDP客户端)。

服务器端程序代码如下：

```
# coding=gbk
import socket                                          # 导入socket模块
s = socket.socket(socket.AF_INET, socket.SOCK_DGRAM)   # 创建UDP套接字
s.bind(('127.0.0.1', 8888))                            # 绑定到8888端口
print('Bind UDP on 8888...')
while True:
    data, addr = s.recvfrom(1024)                      # 接收数据
    print('Received from %s:%s.' % addr)
    print('Received:', data)
    p = data.decode('utf-8').split(',')                # 解码，将字节串转换为字符串
    x = int(p[0])
```

```
        y = int(p[1])
        print(x, y)
        pos = str(x + 1) + ',' + str(y + 1)              # 模拟服务器端下棋位置
        s.sendto(pos.encode('utf-8'), addr)              # 将更新后的坐标发送回客户端
# s.close()
```

客户端程序代码如下：

```
# coding=gbk
import socket                                            # 导入socket模块
s = socket.socket(socket.AF_INET, socket.SOCK_DGRAM)     # 创建UDP套接字
# 输入坐标
x = input("请输入 x 坐标: ")
y = input("请输入 y 坐标: ")
data = str(x) + ',' + str(y)
# 发送数据到服务器
s.sendto(data.encode('utf-8'), ('127.0.0.1', 8888))      # 编码字符串为字节串并发送
# 接收服务器返回的坐标数据
data2, addr = s.recvfrom(1024)
print("接收服务器加1后坐标数据:", data2.decode('utf-8'))   # 解码返回的数据
s.close()
```

在以上服务器程序代码中，服务器需要绑定到8888端口：

```
# coding=gbk
import socket                                            # 导入socket模块
s = socket.socket(socket.AF_INET, socket.SOCK_DGRAM)     # 创建UDP套接字
s.bind(('127.0.0.1', 8888))                              # 绑定到8888端口
```

在创建Socket时，SOCK_DGRAM指定了该Socket的类型为UDP。绑定端口的方式与TCP相同，但不需要调用listen()方法，而是可以直接接收来自任何客户端的数据：

```
print('Bind UDP on 8888...')
while True:
        data, addr = s.recvfrom(1024)                    # 接收数据
        print('Received from %s:%s.' % addr)
        print('Received:', data)
        p = data.decode('utf-8').split(',')              # 解码，将字节串转换为字符串
        x = int(p[0])
        y = int(p[1])
        print(x, y)
        pos = str(x + 1) + ',' + str(y + 1)              # 模拟服务器端下棋位置
        s.sendto(pos.encode('utf-8'), addr)              # 将更新后的坐标发送回客户端
```

recvfrom()方法会返回接收到的数据及客户端的地址和端口，因此服务器在接收到数据后，可以直接通过sendto()方法将数据以UDP方式发送给客户端。

在客户端使用UDP时，首先需要创建一个基于UDP的Socket，然后无须调用connect()方法，直接通过sendto()向服务器发送数据。

从服务器接收数据时，依然使用recvfrom()方法。

通过两个命令行分别启动服务器和客户端进行测试，运行效果如图11-4和图11-5所示。

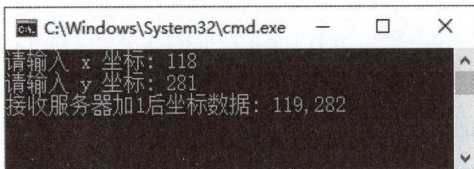

图11-4 客户端程序

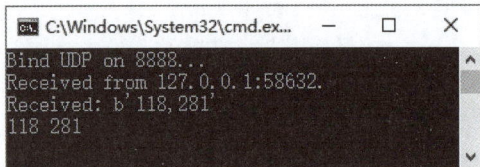

图11-5 服务器程序

11.3 网络嗅探器

嗅探器程序能够检测本机所在局域网内的网络流量及数据包的收发情况，对网络管理具有重要意义，属于系统运维的范畴。为了实现网络流量嗅探，需要将网卡设置为混杂模式，并且运行嗅探器程序的用户账号必须具备系统管理员权限。

【例11-4】网络嗅探器程序示例(以下代码将在运行60秒后，输出本机所在局域网内非本机发出的数据包，并统计来自不同主机的数据包数量。有关多线程的详细信息，请参见本书相关章节)。

```python
# coding=gbk
import socket
import threading
import time

active_degree = dict()
flag = 1
lock = threading.Lock()          # 添加线程锁

def main():
    global active_degree
    global flag

    HOST = socket.gethostbyname(socket.gethostname())
    s = socket.socket(socket.AF_INET, socket.SOCK_RAW, socket.IPPROTO_IP)
    s.bind((HOST, 0))
    s.setsockopt(socket.IPPROTO_IP, socket.IP_HDRINCL, 1)
    s.ioctl(socket.SIO_RCVALL, socket.RCVALL_ON)
```

```
    try:
        while flag:
            c = s.recvfrom(65565)
            host = c[1][0]
            with lock:  # 使用线程锁保护对共享资源的访问
                active_degree[host] = active_degree.get(host, 0) + 1

                if host != '10.2.1.8':  # 假设的当前主机IP
                    print(c)
    finally:
        # 确保在退出时禁用混杂模式并关闭套接字
        s.ioctl(socket.SIO_RCVALL, socket.RCVALL_OFF)
        s.close()


t = threading.Thread(target=main)
t.start()
time.sleep(60)
flag = 0
t.join()


for item in active_degree.items():
    print(item)
```

11.4 端口扫描器

在网络安全和黑客技术领域，端口扫描是一项常用的技术。它可以用来探测指定主机上是否开放了特定端口，从而进一步判断该主机是否运行着某些重要的网络服务。通过这些信息，最终可以评估潜在的安全漏洞。因此，从某种意义上来说，端口扫描也可以视为系统运维的一部分。

【例11-5】端口扫描器程序(以下代码演示了端口扫描器的工作原理，并采用多进程技术以提高扫描速度。有关多进程编程的详细信息，请参见本书相关章节)。

```
# coding=gbk
import socket
import multiprocessing

def get_ports_service():
    """获取常用端口对应的服务名称"""
    ports_service = {}
    for port in list(range(1, 100)) + [143, 145, 113, 443, 445, 3389, 8080]:
        try:
```

```python
                ports_service[port] = socket.getservbyport(port)
            except socket.error:
                ports_service[port] = "未知服务"
        return ports_service


def scan_ports(host, ports_service):
    """扫描指定主机的开放端口"""
    open_ports = [ ]

    for port in ports_service:
        sock = socket.socket(socket.AF_INET, socket.SOCK_STREAM)
        sock.settimeout(0.01)                # 设置超时时间
        try:
            # 尝试连接指定端口
            sock.connect((host, port))
            # 记录打开的端口
            open_ports.append(port)
        except socket.error:
            pass
        finally:
            sock.close()                # 确保socket被关闭

    return open_ports


if __name__ == '__main__':
    # 获取端口服务信息
    ports_service = get_ports_service()

    # 创建进程池，允许最多8个进程同时运行
    pool = multiprocessing.Pool(processes=8)
    network = '10.2.1.'

    results = [ ]

    for host_number in range(0, 10):
        host = network + str(host_number)
        # 创建一个新进程，同时记录其运行结果
        result = pool.apply_async(scan_ports, (host, ports_service))
        results.append((host, result))  # 将结果和主机一起存储
        print(f'正在扫描: {host} ...')

    # 关闭进程池，close()必须在join()之前调用
    pool.close()
    # 等待进程池中的进程全部执行结束
```

```
        pool.join()

        # 打印输出结果
        for host, result in results:
            print(f'主机: {host}')
            for port in result.get():
                print(f'开放端口: {port}; 服务: {ports_service[port]}')
```

返回结果：

```
正在扫描: 10.2.1.0 ...
正在扫描: 10.2.1.1 ...
...
主机: 10.2.1.0
开放端口: 25; 服务: smtp
主机: 10.2.1.1
...
```

11.5 网络爬虫

网络爬虫是一种按照特定规则自动抓取网络信息的程序或脚本。简单来说，网络爬虫是基于一定算法进行编程开发的工具，主要通过URL实现数据的获取和挖掘。

11.5.1 网络爬虫概述

网络爬虫，又称为网络蜘蛛或网络机器人。网络爬虫能够按照指定的规则(即爬虫算法)自动浏览和抓取网络信息。借助Python，编写爬虫程序或脚本变得非常简单。

在日常生活中，网络爬虫的应用非常广泛，搜索引擎便是其中的重要例子。例如，百度搜索引擎使用的爬虫被称为"百度蜘蛛"(Baiduspider)。百度蜘蛛是一个自动化程序，负责在浩瀚的互联网中抓取信息，每天收集和整理网页、图片、视频等内容。当用户在百度搜索引擎中输入关键词时，百度会从收集到的信息中提取相关内容，并按一定顺序展示给用户。

在百度蜘蛛的工作过程中，搜索引擎会构建一个调度程序来管理其抓取任务。这些调度程序需要使用特定算法来优化工作效率，不同的算法会导致爬虫的工作效率和结果有所不同。因此，在学习爬虫时，了解爬虫的实现过程和常见的爬虫算法是非常重要的。在某些情况下，开发者还需要根据需求自行设计相应的算法。

11.5.2 网络爬虫分类

根据实现的技术和结构，网络爬虫可以分为以下几种类型：通用网络爬虫、聚焦网络爬虫、增量式网络爬虫和深层网络爬虫等。在实际应用中，通常是这些爬虫类型的组合。

1. 通用网络爬虫

通用网络爬虫，又称为全网爬虫(Scalable Web Crawler)，具有广泛的爬行范围和庞大的数据量。由于其爬取的数据量巨大，因此对爬行速度和存储空间的要求较高。通用网络爬虫在爬取页面的顺序上要求相对较低，通常采用并行工作方式来处理大量待刷新的页面，这意味着需要较长时间才能完成一次页面刷新。尽管存在这些缺陷，通用网络爬虫在大型搜索引擎中应用广泛，具有极高的应用价值。其主要组成部分包括初始URL集合、URL队列、页面爬行模块、页面分析模块、页面数据库和链接过滤模块等。

2. 聚焦网络爬虫

聚焦网络爬虫(Focused Crawler)，也称为主题网络爬虫(Topical Crawler)，是指根据预先定义的主题，有选择性地爬取相关网页的爬虫。与通用网络爬虫相比，聚焦网络爬虫不会在整个互联网中定位目标资源，而是专注于与特定主题相关的页面。这种方式极大地节省了硬件和网络资源，同时由于所保存的页面数量较少，处理速度也更快。聚焦网络爬虫主要应用于特定信息的抓取，以满足某类特定用户的需求。

3. 增量式网络爬虫

增量式网络爬虫(Incremental Web Crawler)是一种与增量式更新相关的技术。增量式更新指的是在进行数据更新时，仅对发生变化的部分进行更新，而不对未发生变化的部分进行处理。因此，增量式网络爬虫在抓取网页时，仅在必要时爬取新生成或已更新的页面，而对于没有变化的页面则不再重复抓取。这种方式能够有效减少数据下载量，节省时间和存储空间，但在爬取算法的设计上会增加一定的复杂性。

4. 深层网络爬虫

在互联网中，网页根据其可访问性可以分为表层网页(Surface Web)和深层网页(Deep Web)。表层网页是指无须提交表单，可以通过静态超链接直接访问的页面。相对而言，深层网页则是那些大部分内容无法通过静态链接获取的页面，这些页面通常隐藏在搜索表单之后，用户需要提交相关关键词才能访问。深层网页所包含的信息量通常是表层网页的数百倍，因此，深层网页成为了主要的爬取目标。

深层网络爬虫主要由六个基本功能模块构成：爬行控制器、解析器、表单分析器、表单处理器、响应分析器和LVS控制器。此外，它还包括两个关键的内部数据结构：URL列表和LVS表。LVS(Label Value Set)表示标签/数值集合，用于表示填充表单时所需的数据源。

11.5.3　网络爬虫的基本原理

一个通用的网络爬虫的基本工作流程如图11-6所示。

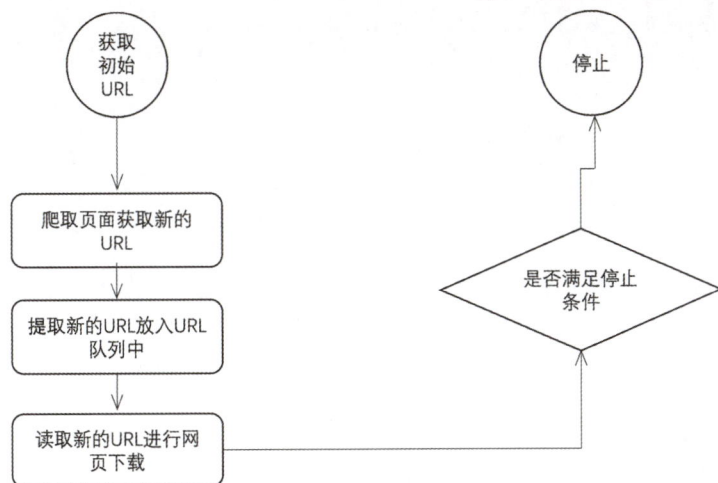

图 11-6　通用的网络爬虫基本工作流程

网络爬虫的基本工作流程如下。

(1) 获取初始URL。用户指定一个初始网页的URL，作为爬取的起点。

(2) 爬取网页。根据获取的URL，爬取相应的网页，并从中提取新的URL地址。

(3) 更新URL队列。将提取到的新的URL地址放入URL队列中，等待后续处理。

(4) 循环爬取。从URL队列中读取新的URL，并依据该URL继续爬取网页，同时提取新的URL地址，重复上述爬取过程。

(5) 设置停止条件。如果没有设置停止条件，爬虫将持续进行爬取，直到无法获取到新的URL地址为止。一旦设置了停止条件，爬虫将在满足该条件时自动停止爬取。

11.5.4　网络爬虫的常用技术

1. urllib 模块

urllib是Python自带的模块，其中提供了urlopen()方法，通过该方法可以指定URL发送网络请求以获取数据。urllib包含多个子模块，具体的模块名称与功能描述如表11-1所示。

表 11-1　urllib 中的子模块

模　块　名　称	说　　明
urllib.request	该模块定义了打开URL(主要是HTTP)的方法和类，包括身份验证、重定向、cookie等功能
urllib.error	该模块主要包含异常类，其中基本的异常类是URLError
urllib.parse	该模块的功能分为两大类：URL解析和URL引用
urllib.robotparser	该模块用于解析robots.txt文件

通过urllib.request模块实现发送请求并读取网页内容的简单示例如下：

```
import urllib.request                    # 导入模块

# 打开指定需要爬取的网页
response = urllib.request.urlopen('https://item.jd.com')
html = response.read()                   # 读取网页代码
print(html)                              # 打印读取的内容
```

在上述示例中，通过GET请求方式获取了京东商城的网页内容。接下来，通过使用urllib.request模块的POST请求来获取网页信息的内容，示例如下：

```
import urllib.parse
import urllib.request
# 将数据使用urlencode进行编码处理，并将编码设置为utf-8
data = bytes(urllib.parse.urlencode({'word': 'hello'}), encoding='utf8')

# 打开指定需要爬取的网页
response = urllib.request.urlopen('https://item.jd.com/post', data=data)
html = response.read()                   # 读取网页代码
print(html)                              # 打印读取的内容
```

这里通过https://item.jd.com/post网站进行演示，该网页可作为练习使用urllib模块的一个平台，能够模拟各种请求操作。

2. urllib3 模块

urllib3是一个功能强大且结构清晰的Python库，用于HTTP客户端。许多Python原生系统已经开始使用urllib3。该库提供了许多Python标准库中不具备的重要特性，包括：

- ○ 线程安全
- ○ 连接池
- ○ 客户端SSL/TLS验证
- ○ 大部分编码上传文件
- ○ 提供重试请求和处理HTTP重定向的帮助工具
- ○ 支持gzip和deflate编码
- ○ 支持HTTP和SOCKS代理
- ○ 100%测试覆盖率

通过urllib3模块实现发送网络请求的示例代码如下：

```
import urllib3
# 创建PoolManager对象，用于处理与线程池的连接以及线程安全的所有细节
http=urllib3.PoolManager()

# 对需要爬取的网页发送GET请求
response = http.request('GET', 'https://www.baidu.com/')
print(response.data)                     # 打印读取的内容
```

下面是使用POST请求获取网页信息的关键代码：

```
# 对需要爬取的网页发送POST请求
response = http.request('POST', ' https://item.jd.com/post', fields={'word': 'hello'})
```

在使用 urllib3模块之前，需要在Python环境中通过以下命令进行模块安装：

```
pip install urllib3
```

3. requests 模块

requests是Python中实现HTTP请求的一个第三方模块，相比于urllib模块，它在实现HTTP请求时更加简化，操作更为人性化。在使用requests模块之前，需要通过以下命令进行安装：

```
pip install requests
```

requests的功能特性包括：
- Keep-Alive和连接池
- 国际化域名和URL支持
- 带持久Cookie的会话
- 浏览器式的SSL认证
- 自动内容解码
- 基本/摘要身份认证
- 优雅的key/value Cookie
- 自动解压
- Unicode响应体
- HTTP(S)代理支持
- 文件分块上传
- 流下载
- 连接超时
- 分块请求
- 支持.netrc文件

以下是以GET请求方式打印多种请求信息的示例代码：

```
import requests                        # 导入requests模块
response = requests.get('http://www.baidu.com')
print(response.status_code)            # 打印状态码
print(response.url)                    # 打印请求的URL
print(response.headers)                # 打印响应头部信息
print(response.cookies)                # 打印Cookie信息
print(response.text)                   # 以文本形式打印网页源码
print(response.content)                # 以字节流形式打印网页源码
```

以下是以POST请求方式发送HTTP网络请求的示例代码：

```
import requests
data = {'word': 'hello'}                     # 表单参数
# 对需要爬取的网页发送请求
response = requests.post('http:// https://item.jd.com/post', data=data)
print(response.content)                      # 以字节流形式打印网页源码
```

requests模块不仅提供了上述两种常用的请求方式，还支持多种其他网络请求方式，示例如下：

```
requests.put('http://httpbin.org/put', data={'key': 'value'})        # PUT请求
requests.delete('http://httpbin.org/delete')                          # DELETE请求
requests.head('http://httpbin.org/get')                               # HEAD请求
requests.options('http://httpbin.org/get')                            # OPTIONS请求
```

如果请求的URL地址中包含参数，例如httpbin.org/get?key=val，requests模块提供了通过params关键字参数传递参数的方法。用户可以使用一个字典来提供这些参数。例如，若要将key1=value1和key2=value2传递到httpbin.org/get，可以使用如下代码：

```
import requests
payload = {'key1': 'value1', 'key2': 'value2'}                         # 传递的参数
# 对需要爬取的网页发送请求
response = requests.get("https://item.jd.com/get", params=payload)
print(response.content)                      # 以字节流形式打印网页源码
```

11.6　课后实践

本章深入探讨了Python网络编程的关键要素，首先介绍了计算机网络的基础知识，为后续编程实践奠定了坚实的理论基础。接着，详细讨论了TCP和UDP编程，帮助读者理解面向连接和无连接的通信机制。此外，还涵盖了网络安全工具的开发，包括网络嗅探器和端口扫描器，以增强对网络流量和安全威胁的理解。在网络爬虫部分，本章概述了其基本概念、分类和常用技术，如urllib、urllib3和requests模块，并通过实例展示了网页链接和文本爬虫的实现。总体而言，本章为读者提供了从基础到实践的全面指导，可以帮助用户在Python网络编程领域建立扎实的知识体系。

一、应用实例

【例11-6】使用爬虫程序获取网页中的链接信息。

```
import urllib.request
import re
def get_links(url):
    # 模拟浏览器
    headers = ("User-Agent", "Mozilla/5.0 (Windows NT 6.1; Win64;x64; rv:60.0) Gecko/20100101
```

```
Firefox/60.0")
        opener = urllib.request.build_opener()
        opener.addheaders = [headers]
        # 将opener安装为全局
        urllib.request.install_opener(opener)
        file = urllib.request.urlopen(url)
        data = str(file.read())
        # 根据需求构建正则表达式
        pattern = r'https?://[^\s]+'
        links = re.compile(pattern).findall(data)
        # 使用 set 函数去除重复元素
        unique_links = list(set(links))
        return unique_links
# 指定需要爬取的网页
url = 'https://www.tupwk.com.cn/'
# 获取对应网页中包含的链接地址
link_list = get_links(url)
# 遍历列表结果并输出
for link in link_list:
    print(link)
```

以上程序运行结果如图11-7所示。

图 11-7 网站页面的所有链接

图11-7由于篇幅限制，未能展示网页上的所有链接。在例11-6中，我们定义了一个名为get_links(url)的函数，该函数专门用于爬取指定URL网页上的所有链接。首先，函数设置了header信息以模拟浏览器，然后读取网页的源代码。接着，利用构建的正则表达式，通过re.compile(pattern).findall(data)提取出页面中的所有链接。由于提取的数据可能存在重复，因此我们使用list(set(link))的特性来过滤掉重复的链接，最终返回去重后的链接列表。在函数外部，我们设置要爬取的网页链接，并调用get_links(url)函数即可。

在本例的get_links(url)函数中，爬虫通过设置header等信息来模拟成浏览器。由于许多网站实施了反爬虫机制，如果仅使用urllib.request.urlopen(url)方法打开一个URL，网站服务器只会接收到网页访问的请求，而该请求中并不包含浏览器、操作系统、硬件平台等信息。缺少这些信息的请求通常被视为非正常访问，例如爬虫行为。一些网站为防止这种不正常的访问，会检查请求信息中的User-Agent(该信息包含硬件平台、系统软件、应用软件以及用户偏好设置等信息)。如果User-Agent异常或缺失，请求将被拒绝，通常返回的错误码为403。

【例11-7】 使用爬虫程序获取网页上的文本内容。

```
import requests
from bs4 import BeautifulSoup
# 目标网页URL
url = "https://www.tupwk.com.cn/intro.asp"
try:
    # 发送HTTP请求
    response = requests.get(url)
    response.raise_for_status()  # 检查请求是否成功
    # 设置正确的编码
    response.encoding = response.apparent_encoding  # 使用requests库的apparent_encoding属性
    # 解析网页内容
    soup = BeautifulSoup(response.text, 'html.parser')
    # 提取网页中的文本内容
    text_content = soup.get_text(strip=True, separator='\n')  # 使用strip和separator美化输出
    print(text_content)
except requests.exceptions.RequestException as e:
    print(f"请求失败：{e}")
```

以上程序运行结果如图11-8所示。

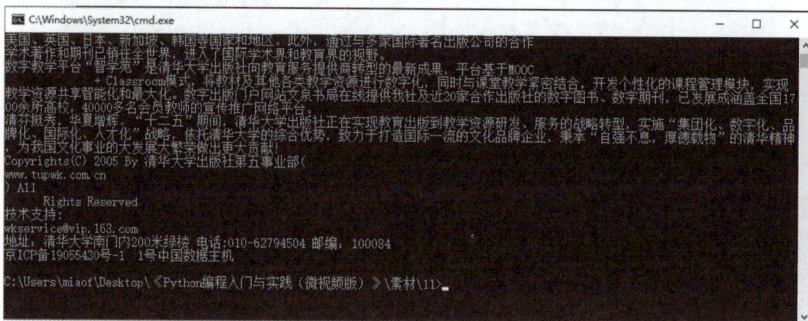

图11-8　爬取网页文本

【例11-8】 制作简易聊天窗口。

分析：本例演示如何通过Socket实现客户端与服务器之间的简单聊天功能。客户端可以向服务器发送文本消息，服务器接收后将消息内容返回给客户端。客户端接收到响应后显示该信息，并可继续发送消息。当任一方输入byebye时，聊天会话结束。

(1) 创建server.py文件(服务器程序)：

```
import socket
host = socket.gethostname()                          # 获取主机地址
port = 12345                                         # 设置端口号
s = socket.socket(socket.AF_INET, socket.SOCK_STREAM)  # 创建TCP/IP套接字
```

```
s.bind((host, port))                          # 绑定地址(host，port)到套接字
s.listen(1)                                   # 设置最大连接数量
sock, addr = s.accept()                       # 被动接收TCP客户端连接
print('连接已经建立')
info = sock.recv(1024).decode()               # 接收客户端数据
while info != 'byebye':                        # 判断是否退出
    if info:
        print('接收到的内容：' + info)
    send_data = input('输入发送内容：')        # 输入要发送的消息
    sock.send(send_data.encode())             # 发送TCP数据
    if send_data == 'byebye':                  # 如果发送了byebye，退出
        break
    info = sock.recv(1024).decode()           # 接收客户端数据
sock.close()                                  # 关闭客户端套接字
s.close()                                     # 关闭服务器套接字
```

(2) 创建client.py文件(客户端程序)：

```
import socket                                 # 导入socket模块
s = socket.socket()                           # 创建TCP/IP套接字
host = socket.gethostname()                   # 获取主机地址
port = 12345                                  # 设置端口号
s.connect((host, port))                       # 主动初始化TCP服务器连接
print("已连接")
info = ""
while info != 'byebye':                        # 判断是否退出
    send_data = input('输入发送内容：')        # 输入内容
    s.send(send_data.encode())                # 发送TCP数据
    if send_data == 'byebye':                  # 判断是否退出
        break
    info = s.recv(1024).decode()              # 接收服务器数据
    print('接收到的内容：' + info)
s.close()                                     # 关闭套接字
```

打开两个cmd命令行窗口，分别运行server.py和client.py文件，用户可以在打开的两个窗口中聊天，如图11-9所示。

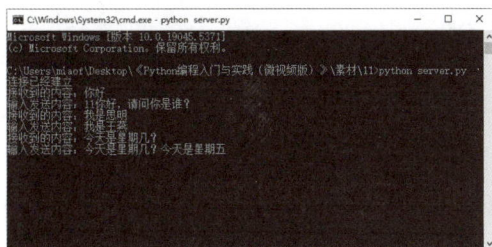

(a) server.py

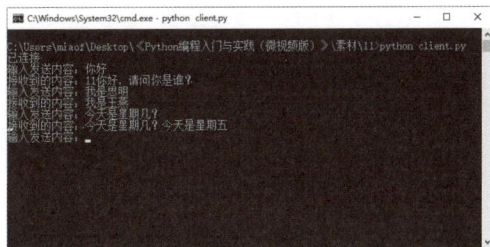

(b) client.py

图 11-9　客户端和服务器建立连接

当输入byebye时，将结束会话，如图11-10所示。

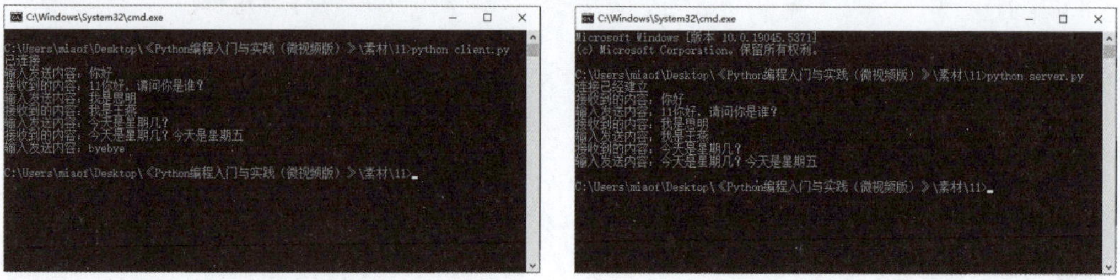

图 11-10 结束会话

二、思考练习

1. 简述TCP协议与UDP协议的异同。

2. 简述Python中Socket模块使用TCP与UDP协议时，服务器端与客户端的流程。

3. 端口号的作用是什么？

4. 编写程序，获取搜狐网首页内容。

5. 分别使用多线程、select、poll与epoll编写简单的Socket服务器，实现多人聊天室程序(一人发送消息到服务器，服务器端向所有连接客户转发消息)。